最新 農業技術

畜産 vol.11

農文協

はじめに

　今回の特集は'乳牛改良で長命連産'である。

　総論の「改良の歴史と現在」では，改良の歩みと課題，遺伝的能力評価と改良の現状，交配の仕組みと交配システムについて解説。

　各論の「わが国での種雄牛造成」では，家畜改良事業団，ジェネティクス北海道，十勝家畜人工授精所，「国外からの精液輸入」では，輸入精液の現状を押さえた上で，ABS Globalとオールジャパン ブリーダーズ サービスについて紹介。

　「乳牛の体型，ショー」コーナーでは，乳牛の体型の見方，ショーでのリード・テクニックとマナーについて図解した。

　以上の特集のほか，最新技術情報として，「酪農」では，子牛の顔を見て体調を知るカウシグナル，野生動物の牧場への侵入の実態と特徴，「肉牛」では，「小ザシ」の画像解析と評価，日本短角種もも肉の利用を促進するための加工技術，「養豚」では，北海道産未利用原料を用いた肥育豚の飼料設計，砂糖やチョコレートによる脂肪質改善技術について収録した。

　最後に，本書への掲載を許諾いただいた『畜産編』執筆者の皆さまに厚くお礼申し上げます。

2018年10月　農文協編集局

最新農業技術　畜産 Vol.11　目次

はじめに　1

特集　乳牛改良で長命連産

◆改良の歴史と現在

乳牛改良の歩みと課題 ……………………………… 萩谷功一（帯広畜産大学）9
　乳牛改良の重要性／改良システムの構築　…ステーション方式による後代検定の導入，フィールド方式による後代検定への移行／遺伝的能力評価技術の発展　…BLUP法アニマルモデル，泌乳曲線と検定日モデル，ゲノミック評価／インターブル／遺伝的改良のための基礎知識　…交配相手の決定と牛群改良，遺伝率，遺伝相関と相関反応，近親交配と近交係数／今後の課題　…性選別精液の普及と後代検定，ゲノミック評価が抱える課題／これからの改良戦略

乳用牛の遺伝的能力評価と改良の現状　……… 大澤剛史（（独）家畜改良センター）21
　乳用牛の遺伝的能力評価　…日本における遺伝的能力評価手法の変遷，乳用牛の遺伝的能力評価の流れ，評価時期，遺伝評価に関連する専門用語，評価形質，選抜指数（乳代効果，総合指数，長命連産効果）／国際評価　…MACE法，海外種雄牛との比較／ゲノミック評価　…SNPとは，ゲノミック評価の流れ，リファレンス集団の拡大，ゲノミック評価に伴う信頼度の向上と世代間隔の短縮，従来評価とゲノミック評価間の遺伝的改良量の比較，ゲノミック評価の利用方法と注意点／遺伝的改良の傾向　…主要な形質の最近の遺伝的改良傾向，種雄牛の利用の現状，遺伝的趨勢／最後に

乳牛改良における交配の仕組みと交配システム
　………………………………… 河原孝吉（北海道ホルスタイン農業協同組合）51
　乳牛における選抜と交配の考え方　…乳牛における育種的特徴，乳牛の交配方法の考え方，計画交配と矯正交配，近親交配と遠縁交配，純粋繁殖下における血統登録の役割／純粋繁殖下の遺伝改良と近交係数の上昇　…近交係数6.25％を超えない交配，大規模集団における近交係数の計算，改良集団における近交係数の上昇，ゲノミック選抜による近交係数の上昇，近交係数が上昇するメカニズム，近交係数の上昇抑制と遺伝改良量の最大化，近交係数の上昇速度を抑制するため管理／交配による遺伝子発現のコントロール　…劣性遺伝子が表現化するメカニズム，ホルスタインのおもなメンデル遺伝病，ホルスタインの毛色と交配，無角遺伝子の発見と活用，乳蛋白質の多

型を示す遺伝子／交配計画を支援するシステムの仕組み　…近交退化の大きさ，近交退化と優性効果，交配支援システムの普及，総合的遺伝メリットを利用した最適な交配，供用種雄牛を選定するさいの注意，ゲノミック評価と交配システム／品種間交雑とヘテローシス効果　…乳牛の品種的特徴，乳牛の多品種遺伝評価，ヘテローシスと品種間交雑，二元交雑と三元交雑の仕組み，輪番交雑システムの特徴，交雑実験からの知見と交雑育種の実用化，乳牛の交雑育種における課題

◆種雄牛の造成

【わが国での種雄牛造成】

家畜改良事業団における種雄牛造成 ………… 足達和徳（（一社）家畜改良事業団）83
　家畜改良事業団の成り立ち／乳用種雄牛の後代検定　…後代検定事業のあゆみ，候補種雄牛の頭数／候補種雄牛の作出　…計画交配による候補種雄牛の確保，海外遺伝資源の利用，国有牛としての種雄牛作出，Ｊサイアの取組み／今後の種雄牛造成における取組み　…ゲノミック評価の利用，今後の改良目標

ジェネティクス北海道の種雄牛造成と乳牛改良
　………………………………… 花牟禮武史（一般社団法人ジェネティクス北海道）89
　組織の沿革／これまでの改良の経緯　…北米からの導入育種，後代検定，遺伝評価手法と総合指数の活用，受精卵による種雄牛の造成，インターブールへの加入，性選別精液の利用／現在の改良と今後の方向性　…ゲノミック評価値，ゲノミック選抜の影響，新しい評価形質の開発，不良形質の推定

十勝家畜人工授精所の種雄牛造成と乳牛改良
　………………………………………… 児玉辰司（（株）十勝家畜人工授精所）95
　評価成績の移り変わりと歴代の種雄牛　…評価値公表と後代検定事業，総合評価値の公表，インターブールへの加入と国際評価，能力と体型のバランスに優れた種雄牛，ゲノミック・ヤングサイアの供給開始／造成のねらいと改良目標

【国外からの精液輸入】

輸入精液の現状 …………………………… 高野みなを（（一社）家畜改良事業団）99
　家畜精液輸入協議会設立の経緯／おもな業務／輸入本数の推移／最近の輸入状況

ABS Global とオールジャパン ブリーダーズ サービス
　………………… 竹田秀臣（オールジャパン ブリーダーズ サービス（株））103
　アメリカン ブリーダーズ サービス（株）の沿革／技術開発と普及　…凍結精液と保

管ボンベ，人工授精師，後代検定，交配相談，性選別精液／グローバル化／時代をリードしてきた種雄牛たち

◆乳牛の体型，ショー

乳牛の体型の見方 ……………………………………… 荻原勲（元協同飼料株式会社）109
　良いホルスタインとは／良いホルスタインの大前提／「大量の牛乳生産」を成り立たせる条件と体型　…健康，大量の飼料摂取，大量の酸素摂取，大量の血流，大量の牛乳生産／「長命連産」を成り立たせる条件と体型　…しっかりした乳房，強い肢蹄，繁殖性／「作業性」を成り立たせる条件と体型　…搾乳管理，飼養管理／「乳牛らしさ」を成り立たせる条件と体型　…バランス，乳用性／観察と記録の経営を

ショーでのリード・テクニックとマナー ………… 荻原勲（元協同飼料株式会社）139
　消費者にも喜ばれるショーを／頭絡　…頭絡の構成，頭絡の大きさ，頭絡の持ち方，リード・パーソンの立ち位置，牛との距離，牛の体高とリード・パーソンの身長／リードの姿勢　…頭絡の持ち手が右手の場合，頭絡の持ち手が左手の場合，牧場での練習／牛をアピールする姿勢　…頭の位置，静止時の肢の位置，乳用性の見せ方／牛の姿勢の修正／ショー・リングでのマナー　…服装，着帽，靴，態度，リードする牛の情報，ガム・携帯電話，ショー運営への協力／審査員の手による指示　…手を縦にして止めたとき，指または手で，牛またはリード・パーソンを指すとき，手を水平にして左から右に動かすとき，選抜ラインに並んでいる牛の尻を手のひらで押すか，リード・パーソンに手で指示するとき，牛を差した指を左から右に動かして，その牛の入る場所を示すとき，手のひらで牛の尻をたたくか，審査員が握手を求めたとき／ショー・リングでのリード　…ショー・リングへの入場，個体審査，一次選抜（ファースト・ピック），二次選抜（セカンド・ピック），最終選抜（ファイナル・ピック），褒賞授与，審査講評，退場，写真撮影／ベスト・アダー，ベスト・プロダクション／チャンピオン戦　…ショー・リングへの入場，審査，整列，一次選抜（ファースト・ピック），審査員のお礼の挨拶，ジュニア・チャンピオンの決定，審査講評，褒賞授与，グランド・チャンピオン決定，審査講評，褒賞授与・退場／楽しいショー運営のポイント

最新技術情報

◆酪農

子牛の顔を見て体調を知るカウシグナル … 古村圭子・塚本夢乃（帯広畜産大学）169

現場で求められる簡易な健康診断法／CSとFCSの評価項目およびスコア値の違い
…供試子牛と観察期間，二つのカウシグナルのスコア値による評価法の違い，第三
者によるスコアリング／従来法と顔カウシグナル法による評価の差異　…両カウシグ
ナルCSとFCSによる子牛の健康評価の一致率，FCSと各症状との関係について，発
熱時と鼻の乾き度合い（鼻鏡粘液量の分泌量）との関係，外部環境要因によるFCSス
コアへの影響，第三者によるFCSスコアリング／子牛の個体管理の省力に役立つFCS

野生動物の牧場への侵入の実態と特徴
…………………………………… 坂本信介・畔柳聰・小林郁雄（宮崎大学）177
畜産環境への野生動物の侵入事例／野生動物の撮影方法／野生動物の侵入状況　…
出現が多かった動物の種類，哺乳類の動向，鳥類の動向／野生動物の出現パターンの
特徴　…動物の生息環境と移動，出現動物の季節変動，効率的な防除と今後の課題

◆肉牛

「小ザシ」の画像解析と評価　………………………… 口田圭吾（帯広畜産大学）191
小ザシの定義とは／画像解析のための撮影装置と解析方法／小ザシの遺伝分析とそ
の遺伝的趨勢／小ザシが枝肉単価に及ぼす影響／小ザシの程度と嗜好性や脂肪酸組成
との関連性／小ザシの即時解析に関する取組み

日本短角種もも肉の利用を促進するための加工技術　……… 村元隆行（岩手大学）201
果汁浸漬による日本短角種もも肉の軟化　…植物由来蛋白質分解酵素による食肉の
軟化，パイナップル果汁への浸漬時間が，日本短角種牛肉の品質に及ぼす影響，牛肉
内部へのパイナップル果汁の注入，パイナップル果汁の注入が日本短角種牛肉の品質
に及ぼす影響，今後の検討課題／生ハム製造のための日本短角種もも肉の塩漬　…和
牛肉で製造する発色剤無添加牛肉生ハム，牛肉中の脂肪含量が塩漬後の牛肉品質に及
ぼす影響，塩漬で用いる塩化ナトリウムの量，塩漬で用いる塩化ナトリウムの量が塩
漬後の牛肉品質に及ぼす影響，今後の検討課題

◆養豚

北海道産未利用原料を用いた肥育豚の飼料設計　……… 山田未知（酪農学園大学）221
国内産飼料原料を模索する養豚業界／北海道は飼料原料候補が豊富／肥育期飼料の
設計とその栄養成分分析　…飼料原料，高水分原料の風乾物処理，各風乾物原料およ
び肥育期設計飼料の栄養成分，飼料中リジン含量の分析，設計飼料中脂質の脂肪酸組
成の分析，各飼料成分間の差の検定／原料の栄養成分値および設計飼料の原料配合割

合と栄養成分値／設計飼料の給与試験 …発育および枝肉調査の方法，腎臓周囲脂肪と胸最長筋内脂質の脂肪酸組成の分析，背脂肪と筋肉間脂肪の融点測定，各区間の差の検定／給与試験成績 …各飼料給与による発育および枝肉成績，飼料中脂質と腎臓周囲脂肪および胸最長筋内脂質の脂肪酸組成，筋肉間脂肪および背脂肪の融点

肥育豚へのエコフィード給与における砂糖やチョコレートによる脂肪質改善技術
…………………………………………………… 前田恵助（和歌山県畜産試験場）229
　エコフィードによる豚の肥育と肉質向上／豚肉の肉質と豚脂の脂肪酸組成 …給与飼料と軟脂の発生，炭水化物から合成される脂肪酸，優れた豚脂とは／飼料のエネルギー源としてのチョコレート／砂糖とチョコレートによるカロリーアップ／試験の方法 …飼料と供試豚，枝肉評価，肉質評価／飼料への砂糖とチョコレート添加の影響 …生産性と枝肉形質，肉質，脂肪酸組成／自家産の豚肉の肉質を向上させる

乳牛改良で長命連産
改良の歴史と現在

乳牛改良の歩みと課題

1. 乳牛改良の重要性

　生乳は生鮮食品であることから，長期輸送に不向きである。そのため，消費される生乳は国内で生産するのが一般的である。日本の生乳は，北海道を除くと，関東周辺などの大都市近郊における生産量が高い。

　ホルスタイン種は，乳生産量がもっとも高い品種であるが，暑熱に弱いため，北海道で夏期，関東から西日本で長期間にわたる暑熱ストレス対策が必要不可欠である。現在の温暖化傾向を考慮すると，今後，飼養環境の改善だけでなく，暑熱耐性の遺伝的改良が重要である。また，国内の牛群は，一部の放牧主体の飼養形態を除き，多くが濃厚飼料多給環境において維持されている。こうした状況を考慮すると，乳牛の遺伝的改良は，気候や飼養環境が日本と異なる海外の遺伝資源に依存するばかりでなく，温暖湿潤，濃厚飼料多給型の国内環境のなかで力を発揮する乳牛，すなわち日本の飼養環境に適する乳牛へと改良する必要がある。

　乳牛はおおむね，2年間の育成期間ののちにはじめての分娩を迎える。分娩後に泌乳を開始し，泌乳期間中に人工授精を実施する。受胎後280日程度の妊娠期間を経て，2回目の分娩を行なう。そのため，乳牛の世代間隔は長く，遺伝的改良のために長期間を要する。国内における乳牛改良を振り返ると，明治時代にショートホーン種やホルスタイン種が導入されたことにはじまり，国内の改良体制が整うまでの長期間にわたって遺伝資源を海外に依存してきた。それでも，牛群検定によって個々の乳量がデータ化されて以降，乳牛1頭の乳期当たりの生産量（305日乳量）は着実に増加した（第1図）。

　乳量増加の要因は，1980年代において飼養管理効果（飼養環境や飼料の改善など）の影響が大きく，1990年代になって種雄牛の遺伝的能力評価が積極的に利用され始めて以降，遺伝的能力の寄与が大きい（萩谷，2009）。2000年以降，猛暑や飼料価格の高騰により飼養管理効果の伸びは停滞するようになり，現在の乳量の伸びはおもに遺伝的改良に依存している。

　乳牛を改良するうえで特徴的な点は経済的に重要であり，遺伝的改良の対象とする形質の発現が雌に限られる点である。雌の表現型値によって選抜することは可能であるが，雌牛1頭当たりが生産できる娘牛数が少ないため，多くの

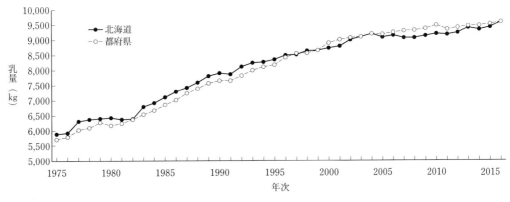

第1図　各年次305日検定乳量の推移　　　（家畜改良事業団，2017）

雌牛が後継牛生産のために交配される。したがって、受精卵を採取、販売できるような一部のエリート・カウを除き、雌側の選抜圧を高めることはむずかしい。一方、種雄牛は人工授精によって多くの娘を生産することができるため、国内全体で必要とされる凍結精液を数十頭の種雄牛によって賄うことができる。このことは、雌側との比較において雄側の選抜が容易であることを意味する。こうした背景から、乳牛改良における貢献の大部分は種雄牛が担っている。

改良すべき形質の発現が雌牛に限られることから、血縁個体の記録から種雄牛の遺伝的能力を推定する必要がある。そのためには、血統登録によって種雄牛とその娘の血縁関係を把握し、娘の能力を測定し、記録する仕組み（改良システム）が必要不可欠である。

2. 改良システムの構築

国内外の乳牛は、1960年代以降の人工授精技術の普及によって効果的な遺伝的改良が可能になった。さらに凍結精液が国際的に流通するようになり、世界中の優れた種雄牛の娘を生産できるようになった。1962年生まれの「ポーニーフアーム アーリンダ チーフ」、1965年生まれの「ラウンド オーク ラグ アツプル エレベーション」、および1974年生まれの「カーリンエム アイバンホー ベル」は、世界中に多くの後代を残した代表的な種雄牛である。現在の国内乳牛の血統をさかのぼると、上記3頭がすべての血統上に必ず現われることから、乳牛改良におけるそれらの影響の大きさがわかる。

そのような状況において、優れた種雄牛を見出す技術が遺伝的改良の効率を左右するようになった。種雄牛は乳生産を行なわないため、それらの泌乳能力は血縁関係にある雌牛、おもに娘牛の成績から予測する。酪農家が遺伝的に改良したいポイントは泌乳能力だけでなく、健康に長く生産活動を続けられる能力、共進会で活躍できる体型、分娩の容易さや搾乳速度など飼養管理にかかわる形質、繁殖能力など多岐にわたる。したがって、種雄牛の遺伝的能力を知る

ためには、種雄牛と血縁関係がある個体からそれらの情報を収集する仕組みを整備する必要がある。

(1) ステーション方式による後代検定の導入

種雄牛の遺伝的能力を把握するため、将来の種雄牛候補である若雄牛（候補牛）の凍結精液を使用して、試験的に一定数の娘牛を生産する仕組みを後代検定とよぶ。1969年、ステーション方式による後代検定が導入された。ステーション方式とは、ステーションとよばれる牛群で候補牛の娘牛を生産・飼養し、それらが初産分娩後、成績を収集することで候補牛の遺伝的能力を推定する仕組みである。この方法は、牛群検定が普及していない状況で有効な方法である。しかし、ステーション方式は、一般の酪農家と飼養環境が異なることや、維持にコストがかかるなど課題も指摘されていた。

1975年ころより、乳用牛群能力検定（牛群検定）が開始された。牛群検定の普及のために中心的な役割を果たしたのが北海道乳牛検定協会（現、北海道酪農検定検査協会）および家畜改良事業団であった。さらに、農林水産省、各都道府県、その他関係各団体の協力により、牛群検定はその後順調に普及率を伸ばした（第2図）。

(2) フィールド方式による後代検定への移行

1984年、牛群検定が一定水準まで普及したことから、後代検定は、それまでのステーション方式からフィールド方式へと移行した。フィールド方式の後代検定は、牛群検定に参加していることを条件として、一般の酪農家のもとで候補牛の娘牛が生産される。個体販売によって娘牛が牛群間を異動することを考慮すると、牛群検定普及率が高くなければその運営がむずかしい。さらに、候補牛の娘牛の体型的特徴を調査するために、日本ホルスタイン登録協会に所属する専門の審査員による、体型調査の記録が広く収集されるようになった。

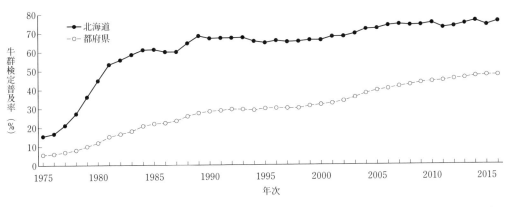

第2図　牛群検定普及率の推移（検定牛）　　（家畜改良事業団，2017）

各年度末時点

　後代検定によって得られた牛群検定記録から適切に種雄牛の遺伝的能力を推定するためには，正確な血縁情報が必要である。雌牛の両親に関する情報は，牛群検定の仕組みのなかである程度収集可能である。一方，候補牛を所有しているのは各家畜人工授精団体であることから，彼らが所有するすべての候補牛の血縁情報を一括管理する必要がある。候補牛は国産ばかりでなく，海外から輸入された雄牛が含まれる。種雄牛の凍結精液は世界中で流通しているため，その父牛および母牛が複数の登録番号をもつこともめずらしくない。つまり，同一個体であっても，輸入元の国の違いによって登録番号が異なることがある。候補牛の血縁情報を利用する場合，同一個体を表わす複数の登録番号を把握し，適切に管理する必要がある。日本ホルスタイン登録協会は，そのように複雑な血縁情報の管理を担っている。

　フィールド方式による後代検定において，候補牛の凍結精液の多くは一般の酪農家で使用され，娘牛が生産される。種雄牛は後代検定を経てはじめて遺伝的能力評価が実施されるため，候補牛の段階では遺伝的能力がわかっていない。後代検定に協力する酪農家は，遺伝的能力が不明であるにもかかわらずその娘牛を生産することになる。そこで，牛群検定組合の担当者や家畜人工授精師などを介し，酪農家に後代検定システムに対する理解を広め，協力を求める必要があった。

3. 遺伝的能力評価技術の発展

(1) BLUP法アニマルモデル

　家畜を改良するための方法として，Hazel (1943) によって開発された選抜指数 (Selection Index) 法，およびHenderson (1963, 1973) の最良線形不偏予測 (BLUP：Best Linear Unbiased Prediction) 法が広く知られている。

　これらのうち，選抜指数法は，ニワトリや豚のように同一環境で飼養されている個体群から遺伝的に優れた個体を選抜するために応用されることが多い。選抜指数法によってもたらされた重要な概念のひとつが，個体のもつ遺伝的能力の指標，すなわち育種価である（広岡，2010）。

　BLUP法は，各群の飼養環境，季節，月齢などの環境要因と育種価を同時に推定することが可能であるため，乳牛や和牛のように，牛群ごとに異なる環境で飼養されている家畜を選抜するさいに有効である。しかし，BLUP法は1949年にその概念が発表されたにもかかわらず，膨大な計算を必要とするためにしばらくの間応用されることはなかった。1970年代に入って大型計算機が利用できるようになり，血統

登録や牛群検定によって収集された数百万に及ぶ膨大なデータを扱うことができるようになった。当時すでに人工授精による交配が一般的になったため、泌乳能力について遺伝的に優れており、なおかつ多くの凍結精液のストローを生産できる種雄牛は、数万頭の娘牛を生産することができた。そのため、種雄牛の頭数は雌牛との比較において非常に少なくなっていた。

BLUP法に応用される数学モデルのうち、種雄牛あるいは種雄牛間の血縁関係だけを考慮したものをサイアーモデル、種雄牛と母方祖父、またはそれら間の血縁関係を考慮したものをサイアーMGS（Maternal Grand Sire）モデルとよんでいる。それらのモデルによって雄牛間の血縁情報だけを利用した場合、計算に含まれる個体数は数千頭である。一方、種雄牛だけでなく、雌牛の血縁情報を含めた数学モデル（アニマルモデル）を応用する場合、数百万頭の血縁情報が計算に含まれる。乳牛に関する世界的な遺伝評価は、計算機の処理能力の限界のため、まず、種雄牛だけを考慮したサイアーモデルあるいは種雄牛と母方祖父を含めたサイアーMGSモデルを導入し、その後計算機の発展を待ってアニマルモデルを応用する流れであった。わが国では、1989年にサイアーMGSモデルによって推定された種雄牛の遺伝的能力が公表されたあと、1993年からアニマルモデルによる雌雄同時評価を開始した（第1表）。

(2) 泌乳曲線と検定日モデル

一般に、泌乳形質に関する遺伝評価は、乳期当たりの生産量を表わすために、分娩後305日間の総生産量である305日生産量を基準として表示されている。国内の牛群検定による

検定方法は、毎月一度、2回搾乳であれば夕方と朝の両方の搾乳時に検定員立会いのもとに検定し、それらの合計を1日の記録とするA4法、夕方か朝、いずれか一方のみ検定員が立会い記録を採取し、夕方と朝の搾乳間隔を測定することにより1日の総生産量を推定するAT法の2種類が主流である。検定日の生産量から305日生産量を推定する方法は、各検定日の記録間の平均値を使用して総生産量を推定するテストインターバル法に始まり、Woodの関数（Wood, 1967）やWilminkの関数（Wilmink, 1987）による泌乳曲線を使用して生産量を予測する方法、事前情報を使用するため少ない検定記録から総生産量を予測可能な多形質予測法（Schaeffer and Jamrozik, 1996）や、最良予測法（VanRaden, 1997）へと発展した。

計算機の処理能力はその後も向上し、305日生産量ではなく、検定日の記録を直接遺伝評価に使用する検定日モデルとよばれる遺伝評価法が実用化されはじめた。検定日モデルで扱う記録は毎月の牛群検定による1日の生産量（検定日記録）であることから、データ数は従来の10倍程度になる。しかし、BLUP法アニマルモデルを基礎として発展させた変量回帰検定日モデルは、泌乳曲線と個体の遺伝的能力を同時に推定できる点において価値が高い。この方法は、検定日記録から305日生産量を推定するさいと遺伝評価のさいとの二度にわたって誤差が発生した従来の遺伝評価法と比較し、誤差の発生は遺伝評価時の一度だけであるため、遺伝評価値の推定精度が高い。また、各個体のもつ遺伝的な泌乳曲線の違いを推定できる点で優れている。

2010年、国内における泌乳形質の遺伝評価

第1表　日本の遺伝的能力評価法の変遷

導入時期	遺伝評価法	内　容
1989年	サイアー MGS モデル	種雄牛の遺伝的能力評価値公表
1993年	アニマルモデル	種雄牛と雌牛の推定育種価公表
2003年	国際評価	海外種雄牛の日本版国際評価値公表
2010年	変量回帰検定日モデル	遺伝的能力曲線公表
2014年	ゲノミック評価（未経産雌牛）	未経産雌牛のゲノミック評価値公表
2017年	ゲノミック評価	若雄牛を含めたゲノミック評価値公表

法として検定日モデルが導入されたことに伴い，種雄牛のもつ遺伝的な泌乳曲線（遺伝能力曲線）が公表された（第3図）。泌乳持続性とは，泌乳ピーク期の乳量を維持する能力を指す。泌乳持続性が高い個体は，泌乳ピーク期と泌乳後期の乳量の差が小さくなり，泌乳曲線が平準化する。泌乳曲線が遺伝的に平準化した個体は，多数の個体を同一群で飼養するさい，乳期中のコンディションが安定していることから，飼養管理が比較的容易であることが期待される（早坂ら，2013）。検定日モデルの導入は，泌乳持続性や泌乳曲線の形状そのものの改良を可能とした。

(3) ゲノミック評価

BLUP法アニマルモデルにおける血縁関係は，個体間の血縁関係の強さに応じて数値化した要素を含む相加的血縁行列，または分子血縁行列とよばれる行列によって説明される。この方法は，多数の遺伝子効果の総和（育種価）として現われる形質を仮定し，個体間で共通の遺伝子をもつ確率を反映している一方，メンデルの法則にもとづく遺伝子のサンプリングによるバラツキを考慮できない。たとえば，通常のBLUP法では，後代の遺伝的能力の予測値はその父母の育種価の推定値（推定育種価）の平均であり，父母が等しい後代（全きょうだい）間の遺伝的な違いを判別することができない。雌であれば後代自身，雄であればその娘が成長し，記録をもつことによりはじめて全きょうだい間の遺伝的な違いがあきらかになる。

ゲノミック評価は，毛根などから複数（通常数千から数十万）のSNP（Single Nucleotide Polymorphism：一塩基多型）とよばれる遺伝子マーカーを検査し，その情報を使用して遺伝的能力を推定する方法である。SNP情報から遺伝的能力を推定する方法には，大きく分けて2種類が応用されている。

1ステップ法とよばれる方法は，遺伝的な似通いについて，共通のSNPをもつ割合に応じて数値化した要素で構成されるゲノミック関係行列を使用して推定する。ゲノミック関係行列

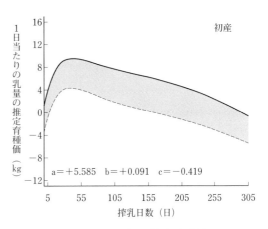

第3図　種雄牛の遺伝能力曲線
（家畜改良センター，2018）
破線はベース（特定年生まれの雌の平均推定育種価），実線は種雄牛の遺伝能力曲線を表わす
その間の面積（グレー部分）が305日乳量の推定育種価と等しい

は，SNP情報を調べた個体間のSNP情報の違いが反映されるため，全きょうだいであっても遺伝的な違いを判別することができる。過去までさかのぼってすべての個体のSNPを検査することはできないため，1ステップ法は，通常，従来の相加的血縁行列とゲノミック関係行列の両方を使用して育種価（ゲノミック育種価）を推定する。この方法は理論上，従来のBLUP法より推定誤差が少なく，精度の高い遺伝評価が可能である。

2ステップ法とよばれる方法は，以下の手順により実行できる。まず，従来のBLUP法アニマルモデルを使用して，各個体の推定育種価を推定する。次に，それらの推定育種価とSNP情報からなる連立方程式を解くことによって，各SNPの効果を推定する。最後に，育種価を知りたい個体のもつSNPの効果を合計すると，その値はその個体のもつ多数の遺伝子効果の総和，すなわちゲノミック育種価である。対立遺伝子に関するSNPがCとGであると仮定すると，遺伝子型CC，CGおよびGGをそれぞれ0，1および2と表現することができる。これらの数値は各遺伝子型がGをいくつ含むかを表わす。イメージを単純化するため，第4図のよう

乳牛改良で長命連産　改良の歴史と現在

個体番号	遺伝的能力	SNP情報		
1	+100	0	1	2
2	0	0	1	0
3	−100	2	0	0
4	?	1	2	0

$$
\begin{cases}
+100 = 0 \times SNP_1 + 1 \times SNP_2 + 2 \times SNP_3 \\
\pm 0 = 0 \times SNP_1 + 0 \times SNP_2 + 1 \times SNP_3 \\
-100 = 2 \times SNP_1 + 0 \times SNP_2 + 0 \times SNP_3
\end{cases}
$$

第4図　SNPの育種価を推定す
　　　るための連立方程式のイ
　　　メージ

に個体数4，SNP数3とし，個体1から3の遺伝的能力があきらかであると仮定する。遺伝的能力を左辺，SNP情報を右辺として連立方程式を構築し，それを解くことによって各SNPの効果が得られる。その後，得られたSNPの効果から個体4がもつSNPの効果の総和を計算すると，個体4のゲノミック育種価が得られる。

　ゲノミック評価について注意すべきことは，個体のもつ遺伝的能力とSNP情報を結びつけるため，橋渡し役となる個体群が必要な点である。この橋渡し役は，SNP情報と育種価の両方が判明している必要があり，なおかつそれらの育種価の推定精度が高いほど好ましい。そのため，通常，橋渡しの役割を担うのは後代検定ずみの種雄牛である。

　ゲノミック評価は，個体のSNP情報からゲノミック育種価を推定できるため，後代検定参加前の若い雄牛や未経産雌牛の遺伝的能力が判明することが最大の魅力である。しかしながら，SNPごとの効果を推定し，ゲノミック評価値を推定するために，後代検定済種雄牛を利用するという矛盾した側面をもつ。また，各SNPの効果を知るための基礎となる情報は，牛群検定と体型調査である。技術の進歩によってSNP情報から遺伝的能力を推定できるようになったが，ゲノミック評価値はBLUP法を基礎として発展させた技術である。ゲノミック育種価を推定するためには，BLUP法アニマルモデルを実施するために使用されているデー

タ収集システムを今後も維持していく必要がある。

4.　インターブル

　人工授精用に凍結精液のストローが利用されるようになって以降，優れた種雄牛の凍結精液は国際的に流通するようになった。利用者が国内外の凍結精液を選択できる状況になると，凍結精液の輸入国において，海外で高く評価された種雄牛から生産された娘牛が期待したほどの成績を残さないことが指摘されるようになった。たとえば，北米の種雄牛が南米やアジアの暑熱環境で力を発揮しない，季節繁殖と放牧環境で飼養されているニュージーランドで高く評価された種雄牛が他国で活躍しない，といったことは容易に想像できる。日本も例外でなく，アメリカ合衆国でトップクラスであると評価された種雄牛の娘が期待したような成績を残さないことも多かった。

　そのおもな原因は，各国の気候，飼養形態（舎飼，放牧など），飼料，使用される薬品など，乳牛を取り巻く環境の違いにある。つまり，北米で高く評価された種雄牛のなかには，日本の飼養環境にうまく適応できない個体が存在したためと考えることができる。このことは凍結精液の輸入国共通の課題であったことから，輸入凍結精液と国内の種雄牛を直接比較することができる国際評価値が望まれるようになった。そうした背景があり，1994年，スウェーデンに事務局を置く国際組織であるインターブル（International Bull Evaluation Service）により，Schaeffer（1994）が開発したMACE（Multiple-trait Across Country Evaluation：多国間評価）法にもとづいた種雄牛の国際評価が開始された。

　MACE法は，世界中の牛群検定記録や体型審査記録を集めて国際評価するのではなく，各国がそれぞれの方法で推定した種雄牛の遺伝評価値とそれらの血縁情報を使用し，そこから各国の飼養環境に合わせた種雄牛遺伝評価値を計算する。現在，インターブルはICAR

(International Committee for Animal Recording：家畜の能力検定に関する国際委員会) の常設小委員会と位置づけられ，国際評価参加各国からの利用料で運営されている。国際評価は，泌乳形質からはじめられ，徐々に体型，健全性，長命性，繁殖能力など，対象形質を増やしていった。

　国際評価に参加するためには，血統登録，牛群検定，体型審査などを実施するシステムをもち，一定の精度で遺伝評価を実施できることが必要である。そのため，国際評価開始当初の参加国は，それらのシステムが整備されている北米，ヨーロッパなど一部の国に限られた。すでにそれらのシステムが整備されていた日本は，国際評価参加に向けた検討を開始し，テストランとよばれるインターブルが定めた事前チェックを経て，2003年，アジアではじめて国際評価に参加した。これにより，海外種雄牛について日本の飼養環境における遺伝的能力を知ることが可能となった。国内種雄牛に関する遺伝評価値の公表タイミングは，国内関係者の要望を踏まえて2月および8月の年2回としている。一方，国際評価のタイミングは，南北半球それぞれの放牧環境にあわせて季節繁殖の時期を考慮しなければならないなど，参加各国間の議論を経て，2018年現在，4月，8月および12月の年3回である。4月の国際評価は国内では2月，8月と12月の国際評価は国内8月評価を基準として推定されているため，同一基準である国内2月と国際4月，国内8月と国際8・12月の遺伝評価値は，国内種雄牛と海外種雄牛間で直接比較することができる。インターブルによる国際評価には，2018年4月現在，35の国と地域が参加している。

5.　遺伝的改良のための基礎知識

(1)　交配相手の決定と牛群改良

　交配相手となる種雄牛を選択するさい，生産

$$Pa = \frac{EBV_S + EBV_D}{2} \cdots 式1$$

$$年当たり遺産的改良量 = \frac{選抜の正確度 \times 選抜強度 \times 遺伝標準偏差}{世代間隔} \cdots 式2$$

第5図　後代の遺伝的能力（両親平均，PA）と年当たりの遺伝的改良量を求める式

される娘牛に期待される遺伝的能力は第5図の式1によって推定できる。

　ここで，PAは後代に期待される育種価（両親平均），EBV_Sは父の推定育種価，EBV_Dは母の推定育種価を表わす。集団全体の遺伝的改良を考える場合，年当たりの遺伝的改良量は第5図の式2である。

　ここで，選抜の正確度は遺伝評価値の信頼度の平方根，選抜強度は標準偏差単位で表わした選抜集団の平均値，遺伝標準偏差は遺伝分散の平方根である。前述のゲノミック評価値にもとづく選抜は，遺伝評価値の信頼性の点で後代検定に劣るが，世代間隔に注目すると，後代検定6～7年程度に対し，ゲノミック評価3～4年と大幅に短縮されるため，理論上，年当たりの遺伝的改良量が大きくなる。

(2)　遺伝率

　遺伝率とは，表現型に多数の遺伝子効果が関与している形質（量的形質）において，表現型に対する遺伝的要因の大きさを示す尺度である。表現型のバラツキ（表現型分散）に対し，遺伝的なバラツキ（遺伝分散）が占める割合と定義される。分子に相加的遺伝分散だけを含めて計算した値を狭義の遺伝率（第6図）とよび，通常，遺伝率とは狭義の遺伝率を指す。

　乳牛の各形質の遺伝率は，初産乳量0.4～0.5，高さ0.5程度，肢蹄0.1程度，搾乳性0.1程度，繁殖形質0.05以下である。

(3)　遺伝相関と相関反応

　遺伝子は2つ以上の形質の発現に関与すること（遺伝子の多面作用）があり，2形質間の遺伝的要因による関連性を遺伝相関という。その

$$\text{狭義の遺伝率}(h^2)=\text{遺伝分散}(\sigma_A^2)/\text{表現型分散}(\sigma_P^2)$$

第6図　狭義の遺伝率を求める式

第2表　在群期間と各形質間の遺伝相関係数（萩谷ら，2012）

	初産乳量	体細胞スコア	肢蹄	胸の幅	鋭角性	乳房の深さ
在群期間	－0.08	－0.21	0.17	－0.21	－0.23	0.39

程度は－1から＋1までの遺伝相関係数で表わされ，プラスであれば正，マイナスであれば負の遺伝相関，0であれば無相関であり，絶対値が1に近いほど強い相関関係を表わす。

　ある集団において，形質Aと形質Bの間に遺伝相関がある場合，Aに対する選抜（直接選抜）は間接的にBの表現型値を変化させる。このときのBの表現型値の変化を相関反応とよぶ。乳牛の改良の場合，乳量だけを改良すると，相関反応によって乳脂量が増加すること，乳脂率が低下すること，徐々に繁殖性が低下することなどが知られている。そのため，経済的に重要な複数の形質に対して適切な重み付けを与えた総合指数を使用し，各形質をバランス良く改良する必要がある。

　また，乳牛は長期間にわたって健康であり，泌乳を続けられる能力が求められる。そこで，生存している乳牛の長命性を改良するため，長命性と遺伝相関をもつ体型形質などを選抜することによる間接反応が積極的に利用されている。第2表は，長命性を表わす形質のひとつである在群期間と，泌乳または体型形質間の遺伝相関係数の例である。表中の体細胞スコアは，乳中の体細胞数をスコア化した数値であるが，一般に乳牛の健全性を示す指標として利用されている。

（4）近親交配と近交係数

　血縁の近い個体同士の間で行なわれる交配を近親交配とよび，近親交配の程度を表わす指標が近交係数である。近交係数は，近親交配の原因である両親の共通祖先に由来する遺伝子がホモ化する確率と定義される。遺伝性疾病を含め，生存に不利な遺伝子の多くは劣性（潜性）遺伝子として集団に存在している。近親交配は，そのような遺伝子をホモ化させ，発現する機会を増やす。乳牛では，近交係数の上昇に伴い，乳量，決定得点，繁殖能力など，多くの形質が経済的に不利な方向へと変化することがあきらかにされている。近親交配によるこのような変化を近交退化現象とよぶ。

　集団全体の近交係数は，選抜（改良）によって徐々に上昇するが，交配相手を決定するさい，近交係数の急激な上昇が生じないよう注意する必要がある。第7図は，乳牛において頻繁にみられる近親交配の例である。矢印は，種雄牛Aから後代へと伝わる遺伝子の流れを表わす。種雄牛Aの娘牛に種雄牛Aの息子を交配させた場合，種雄牛Aに由来する個体Fの近交係数は12.5％である。

6．今後の課題

（1）性選別精液の普及と後代検定

　およそ90％の確率で一方の性別のみを生産できる凍結精液を，性選別精液とよぶ。この技術は雌牛だけが生産能力をもつ乳牛にとってとくに効果的であり，後継牛を確保するために有効な技術として急速に普及した。近年，黒毛和種や交雑種の肥育素牛価格が高値を維持しているため，酪農家はなるべく少数の雌牛にホルスタイン凍結精液を交配して後継牛を確保し，残りの雌牛は黒毛和種受精卵のレシピエントとし

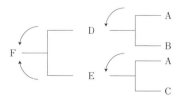

第7図　近親交配になる交配例

て，あるいは黒毛和種凍結精液を交配して交雑種を生産している。生まれた子牛を販売することで効率良く収益をあげることができるからである。少ない雌牛から確実に後継牛を生産するためには，性選別精液の利用が効果的である。

ホルスタイン種の性選別精液は，受胎率が若干低いが，生産される子牛の90％程度が雌子牛となる。そのため，性選別精液は価格が一般の凍結精液の2倍程度であるにもかかわらず，需要が高い。性選別精液を生産するためには，フローサイトメーターとよばれる機器を使用し，X精子（雌）とY精子（雄）を選別する。この処理において精子にストレスがかかるため，性選別精液生産に対する適性は精液の品質に依存する。さらに，精液性状を表わす指標のひとつである凍結後の活力は種雄牛ごとに異なることから，性選別精液の生産に不向きな種雄牛も存在する。

後代検定では，候補牛当たり50頭程度の娘牛から泌乳および体型データを収集している。受胎率，性比，牛群検定に参加していない酪農家への娘牛の異動などを考慮すると，候補牛が後代検定に参加するためには，参加前に数百本の凍結精液ストローを準備する必要がある。現在のところ，候補牛から生産される凍結精液はすべて一般の凍結精液である。国内で生産されたホルスタイン種の一般的な凍結精液は，1ストロー当たり平均2,000円程度で販売されているが，後代検定用の凍結精液ストローは無料で配布されている。それにもかかわらず，近年は後代検定用の凍結精液の利用が停滞している。一部の酪農家は，経済的な理由から黒毛和種および交雑種の生産頭数を増やすため，後継牛生産のために性選別精液を優先的に使用していることが窺える。

候補牛は，12か月齢程度から精液生産を開始する。しかしながら，未成熟であるために凍結精液のストローを生産できない，あるいは生産本数が少ないといった理由のために，後代検定への参加を見送られることも多い。多くの候補牛において，後代検定に必要な凍結精液ストローの本数を確保することは容易でない。しか

しながら，性選別精液の需要が高まるなか，候補牛から性選別精液を生産することが可能であれば，後代検定のための娘牛数を確保しやすくなる。一定の規模の後代検定を維持するためには，たとえば，凍結精液の生産性が優れた一部の候補牛だけでも，性選別精液を生産して有料で供用するなど，候補牛の娘牛確保のための対策が必要である。

経済的な理由から黒毛和種または交雑牛の生産が優先される状況において，現在の規模の後代検定を維持し，体型審査記録を収集し続けることがむずかしくなっている。これは，酪農家にとって好ましい技術であるはずの性選別精液の普及が，改良のベースとなる後代検定事業を圧迫するという皮肉な状況である。

現在，ゲノミック評価を利用して候補牛を事前選抜し，後代検定に参加する候補牛の質を向上させることで遺伝的改良量を維持しながら，後代検定参加頭数を減らすことを仮定したシミュレーション研究が行なわれている。その結果をもとに，後代検定に参加する候補牛の頭数を減らすことで，後代検定事業が継続されている。国内のデータ収集システムが正しく機能しなければ，ゲノミック評価値の推定も国際評価への参加も継続することがむずかしくなる。そのような状況を避けるため，データ収集と種雄牛評価値の信頼性を確保する仕組みについて考えていく必要がある。

（2）ゲノミック評価が抱える課題

ゲノミック評価が抱える課題のひとつは，後代検定との共存である。ゲノミック評価の利点のひとつは，後代検定の終了を待たずに若い種雄牛（ヤングブル）の育種価を推定できることである。その点において，ゲノミック評価は後代検定に代わりうる。しかしながら，ゲノミック評価は，SNPを検査することで若い個体の遺伝評価値を推定できる一方，その推定精度を保つためには後代検定済種雄牛，または牛群検定と体型調査にもとづく信頼性の高い育種価を推定し続ける仕組みを必要とする。多くの体型審査（体型調査）記録は，後代検定事業のなか

で収集されている。そのため，ゲノミック評価の信頼性を保つためには，現在の後代検定を継続させるか，あるいは牛群検定を維持するとともに新たな体型データ収集システムを構築する必要がある。

ゲノミック評価に関するもうひとつの課題は，ヤングブルそのものの価格高騰である。ゲノミック評価値を活用することにより，SNP検査の結果，遺伝的に優れていることがあきらかになった雄牛は，精液が採取できるようになるとすぐにその凍結精液を作製し，販売することができる。海外では，一部のSNP検査ずみの雄子牛の価格が上昇し，家畜人工授精団体が購入できないほど高騰した例があると聞いている。そのような状況に陥った原因のひとつは，家畜人工授精事業体がコストと時間をかけて後代検定に参加している一方，後代検定に寄与しない第三者が，SNP検査を行なうだけでヤングブルの精液を販売できることが背景にある。

本来，システムを維持するために貢献した者が利益を得るべきところにもかかわらず，第三者が利益だけを得られる状況は好ましいとはいえない。日本では，ヤングブルの販売を後代検定に参加した種雄牛だけに制限することで後代検定システムを維持しながら，一部のヤングブルの供用を開始した。これからも現行の情報収集システムを大切にしながら，新たな技術を取り入れていく方法を模索していかなければならない。

7. これからの改良戦略

後代検定開始当初，候補牛は海外からの生体輸入が主流であった。その後，後代検定済種雄牛の遺伝的能力の向上や海外のトップクラスの雌牛から生産された凍結受精卵の輸入などを経て，多くの候補牛が国内で生産されるようになった。これまでの改良方針は，一部で海外トップクラスの遺伝資源を導入しながらも，飲用乳の生産を中心とした改良により，牛群の生産性向上を目指すことであった。その結果，1頭当たりの生産量の伸びからもわかるとおり，国内

牛群の遺伝的能力は大幅に向上した。

近年，牛群の規模が拡大するとともに，飼養形態もタイストールからフリーストールへ，すなわち個別管理から群管理へと変更する酪農家が増加した。一方，広大な土地を確保し，放牧を中心とした飼養形態を選択する酪農家も存在している。搾乳システムは，パイプラインとミルカーに加え，ミルキングパーラー，搾乳ロボットなどが混在する。給飼法についても，粗飼料と濃厚飼料の分離給与のほか，必要な飼料を混合して給与するTMR（Total Mixed Ration）法が増えるなど，乳牛の飼養環境が多様化している。さらに，暑熱ストレスに弱いホルスタイン種にとって地球温暖化に伴う気温の上昇も無視できない。乳牛の長命性と乳量の関係に注目すると，1990年代に中程度の正の値であった遺伝相関は，2000年代になって無相関に変化した。このことは，乳生産量が淘汰の主要な理由でなくなったことを意味する。現在の雌牛の淘汰理由は，生産性でなく，肢蹄や乳器の障害や疾病を含めた健全性，繁殖障害，あるいは飼養形態や搾乳システムとの相性など，飼養環境とともに多様化している。

今後，生産性を向上させながらも，それぞれの飼養環境に適する乳牛へと改良するための選択肢を提供する必要がある。たとえば，すでに実用化されている泌乳持続性の指標を活用し，泌乳曲線を平準化させることで群管理に適する乳牛，繁殖性に優れ，粗飼料主体の放牧環境で力を発揮する乳牛，暑熱ストレスに強い乳牛など，さまざまな飼養環境に適する乳牛へと改良できる種雄牛とそのための改良情報を充実させることが望ましい。国内の乳牛改良は，全国でひとつの目標に向かって国内乳牛の遺伝的なレベルを向上させる時期を経て，多様化した飼養環境に対応した改良情報を発信すべき段階に至っている。

乳牛改良のための情報を充実させるためには，血統登録，牛群検定および体型調査を支える検定組織や登録組織，後代検定を後押しする行政機関，人工授精や受精卵移植技術者団体，最新の改良システムや遺伝評価をサポートする

研究機関など，関係団体間の密接な協力関係を維持するとともに，それらを支える技術者を育成するための努力を継続する必要がある。

執筆　萩谷功一（帯広畜産大学）

参 考 文 献

家畜改良事業団．2017．乳用牛群能力検定成績のまとめ―平成28年度―．家畜改良事業団発行．

家畜改良センター．2018．遺伝的能力評価．家畜改良センター発行．福島県．[cited 30 May 2018] Available from URL http://www.nlbc.go.jp/kachikukairyo/iden/index.html.

萩谷功一．2009．泌乳能力の改良と国際評価の動向．新時代の乳牛改良．25―45．酪農学園大学エクステンションセンター発行．

萩谷功一・大澤剛史・増田豊・鈴木三義・山崎武志・長嶺慶隆・富樫研治．2012．多形質モデルによる在群性の育種価推定のために最適な形質の組み合わせ．日本畜産学会報．**83**（2），117―123．

早坂貴代史・山口諭・阿部隼人・曽我部道彦．2013．北海道ホルスタイン検定牛群の泌乳曲線形状の実態とその泌乳・繁殖特性，及び除籍理由．北海道農業研究センター研究報告．**198**，23―58．

Hazel, L. N.. 1943. The genetic basis for constructing selection. Genetics. **28**, 476―490.

Henderson, C. R.. 1963. Selection index and expected genetic advance. In: Statistics and Plant Breeding. (Hauson WD, Robinson HF eds) 141―163. National Academy of Science. National Research Council. Washington DC.

Henderson, C. R.. 1973. Sire evaluation and genetic trends. In: Proceedings of Animal Breeding and Genetics Symposium in Honour of J. L. Lush. 10―14. American Society of Animal Science. Blackburgh. Champaig Illinois.

広岡博之．2010．家畜の育種価推定の変遷―選抜指数法からゲノム選抜法まで―．動物遺伝育種研究．**38**，93―98．

Schaeffer, L. R.. 1994. Multiple-country comparison of dairy sires. Journal of Dairy Science. **77**, 2671―2678.

Schaeffer, L. R. and J. Jamrozik. 1996. Multiple-trait prediction of lactation yields for dairy cows. Journal of Dairy Science. **79**, 2044―2055.

VanRaden, P. M.. 1997. Lactation yields and accuracies computed from test day yields and (co) variances by Best Prediction. Journal of Dairy Science. **80**, 3015―3022.

Wilmink, J. B. M.. 1987. Adjustment of test-day milk, fat and protein yield for age, season and stage of lactation. Livestock Production Science. **16**, 335―348.

Wood, P. D. P.. 1967. Algebraic model of the lactation curve in cattle. Nature. **216**, 146―165.

乳用牛の遺伝的能力評価と改良の現状

1. 乳用牛の遺伝的能力評価

　乳用牛の能力には、乳量のように収益に直結する経済形質もあれば、長命性に関係するような体型形質、分娩時に難産になりやすいかどうかなど、さまざまな能力を表わす形質が存在し、そのようなさまざまな形質について遺伝的能力評価（以下、遺伝評価）を活用し、遺伝的改良が行なわれている。（独）家畜改良センターでは、乳用牛の遺伝評価としてホルスタイン種とジャージー種について評価を実施しているが、本稿では、ホルスタイン種の遺伝評価について解説を行なうとともに、近年の遺伝的改良の現状について紹介する。

(1) 日本における遺伝的能力評価手法の変遷

　乳用牛の遺伝的能力を把握するために、昔からさまざまな方法がとられてきた。とくに1960年代の凍結精液利用技術の進展により種雄牛の精液の広域利用が可能になったことから、種雄牛の選抜が牛群全体に大きな影響を与えるようになり、種雄牛の遺伝的能力を把握することが重要な課題となった。そこで、日本では1969年にステーション方式による種雄牛の後代検定が開始され、後代検定済種雄牛が選抜されるようになった。また、1974年には牛群検定事業が開始され、全国の酪農家で乳量や乳成分率などの記録が収集されるようになった。1984年からは、後代検定候補種雄牛の娘牛を牛群検定参加農家で検定する、フィールド方式による後代検定事業が開始された。フィールド方式により、ステーション方式の欠点とされていた、検定経費の増大や検定頭数の制限といった問題を緩和することが可能となった。

　一方で、コンピュータ技術の著しい進展を背景として、遺伝的能力評価法も発展してきた。ステーション方式において最小二乗法を育種に応用したことが、統計学的手法を用いた評価の始まりであった。その後、1989年にフィールド方式の検定に移行してからは、BLUP法（最良線形不偏予測法）MGSモデルにより遺伝評価が実施され、（一社）家畜改良事業団が泌乳形質、（一社）日本ホルスタイン登録協会が体型形質をそれぞれ担当した。

　1993年からは、欧米諸国で開始していた雌牛の遺伝的能力の評価が可能なBLUP法アニマルモデルによる評価が、（独）家畜改良センターにおいて実施されることとなった。1997年には管理形質（気質・搾乳性）と今の産子難産率に相当する分娩難易の評価が開始され、1998年に（一社）日本ホルスタイン登録協会が開発した、泌乳形質と体型形質を考慮した総合指数（NTP）による選抜が開始された。

　2003年には体細胞スコアの評価が始まり、また、この年にはインターブルによる国際評価へ参加したことで、海外種雄牛と国内種雄牛の評価値の比較が可能になった。2006年には在群期間の評価、2008年には泌乳持続性の遺伝評価が開始された。2010年には、泌乳形質の遺伝評価が305日乳量を用いた「乳期モデル」とよばれた評価方法から、毎月の検定日記録を用いた「検定日モデル」へと移行した。

　また、2011年には死産率の遺伝評価が開始され、分娩難易が「難産率」という表現に改められた。この年には、（一社）日本ホルスタイン登録協会が開発した生産寿命の延長や繁殖性の改善に重点をおいた、長命連産効果の公表も始まった。2013年には、娘牛記録をもたない種雄牛（若雄牛）と自身の記録がない雌牛（未経産牛）について、SNP情報を用いたゲノミック評価を開始した。2014年には繁殖形質の評価が開始され、2015年には、泌乳形質の評

価方法が，産次を考慮した多産次変量回帰検定日モデルに移行した。2017年には後代検定済種雄牛，若雄牛および（SNP情報をもった）経産牛のゲノミック評価値の公表が始まり，本格的なゲノミック評価体制が整った。このように，（独）家畜改良センターでは，刻一刻と進む能力評価法の進歩に対応するために，遺伝的能力評価法の改善，新たな形質，新たな評価手法の開発に取り組んでいる。

(2) 乳用牛の遺伝的能力評価の流れ

第1図に，日本における遺伝的能力評価の流れを示した。乳量などの泌乳成績や繁殖・分娩記録は，（一社）家畜改良事業団が行なう毎月の牛群検定から，体型審査記録や血縁情報は（一社）日本ホルスタイン登録協会からそれぞれ収集し，乳用牛群検定全国協議会を通じて（独）家畜改良センターに送られる。そして，（独）家畜改良センターで全国一律の遺伝的能力評価を実施し，評価結果を各団体に送付する。各団体は酪農家に牛群の改良情報として評価結果を返す。

また，ゲノミック評価のためのSNP検査の申請は，（一社）日本ホルスタイン登録協会が受付けを行ない，（一社）家畜改良事業団がSNP検査のために送られた毛根などのサンプルに対してSNP検査を実施し，（一社）日本ホルスタイン登録協会がSNP情報を蓄積・管理している。そして，（一社）日本ホルスタイン登録協会から，（独）家畜改良センターにゲノミック評価のためのSNP情報が送られている。このように，乳用牛の遺伝的能力評価は，関係団体が協力をして実施しているところである。

(3) 評価時期

（独）家畜改良センターで実施している遺伝評価は，ホルスタイン種の国内の公式評価として，種雄牛（後代検定済種雄牛と若雄牛（国内・

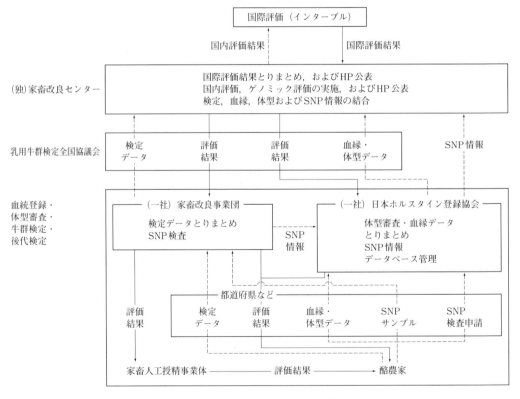

第1図　乳用牛の遺伝的能力評価の流れ

海外））は年2回（2月と8月），雌牛（経産牛と未経産牛）は年3回（2月，8月，12月），評価結果を公表している。さらに，各公式評価間で新規にSNP検査を受けた若雄牛と未経産牛についてのみを対象として，2018年8月から，その所有者に，直近の公式評価のデータを利用した中間評価結果を毎月提供する。なお，中間評価結果は（独）家畜改良センターのホームページには掲載されず，（一社）家畜改良事業団と（一社）日本ホルスタイン登録協会から，所有者に改良情報として提供される。

また，（独）家畜改良センターでは，娘牛記録をもつ海外種雄牛について，国際評価として年3回（4月，8月，12月）評価結果を公表している。ジャージー種について，泌乳形質および体細胞スコアの遺伝評価を年2回（3月と9月）実施し，雌牛についてのみ評価結果を公表している。具体的な評価公表日は，家畜改良センターホームページなどで確認することができる。

（4）遺伝評価に関連する専門用語

交配する種雄牛や後継牛を残す雌牛の選定などに遺伝評価値を利用するうえで，知っておくとよいいくつかの用語について解説する。

①遺伝率

遺伝率とは，ある形質がどのくらい遺伝的な影響を受けているのかを割合（0.0〜1.0や0〜100％）で示す。遺伝率が高い形質は，親の能力が子供に伝わりやすく，遺伝的改良を行ないやすいが，遺伝率が低い形質は，遺伝的改良よりも飼養環境などを改善することが重要といえる。

乳用牛の遺伝評価に用いられる遺伝率の一覧を，第1表に示した。たとえば，乳量の遺伝率は0.500と遺伝的な影響が約半分の割合を占め，遺伝的改良が行ないやすい形質といえるが，初産娘牛受胎率（遺伝率＝0.020）のような遺伝率が低い形質は，遺伝的改良が行ないづらい形質といえる。

②遺伝相関

遺伝相関とは2つの形質間の遺伝的な関連性

がどの程度なのかを表わし，±1の範囲をとり，遺伝相関が絶対値で1に近いほど2つの形質は遺伝的な関連性が強く，遺伝的に似た形質であるといえる。たとえば，形質Aと形質Bの遺伝相関が＋であれば形質Aが大きくなると，形質Bも大きくなり，−であれば形質Aが大きくな

第1表 ホルスタイン種の遺伝評価に用いられる各形質の遺伝率の一覧（2018年時点）

		遺伝率
泌乳形質	乳量	0.500
	乳脂量	0.498
	無脂固形分量	0.448
	乳蛋白質量	0.429
その他の形質	体細胞スコア	0.082
	在群期間	0.08
	泌乳持続性	0.322
管理形質	気質	0.08
	搾乳性	0.11
分娩形質	難産率（直接遺伝率）	0.06
	難産率（母性遺伝率）	0.03
	死産率（直接遺伝率）	0.03
	死産率（母性遺伝率）	0.04
繁殖形質	未経産娘牛受胎率	0.016
	初産娘牛受胎率	0.020
	2産娘牛受胎率	0.021
	空胎日数	0.053
体型形質（得点）	体貌と骨格	0.27
	肢蹄	0.13
	乳用強健性	0.34
	乳器	0.20
	決定得点	0.27
体型形質（線形）	高さ	0.53
	胸の幅	0.30
	体の深さ	0.38
	鋭角性	0.25
	BCS	0.23
	尻の角度	0.41
	坐骨幅	0.34
	後肢側望	0.20
	後肢後望	0.11
	蹄の角度	0.05
	前乳房の付着	0.21
	後乳房の高さ	0.26
	後乳房の幅	0.21
	乳房の懸垂	0.20
	乳房の深さ	0.46
	前乳頭の配置	0.38
	後乳頭の配置	0.31
	前乳頭の長さ	0.40

ると，形質Bは小さくなる関係にある。また，ある形質間の遺伝相関が高いと，一方の形質を改良することで，他方の形質も間接的に改良を行なうことができる。

③推定育種価

家畜の遺伝的能力を育種価とよぶ。しかし個体の本当の遺伝的能力（真の育種価）というのはわからないため，たくさんの個体の観測値（乳量などの記録）と血縁情報を用い，統計的な手法によって遺伝的能力が推定される。この推定された遺伝的能力が，推定育種価（Estimated Breeding Value：EBV）とよばれるものである。

一般的に子供は，両親からそれぞれ50％の遺伝子を受け継ぐ。したがって，遺伝的能力であるEBVも，後代におおよそ半分が伝わると考えられる。たとえば，乳量のEBVが＋1,000kgの母牛に種付けした種雄牛のEBVが＋1,500kgなら，予想される後代のEBVは1,250kg（＝1,000÷2＋1,500÷2）となり，この後代は母牛より＋250kgの遺伝的改良が期待できる。

このように両親のEBVの平均値から計算された後代の遺伝的能力のことを，両親平均（Parent Average：PA）とよぶ。しかし，両親から受け継ぐ遺伝子は無作為に決定されるため，きょうだい間で受け継いだ遺伝子に差が生じるので，同じ両親からの後代においてもEBVに差が生じる（第2図）。

④ゲノム推定育種価

EBVは，個体の観測値と血縁情報を用いて計算されるが，それだけでは両親から受け継ぐ遺伝情報を十分に説明できない。そこで，近年，一塩基多型（Single Nucleotide Polymorphism：SNP）とよばれる遺伝情報を遺伝評価に加えたゲノミック評価により計算される育種価が注目されている。それがGenomic EBV（GEBV）であり，一般的に，GEBVはEBVよりも精度が高いとされる。

具体的にはSNP情報から求めたDGV（Direct Genomic Value）とよばれるSNP情報に由来する遺伝的能力と，血縁情報に由来するEBVを結合して求められる。なお，ゲノミック評価については後半で詳細を述べる。

⑤GPI，GPA

GPI（Genomic Pedigree Index），GPA（Genomic Parent Average）とは，泌乳記録や体型審査記録などをまだもたない未経産牛や，記録をもつ娘牛がまだいない若雄牛（ヤングブルともいう）を対象として，SNP情報と父親や母親などの祖先のEBVを用いて推測した遺伝的能力である。一般的に，GPIやGPAは，PAよりも評価値の精度が良い。

なお，GPIは，DGVに父親のEBV÷2＋母方祖父のEBV÷4で求められるPIを結合した評価値であり，GPAはDGVにPAを結合した評価値である。なお，日本の遺伝的能力では，GPIを未経産牛と若雄牛のゲノミック評価値として公表している。

⑥標準化育種価

標準化育種価（Standardized Breeding Value：SBV）は，泌乳形質と体型形質のような，尺度や単位が異なる形質の遺伝的能力を把握しやすくした数値である。これは，遺伝ベースの平均値と標準偏差を用いて，第3図の式により同じ尺度（スケール）に揃え，その牛の遺伝的な特徴を把握しやすくする。おもに形質の数が多い体型形質（詳細は後述の体型形質の項を参照）で利用されている。

⑦相対育種価

相対育種価（Relative Breeding Value：RBV）は，第3図の式で求めたSBVに

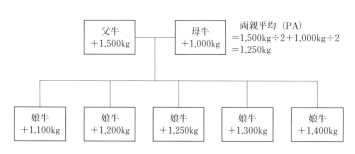

第2図　両親と後代の推定育種価と両親平均（PA）の関係

$$SBV = \frac{(EBVやGEBV - 遺伝ベース時点のEBVの平均値)}{遺伝ベース時点のEBVの標準偏差}$$

第3図　標準化育種価（SBV）の計算式

ついて小数点以下で四捨五入を行ない，それに100を足した数値であり，97〜103の7段階で遺伝的能力を表わしたものである。

第4図にSBVとRBVの関係を示した。日本の乳用牛の遺伝評価では，遺伝率が低く，信頼度の低い在群期間と管理形質（気質・搾乳性）で用いられている。小数点以下を四捨五入することにより小数点以下の小さな差をなくすことで，細かな数値による差を気にすることなく，個体間の遺伝的能力の違いを比較することができる。

⑧遺伝ベース

乳用牛の遺伝的能力は，ある時点での平均的な遺伝的能力（EBVの平均値など）を基準として，そこからの差で表わされるのが一般的であり，その基準となる時点を遺伝ベースとよぶ。2018年時点でのおもな形質の遺伝ベースは，2010年生まれの雌牛のEBVの平均値が基準（＝0（ゼロ））であり，2016-2月評価時に採用された。

各形質の詳細な遺伝ベースの定義を第2表に示した。この遺伝ベースは約5年ごとに変更され，遺伝ベースの変更前後の評価間では，前回の変更時からの遺伝的改良量分が一律にスライドするため，評価値の見た目の大きさに差がでることに注意が必要である。なお，遺伝ベースが変更されても，個体の遺伝的能力の序列・優劣には影響はない。

⑨信頼度，信頼幅

遺伝的能力を推定したEBVやGEBVなどの数値の信頼性は，信頼度によって表わされる。信頼度は，0〜99％の範囲で表わされ，数値が高いほど遺伝的能力の数値の信頼性が高くなる（単位を％Rと表示する場合もある）。そして，信頼幅は，EBVなどの数値の誤差がどの程度の幅であるかを表わし，EBVなどの後ろに±を付して併記されたりする（例：1,500±200kg）。信頼幅は，その牛の真の育種価が，約68％の確率でその範囲内にあることを表わす。信頼度が高いほど，信頼幅は小さくなる関係にある（第5図）。

また，信頼度や信頼幅は，遺伝率，記録数，血縁関係（両親や子供の数）などによって影響され，遺伝率が高い形質や，記録や子供の数などが多い場合は，信頼度が高くなる。たとえば第5図の乳量の信頼度と信頼幅を見ると，PAは単純に両親のEBVの平均値なので，信頼度

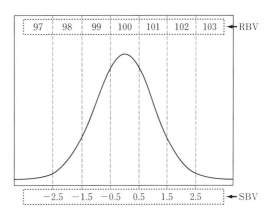

第4図　SBVとRBVの関係

第2表　各評価形質の遺伝ベースの定義（2018年時点）

評価形質	遺伝ベースの定義
泌乳形質，体型形質	2010年生まれの検定牛（または審査牛）の平均値が，ゼロ
体細胞スコア	2010年生まれの検定牛の平均値が，観測値の平均値
在群期間，泌乳持続性	2010年生まれの検定牛の平均値が，100
気質，搾乳性	種雄牛の平均値が，100
産子難産率	2006〜2010年生まれの種雄牛の平均値が，7％
娘牛難産率	2001〜2005年生まれの種雄牛の平均値が，7％
産子死産率	2006〜2010年生まれの種雄牛の平均値が，6％
娘牛死産率	2001〜2005年生まれの種雄牛の平均値が，6％
繁殖形質	2010年生まれの検定牛の平均値が，未経産娘牛受胎率：62％，初産娘牛受胎率：42％，2産娘牛受胎率：39％，空胎日数：138日

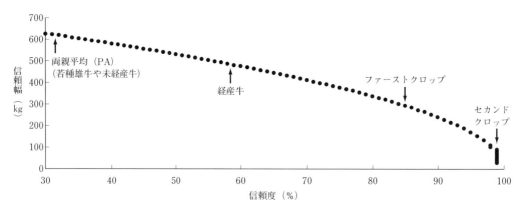

第5図　信頼度と信頼幅の関係（例：乳量）
ファーストクロップ：後代検定が終了して約50頭の娘牛をもつ種雄牛
セカンドクロップ：一般供用され数年が経過し，多くの娘牛をもつ種雄牛

は約30％で，信頼幅は約600kgもある。

雌牛（経産牛）は自身が記録をもつが，子供の数は種雄牛ほど多くはないため，信頼度はあまり高くはならず，信頼度は約60％で信頼幅は500kgある。種雄牛は自身が記録をもたない代わりに多数の記録をもつ娘牛を有するため，後代検定が終了して約50頭の娘牛数をもつファーストクロップ種雄牛では，乳量の信頼度と信頼幅は約85％と約300kgとなる。また，後代検定終了後に一般供用され数年が経過し，娘牛数が大きく増加したセカンドクロップ種雄牛の信頼度は99％まで上がり，信頼幅は100kg以下にまでなる。このように，信頼度は，PA＜記録をもつ雌牛（経産牛）＜ファーストクロップ種雄牛＜セカンドクロップ種雄牛の順で高くなる。

(5) 評価形質

日本のホルスタイン種の遺伝評価において，評価している形質について解説する。なお，ここで記載している評価モデルは，観測値と血縁情報を用いた従来の遺伝評価であり，この評価モデルで得られたEBVを用いて，SNP情報をもつ個体はゲノミック評価値（GEBV，GPI）が計算される。

①泌乳形質

泌乳形質の遺伝的能力は，分娩後305日間を一乳期として扱い，その間の総生産量（305日生産量）で表わされる。乳量，乳脂量，無脂固形分量および乳蛋白質量は，第6図の評価モデルを用いて直接計算されるが，各成分率（乳脂率，無脂固形分率および乳蛋白質率）のEBVは，乳量と各成分量のEBVなどを用いて，第7図の式（例：乳脂率）によって間接的に計算される。なお，SNP情報のある個体は，乳成分率のゲノミック評価値（GEBV，GPI）が直接計算されている。

泌乳形質のなかでも乳量は，酪農家にとって経済的にもっとも重要な形質の一つであるが，乳量のみに重点をおいた改良を行なうと，各成分率の遺伝的能力が低下するおそれがある。なぜなら，乳量を増やすことで各成分量も増加するが，乳量の増加幅に比べ各成分量の増加幅が相対的に小さいためである。逆に，各成分率に重点をおいた改良を行なうと，乳量と各成分量の遺伝的能力が低下するおそれがあるために注意が必要である。泌乳形質を改良するさいには，量と率のどちらか一方に重点をおいた改良ではなく，雌牛ごとに遺伝的能力をしっかりと把握し，牛群全体として遺伝的改良の方向を考えて，後継牛や交配する種雄牛を選定することが重要である。

②体型形質

体型形質の遺伝的能力は，基本的に初産次の

1. データ採用条件
(1) 公式評価
①ホルスタイン種
②父牛があきらか
③検定の種類は立会検定（A4法またはAT法（2回搾乳，3回搾乳）），または自動検定
④初産から3産までの検定日記録（分娩後305日以内）
　ただし，各産次の分娩月齢は，初産18〜35か月齢，2産30〜55か月齢，3産42〜75か月齢であること
⑤ICAR（International Committee for Animal Recording：家畜の能力検定に関する国際委員会）の検定記録ガイドラインに準じ，一定の精度が保たれていること
⑥同一管理グループ（牛群・検定日・搾乳回数および牛群・検定年・産次（初産または2〜3産））に同期牛が存在すること

(2) 雌牛再計算
前項の公式評価のデータ採用条件のうち，③と④を以下の条件に変えることで，公式評価で採用されなかった雌牛の評価値を公表している
③検定の種類は立会検定（A4法またはAT法（2回搾乳，3回搾乳）），自動検定および自家検定によるもの
④初産から3産までの検定日記録（分娩後305日以内）
　ただし，各産次の分娩月齢は，初産17〜47か月齢，2産24〜67か月齢，3産36〜87か月齢であること

2. 評価モデル
多産次変量回帰検定日モデル
$$y = HTDT + \Sigma BM \cdot w + \Sigma PA \cdot w + \Sigma hyp \cdot v + \Sigma pe \cdot z + \Sigma u \cdot z + e$$

ただし，
　y：牛群内分散補正を前補正した，検定日乳量または乳成分量
　HTDT：牛群・検定日・搾乳回数（母数効果）
　BM：地域（北海道または都道府県）・分娩月（母数回帰）
　PA：産次・分娩月例（母数回帰）
　hyp：牛群・検定年・産次（初産または2〜3産）（変量回帰）
　pe：産次別の恒久的環境効果（変量回帰）
　u：産次別の個体の育種価（変量回帰）
　e：残差（変量効果）
　w：$(1 \phi_1 (t) \phi_2 (t) \phi_3 (t) \phi_4 (t) \exp(-0.05t))$ と表わされる母数回帰式
　v：$(1 \phi_1 (t))$ と表わされる変量回帰式
　z：$(1 \phi_1 (t) \phi_2 (t))$ と表わされる変量回帰式
　$\phi_1 (t)$ から $\phi_4 (t)$ は分娩t日目に関するLegendre多項式を表わす

3. 総合育種価の計算
多産次変量回帰モデルでは，産次別の育種価を計算したあと，各産次をまとめた総合的な遺伝的能力を表わす総合育種価を下記の式で計算し，この総合育種価を個体の遺伝的能力として公表している

総合育種価＝W1×初産の育種価＋W2×2産の育種価＋W3×3産の育種価

ただし，W1からW3は各産次の重みを表わし，各産次の記録数に応じて初産（W1）0.40〜0.65，2産（W2）0.22〜0.34，3産（W3）0.13〜0.26の範囲を用いる

第6図　泌乳形質の評価方法

体型審査記録にもとづいて表わしており，5つの得点形質（体貌と骨格，肢蹄，乳用強健性，乳器，決定得点）と，18の線形形質（高さ，胸の幅，体の深さ，鋭角性，BCS（ボディコンディションスコア），尻の角度，坐骨幅，後肢側望，後肢後望，蹄の角度，前乳房の付着，後乳房の高さ，後乳房の幅，乳房の懸垂，乳房の深さ，前乳頭の配置，後乳頭の配置，前乳頭の長さ）の評価が行なわれている（第8図）。なお，得点形質はEBVとSBVの2種類で公表され，線形形質はSBVのみが公表されている。
　得点形質は数値が高いほど遺伝的に優れているが，線形形質は一概に数値が高いほど遺伝的に優れているとはいえない。とくに，BCS，尻

$$EBVF\% = \left(\frac{EBV_F + F_{base}}{EBV_M + M_{base}} - \frac{F_{base}}{M_{base}} \right) \times 100$$

EBVF％：乳脂率のEBV
EBV_F：乳脂肪量のEBV
F_base：乳脂肪量の全平均
EBV_M：乳量のEBV
M_base：乳量の全平均

第7図　乳脂率のEBVを求める式

の角度，後肢側望，蹄の角度，前乳頭の配置，後乳頭の配置および前乳頭の長さの7形質については，極端なスコアの場合に淘汰の危険性が増すといわれており，中程度なスコアが望まし

1. データ採用条件
(1) 種雄牛評価
　種雄牛の遺伝評価は下記の条件で計算されている。
①ホルスタイン種
②父牛があきらか
③初産記録
④初産分娩月齢は18〜35か月齢であること
⑤審査時に分娩後365日以内で正常に泌乳中（盲乳がないこと）
⑥同一管理グループ（牛群・審査員・審査日）に同期牛が存在すること

(2) 雌牛評価
　雌牛の遺伝評価は下記の条件で計算されている
①ホルスタイン種
②父牛があきらか
③初産から5産までの記録（※2産以降は，そのなかでもっとも若い月例の記録を採用）
④分娩月齢は，初産18〜35か月齢，2産27〜53か月齢，3産38〜68か月齢，4産49〜83か月齢，5産59〜99か月齢であること
⑤審査時に分娩後365日以内で正常に泌乳中（盲乳がないこと）
⑥同一管理グループ（牛群・審査員・審査日）に同期牛が存在すること

2. 評価モデル
種雄牛評価：単形質アニマルモデル，雌牛評価：2形質アニマルモデル

$$y_{1st} ＝ HCD ＋ A ＋ L ＋ u ＋ e （種雄牛・雌牛評価）$$
$$y_{2-5} ＝ HCD ＋ PA ＋ L ＋ u ＋ e （雌牛評価）$$

ただし，

　y_{1st}：WeigelとGianolaの簡易化ベイズ法により牛群内分散補正を前補正した，体型の形質の初産記録
　y_{2-5}：WeigelとGianolaの簡易化ベイズ法により牛群内分散補正を前補正した，体型の形質の2〜5産のもっとも若い月例の記録
　HCD：牛群・審査員・審査日（母数効果）
　A：審査時月齢（母数効果）
　PA：産次・審査時月齢（母数効果）
　L：審査日における泌乳ステージ（母数効果）
　u：個体の育種価（変量効果）
　e：残差（変量効果）

第8図　体型形質の評価方法

形質	SBV	程度							程度
高さ	1.20	低い							高い
胸の幅	0.05	狭い							広い
体の深さ	−0.38	浅い							深い
鋭角性	1.05	欠く							富む
BCS	−1.00	痩せ							肥え
尻の角度	−0.34	坐骨高							座骨低
坐骨幅	−0.71	狭い							広い
後肢側望	−1.50	直飛							曲飛
後肢後望	2.88	寄る							平行
蹄の角度	−0.84	小さい							大きい
前乳房の付着	−1.59	弱い							強い
後乳房の高さ	−0.23	低い							高い
後乳房の幅	2.00	狭い							広い
乳房の懸垂	−0.50	弱い							強い
乳房の深さ	−3.00	深い							浅い
前乳頭の配置	−0.80	外付							内付
後乳頭の配置	0.15	外付							内付
前乳頭の長さ	1.10	短い							長い
体貌と骨格	−1.50	低い							高い
肢蹄	−2.20	低い							高い
乳用強健性	0.70	低い							高い
乳器	1.40	低い							高い
決定得点	−1.20	低い							高い

第9図　標準化育種価（SBV）の例（体型形質）
☆印は，ベース年生まれの平均的な雌牛がスコア5（後乳頭の配置はスコア4）となる☆の位置を表わす

乳用牛の遺伝的能力評価と改良の現状

---

1. データ採用条件
①ホルスタイン種
②父牛があきらか
③検定の種類は立会検定（A4法またはAT法（2回搾乳，3回搾乳）），または自動検定
④初産の検定日記録（分娩後305日以内）
　　ただし，初産分娩月齢は，18〜35か月齢であること
⑤同一管理グループ（牛群・検定日・搾乳回数）に同期牛が存在すること
⑥③および④を満たす記録が62日以内に1つ以上，305日以内に3つ以上あること

2. 評価モデル
母数回帰検定日モデル
　　$y = HTDT + A + pe + u + a \times t + b \times \exp(-0.05 \times t) + e$

ただし，
　　y：対数変換後の体細胞数（体細胞スコア）
　　$HTDT$：牛群・検定日・搾乳回数（母数効果）
　　A：分娩月齢（母数効果）
　　pe：恒久的環境効果（変量効果）
　　u：個体の育種価（変量効果）
　　t：搾乳日数（母数回帰）
　　a, b：Wilminkの泌乳曲線で用いる定数
　　e：残差（変量効果）
　　$\exp$は指数関数を表わす

第10図　体細胞スコアの評価方法

いとされている。そこで，種雄牛紹介のパンフレットなどには，第9図のようなSBVの棒グラフの中に，望ましいSBVの位置が把握できるように☆印が付けられており，種雄牛選定のさいにそれら形質について注意する必要がある。

　体型形質は，泌乳形質のように直接収益に反映する形質ではないが，飼養管理上扱いやすい牛や機能的に優れ，長持ちする牛に改良するために重要な形質である。これまでの研究で，遺伝的に"胸の幅"が広い牛，"体の深さ"が深い牛といった牛は早期に淘汰される傾向にあり，体が大きくなる改良を行なうと生涯生産性の改良の妨げになることが報告されている。

　一方，"肢蹄"が良い，"前乳房の付着"が強く"乳房の深さ"が浅いといった乳房の形状が良い牛は，長く牛群にとどまる傾向にあるといわれている。すなわち，体型形質を改良するうえで，単に体の大きさ・体格の良さといった見栄えを重視するのではなく，長期間にわたって生産性を維持することができる優れた乳器形状，長期間の飼育に耐えられる丈夫な肢蹄といった機能的に優れた牛に改良することが重要である。

③体細胞スコア

　乳汁中の体細胞数は，多くの場合1ml当たり

体細胞スコア＝log$_2$（体細胞数（千個/ml）/100）＋3

第11図　体細胞スコアの対数変換式

第3表　体細胞数と体細胞スコアの関係

体細胞数（個/ml）	体細胞スコア
12,500	0.00
25,000	1.00
50,000	2.00
100,000	3.00
200,000	4.00
400,000	5.00
800,000	6.00
1,600,000	7.00
3,200,000	8.00
6,400,000	9.00
12,800,000	10.00

の体細胞数によって表示されているが，その数値をそのまま遺伝評価に利用することができない。そこで，遺伝評価では，体細胞数（千個/ml）を，第11図の対数変換式を用いて"体細胞スコア"に変換してから遺伝評価に用いている。

　第3表に，体細胞数（個/ml）と体細胞スコアの対応表を示した。たとえば，体細胞数が

25,000個/ml, 50,000個/ml, 100,000個/mlであれば, 体細胞スコアは1, 2, 3となり, 体細胞数が増加すると体細胞スコアも増加する関係にある。

体細胞は乳房炎と深く関連した形質であり, 数値が小さいほど好ましい形質であるため, 数値が小さいほど良い形質である。また, 体細胞スコアを低くする改良を行なうことで, 乳房炎の発生を抑制する改良につながるため, 積極的に体細胞スコアの改良を行ないたいところではあるが, 体細胞スコアの遺伝率は0.082と低いため, 泌乳形質のような遺伝率の高い形質に比べて改良効果がすぐに現われる形質ではない。そのため, 体細胞スコアを第一の改良目標として設定すると, その他の形質の改良の妨げになるおそれがある。そこで, 2010－2月評価からは, 総合指数の疾病繁殖成分に体細胞スコアを加えることで, 泌乳形質や体型形質の改良と同時に体細胞スコアもバランス良く改良することが可能になった。

④泌乳持続性

泌乳持続性は, ピーク時の乳量をどの程度維持できるかを表わす形質であり, 泌乳ステージ後期である分娩後240日目の乳量と, 一般的な泌乳ステージで乳量のピーク前後に相当する分娩後60日目の乳量の差で表わしている。240日目と60日目の乳量の差が少ない牛は, ピーク時から泌乳後期にかけての乳量の落ち込みが少ない, すなわち泌乳持続性が良い牛ということになり, 逆に, 240日目の乳量が60日目の乳量と比べて大きく落ち込んでいる場合, 泌乳持続性が悪い牛となる。

なお, 泌乳持続性は体型形質の線形形質と同様にSBVで表示されており, 泌乳持続性のSBVと遺伝能力曲線（平均的な雌牛の泌乳曲線に搾乳日数ごとの遺伝的能力を加えて描いた曲線）のイメージを第13図に示した。数値が大きいほど泌乳後期の落ち込みが少なく, 数値が小さいと泌乳後期の落ち込みが多いことがわかる。一般的に, 泌乳持続性の良い雌牛は, 泌乳期間を通じて乳量の変動が少なく, えさの量などの飼養管理の面で扱いやすい牛であるといわれている。そこで, 2015年4月に公表された家畜改良増殖目標で, 飼料利用性の向上などが期待される形質として泌乳持続性は改良目標の一つに定められた。

また, 泌乳持続性は305日乳量を落とさずにピーク乳量を下げることができる形質でもある

---

1. データ採用条件
   泌乳形質と同様である

2. 評価モデル
   乳量の評価モデルと同様であり, 乳量の評価から得られる分娩後60日目の乳量のEBVと分娩後240日目の乳量のEBVの差により求められる

第12図　泌乳持続性の評価方法

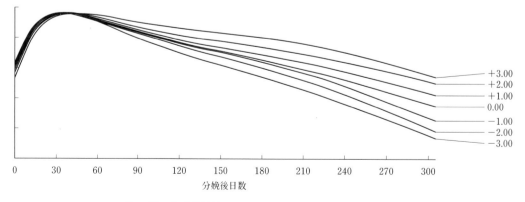

第13図　泌乳持続性のSBVごとの遺伝能力曲線のイメージ

遺伝能力曲線：平均的な雌牛の泌乳曲線に搾乳日数ごとの遺伝的能力を加えて描いた曲線

乳用牛の遺伝的能力評価と改良の現状

---

1. データ採用条件
①泌乳形質，体細胞スコアおよび体型形質に関する従前のデータ採用条件を満たしていること
②初産305日乳量，体細胞スコア，肢蹄，胸の幅，鋭角性，乳房の懸垂，乳房の深さおよび前乳頭の配置に欠測がないこと
③同一管理グループに同期牛が存在すること

2. 評価モデル
多形質アニマルモデル
$y_{HL} = HYT + A + u + e$
$y_{Milk/scs} = HYT + BMY + A + u + e$
$y_{Type} = HCD + A + L + u + e$

ただし，
　y_{HL}：在群期間（84か月齢を越えて牛群内に留まった個体は84か月とし，84か月齢以内で5産目の検定を終えた個体は終了時実月齢を評価用記録として利用する。また，84か月齢以内で死亡・廃用・淘汰した個体は，その時点での実月齢を評価用記録として利用するが，在群の有無にかかわらず，誕生後84か月を経過していない個体の記録は用いない。）
　$y_{Milk/scs}$：初産乳量の305日記録/体細胞スコア
　y_{Type}：体型6形質（肢蹄，胸の幅，鋭角性，乳房の懸垂，乳房の深さ，前乳頭の配置）の観測値
　HYT：牛群・分娩年・搾乳回数（母数効果）
　A：月齢グループ（母数効果）
　BMY：地域（北海道，都府県）・分娩月・分娩年（母数効果）
　HCD：牛群・審査員・審査日（母数効果）
　L：審査日における泌乳ステージ（母数効果）
　u：個体の育種価（変量効果）
　e：残差（変量）

第14図　在群期間の評価方法

ことから，2015－8月評価から総合指数の疾病繁殖成分に泌乳持続性が加えられ，総合指数の高い牛を選ぶことで泌乳持続性の改良も可能となった。

⑤在群期間

経済動物である乳用牛の長命性とは，その牛がどのくらい寿命をまっとうできるかではなく，どのくらい牛群に在籍し，酪農生産に貢献し続けることができるかである。在群期間は，その牛がその牛群に生まれてから淘汰されるまでの期間を月数で表わす形質であるため，その牛が淘汰されるまで，その牛がどれだけ牛群に在籍したかわからない。そのため，在群期間の情報をもつ雌牛のみで遺伝評価を行なうと，現在供用されている直近の種雄牛の娘牛の多くは在群期間の情報をもたないため，直近の種雄牛の遺伝評価を行なうことができない。そこで，在群期間と関連のある305日乳量（初産），体細胞スコアおよび体型形質（肢蹄，胸の幅，鋭角性，乳房の懸垂，乳房の深さおよび前乳頭の配置）の各形質間の遺伝相関を用いて間接的に在群期間の遺伝評価を行なっており，種雄牛についてのみ遺伝評価値が公表されている（第14図）。

在群期間の遺伝評価値は，平均的な牛を100とし，97～103の7区分のRBVで公表しており，1区分の違いがおおよそ2か月ほどで，100と103の違いは約6か月の違いとなる。在群期間の遺伝率は0.08と低く，直近の種雄牛の娘牛の多くがまだ淘汰されておらず在群期間の情報をもたないために，直近の種雄牛の在群期間の信頼度は，乳量の信頼度（約85％以上）ほど高くなく，約50％程度しかない。したがって，99と100のような細かい数値の差で判断するのではなく，「97～98：在群期間が比較的短い」「99～101：在群期間が普通」「102～103：在群期間が比較的長い」の3区分程度で考え，補助的な情報として利用することが望ましい（第4表）。

なお，長命連産効果には在群期間が含まれており，長命連産効果が高い種雄牛を選ぶことで在群期間以外の形質も考慮して，バランス良く長命性を改良することが可能である。

⑥管理形質（気質，搾乳性）

気質と搾乳性は一般的に管理形質と呼ばれ，種雄牛についてのみ評価値が公表されている

乳牛改良で長命連産　改良の歴史と現在

第4表　在群期間，気質，搾乳性の評価値の意味

RBV	在群期間	気　質	搾乳性
103 102	在群期間が比較的長い	温順性が比較的高い	搾乳が比較的速い
101 100 99	普通	普通	普通
98 97	在群期間が比較的短い	温順性が比較的悪い	搾乳が比較的おそい

（第15図）。管理形質は，乳量のような客観的な物差しで測定しているのではなく，酪農家に対する聞取りによって記録を収集しているため，酪農家の主観に影響される可能性が高い形質である。また，管理形質は遺伝率が低く（気質：0.08，搾乳性：0.11），体細胞スコアや在群期間などと同様に遺伝的な改良がしにくい形質である。また，在群期間と同様に管理形質の遺伝評価値は，平均的な牛を100とした97〜103の7区分のRBVで公表している。

気質はその牛の性格を表わした形質で，酪農家にとって，性格がおとなしい牛は飼養管理上飼いやすい牛であり，性格が荒っぽい牛はほかの牛と喧嘩をしたりして，酪農家が扱いにくい牛といえる。気質の評価値は，数値が高いほど温順性が良い牛であることを表わす。

搾乳性はその牛の1回の搾乳にかかる時間を評価したもので，搾乳の速度が速い牛を牛群に揃えることで，牛群内の搾乳にかかる労働時間の低減につながる。ただし，搾乳性が良い種雄牛は体細胞スコアが高くなる傾向にあるため，搾乳性の改良を行なうさいは，体細胞スコアに注意が必要である。搾乳性の評価値は，数値が高いほど搾乳速度が速い牛であることを表わす。

なお，管理形質も在群期間と同様に「97〜98：温順性が比較的悪い・搾乳速度が比較的おそい」「99〜101：温順性が普通・搾乳速度が普通」「102〜103：温順性が比較的高い・搾乳速度が比較的速い」の3区分程度で考え，補助的な利用が望ましい（第4表参照）。

⑦分娩形質（難産率，死産率）

分娩形質は，難産率と死産率についての種雄牛の評価値を，遺伝的な確率（％）として公表している（第16図）。難産や死産は分娩した母牛にダメージを与え，その後の産乳性に影響を及ぼすために，酪農家にとって重大な関心事項の一つである。しかし，難産率と死産率の遺伝率は泌乳形質と比較して低く（難産率：直接遺伝率＝0.06と母性遺伝率＝0.03，死産率：直接遺伝率＝0.03と母性遺伝率＝0.04），交配種雄牛を選定するさいには，分娩形質を過度に重視

1．データ採用条件
①ホルスタイン種
②父牛があきらか
③初産記録（ただし，分娩月齢が18〜35か月齢であること）
④聞取り時に分娩後365日以内で正常に泌乳中（盲乳がないこと）
⑤同一審査グループ（牛群・審査員・審査日）に同期牛が存在すること

2．評価モデル
単形質閾値サイア＆MGSモデル
　y＝hcd＋A＋L＋s＋mgs＋e

ただし，
　y：潜在的に正規分布しているカテゴリカルデータ
　hcd：牛群・審査員・審査日（変量効果）
　A：審査時月齢（母数効果）
　L：審査日における泌乳ステージ（母数効果）
　s：審査牛の父牛のETA（変量効果）
　mgs：審査牛の母方祖父のETA（変量効果）
　e：残差（変量効果）
※ETAは推定伝達能力といい，育種価の2分の1で計算される

第15図　管理形質の評価方法

乳用牛の遺伝的能力評価と改良の現状

1. データ採用条件
（1）難産率
①娘牛の父牛があきらかで，かつホルスタイン種
②産子の父牛がホルスタイン種または肉専用種
③授精日記録があきらかで，かつ妊娠期間が261～299日であること
④初産娩月齢が初産18～35か月齢。ただし，産子難産率の予測値の計算において2～5産の記録も含む
⑤産子の性別が判明
⑥単子を分娩した記録（死産でない）
⑦同一管理グループ（牛群・分娩年）に同期牛が存在すること

（2）死産率
①産子と娘牛の両方の父牛があきらかで，かつホルスタイン種
②初産から5産までの記録。ただし，初産時の記録は，分娩月齢が18～35か月齢であること
③単子を分娩した記録
④同一管理グループ（牛群・分娩年）に同期牛が存在すること

2. 評価モデル
（1）難産率（単形質閾値サイア＆MGSモデル）
　　y＝hy＋BM＋A＋X＋SB＋MB＋fl＋sc＋sd＋e

ただし，
　y：潜在的に正規分布しているカテゴリカルデータ
　hy：牛群・分娩年（変量効果）
　BM：地域・分娩月（母数効果）
　A：分娩時月齢（母数効果）
　X：産子の性別・品種（母数効果）
　SB：産子の父牛の生年を区分した効果（母数効果）
　MB：娘牛の父牛の生年を区分した効果（母数効果）
　fl：産子の品種が交雑種であるときの効果（変量効果）

　sc：産子の父牛のETA（変量効果）
　sd：娘牛の父牛のETA（変量効果）
　e：残差（変量効果）
※ETAは推定伝達能力といい，育種価の2分の1で計算される

（2）産子難産率予測値
前述のモデルにおける産子難産率の評価結果は，10牛群15頭以上の分娩記録（ホルスタイン種未経産牛に交配した種雄牛の産子が生まれるさいの記録）が評価に用いられた場合に公表されるが，この条件を満たさない場合には，以下の評価値を用いて最良予測法による初産の産子難産率予測値を計算し，産子難産率として公表している（ただし，産子の分娩記録をもたない種雄牛は除く）
・ホルスタイン種雌牛に交配した種雄牛の産子が生まれるさいの初産から5産までの分娩記録を用いた産子難産率の評価値
・乳量，乳脂量，高さ，体の深さ，前乳房の付着，後乳房の高さ，後乳房の幅の評価値

（3）死産率（単形質閾値サイア＆MGSモデル）
　　y＝hy＋BM＋AP＋SB＋MB＋sc＋sd＋e

ただし，
　y：潜在的に正規分布しているカテゴリカルデータ
　hy：牛群・分娩年（変量効果）
　BM：地域・分娩月（母数効果）
　AP：分娩時月齢・産次（母数効果）
　SB：産子の父牛の生年を区分した効果（母数効果）
　MB：娘牛の父牛の生年を区分した効果（母数効果）
　sc：産子の父牛のETA（変量効果）
　sd：娘牛の父牛のETA（変量効果）
　e：残差（変量効果）
※ETAは推定伝達能力といい，育種価の2分の1で計算される

第16図　分娩形質の評価方法

することなく，参考情報の一つとして利用することが望ましい。

　難産率は，初産分娩時に難産になる遺伝的な確率を表わし，産子難産率と娘牛難産率の2種類の評価値がある。

　産子難産率は，ある種雄牛を未経産牛に交配し，その未経産牛が分娩するときに難産になりやすいかを表わし，生まれてくる子に対して遺伝的改良を行なうための評価値ではない。たとえば，難産になりやすい未経産牛や体格の小さ

な経産牛に交配するさいに，産子難産率の低い種雄牛を選定すると効果的である。一方，娘牛難産率は，ある種雄牛の娘牛が初産分娩するさいに難産になりやすいかを表わすもので，生まれてくる子に対して遺伝的改良を行なうための評価値である。たとえば，難産の少ない牛群を揃えるさいに，娘牛難産率の低い種雄牛の娘牛を集めると効果的である。

　死産率は，初産から5産までの分娩記録を用いて遺伝評価が行なわれ，産子死産率と娘牛死

乳牛改良で長命連産　改良の歴史と現在

---

1. データ採用条件
初回授精年が1990年以降の牛群検定日記録で, 以下の条件を満たすもの
①ホルスタイン種
②父牛があきらか
③授精日記録があきらかでかつ, 初回授精が受精卵移植でない
④初回授精月齢が未経産8〜26か月齢, 初産20〜46か月齢, 2産32〜66か月齢でかつ, 初産および2産の初回授精は分娩後365日以内であること
⑤同一管理グループ(牛群・初回授精年)に同期牛が存在すること

2. 評価モデル
多形質アニマルモデル

yCR0/CR1/CR2/DO=FHY＋FM＋FA＋s＋u＋e
yMILK=HY＋M＋A＋u＋e

ただし,
yCR0/CR1/CR2/DO：未経産娘牛受胎率/初産娘牛受胎率/2産娘牛受胎率/空胎日数(娘牛受胎率とは初回授精の成否であり, 空胎日数は初産分娩後の日数で365日を超える場合は365日とする)
yMILK：初産305日乳量
FHY：初回授精時の牛群・授精年(母数効果)
FM：初回授精月(母数効果)
FA：初回授精月齢(母数効果)
HY：牛群・分娩年(母数効果)
M：分娩月(母数効果)
A：分娩月齢(母数効果)
s：交配相手の効果(変量効果)
u：個体の育種価(変量効果)
e：残差(変量効果)

第17図　繁殖形質の評価方法

産率の2種類の評価値がある。

産子死産率は, ある種雄牛を雌牛に交配し, その雌牛が分娩するときに死産になりやすいかどうかを表わしており, 生まれてくる子に対して遺伝的改良を行なうための評価値ではない。たとえば, 産子の死産を減らすためには, 産子死産率の低い種雄牛を選定すると効果的である。一方, 娘牛死産率は, ある種雄牛の娘牛が分娩するときに死産になりやすいかどうかを表わし, 生まれてくる子に対して遺伝的改良を行なうための評価値である。たとえば, 死産の少ない牛群に揃えるさいに, 娘牛死産率の低い種雄牛の娘牛を集めると効果的である。

⑧繁殖形質(娘牛受胎率, 空胎日数)
乳用牛の繁殖性を表わす形質には, 受胎したかどうかを表わす受胎率や妊娠率, 分娩から受胎や次の分娩までの期間を表わす空胎日数や分娩間隔, 受胎するまでの授精回数などさまざまな形質がある。日本では, 未経産時, 初産分娩後および2産分娩後に初めて人工授精を行なったときの授精の成否(初回授精受胎率)について, それぞれ, "未経産娘牛受胎率""初産娘牛受胎率"および"2産娘牛受胎率"とし, 初産分娩後から2産目を受胎するまでの日数を"空

胎日数"として4種類の形質について繁殖形質として公表している。なお, これら繁殖形質は雌牛の繁殖性を表わす評価値であり, ある種雄牛が種付けしたときのその種雄牛の受胎率・空胎日数を表わしてはいないことに注意が必要である。

各繁殖形質は2010年生まれの検定牛の平均値が, 未経産娘牛受胎率で62％, 初産娘牛受胎率で42％, 2産娘牛受胎率で39％および空胎日数で138日になるように公表されている。

繁殖形質の遺伝率は, 0.016〜0.053と非常に低く, 信頼度も, 後代検定が終了したばかりの新規の種雄牛で約40％程度と非常に低いため, 評価ごとに変動する可能性がある。そこで, 評価ごとの変動のリスクを避けるためには, 繁殖性が高い1頭の種雄牛に集中するのではなく, 複数の種雄牛を利用することが望ましい。また, 繁殖性と乳量には好ましくない遺伝的関連性があり, 繁殖形質を過度に重視した改良を行なうと乳量が低下するおそれがある(第5表)。したがって, 繁殖性が悪い種雄牛を一切使用しないといった極端な使い方ではなく, 泌乳形質など改良を希望する形質において同等の遺伝的能力を有する種雄牛が複数いた場合に,

乳用牛の遺伝的能力評価と改良の現状

第5表　繁殖形質と305日乳量の遺伝率（対角）と各形質間の遺伝相関（上三角）

	未経産娘牛受胎率	初産娘牛受胎率	2産娘牛受胎率	空胎日数	305日乳量
未経産娘牛受胎率	0.016	＋0.429	＋0.465	－0.304	－0.155
初産娘牛受胎率		0.020	＋0.600	－0.755	－0.319
2産娘牛受胎率			0.021	－0.548	－0.055
空胎日数				0.053	＋0.448
305日乳量					0.429

どれを使用するか判断するさいの参考情報として利用することが望ましい。なお，2015－8月評価から総合指数の疾病繁殖成分に空胎日数が加わり，総合指数を利用することで自然と繁殖性の低下にブレーキをかける効果が期待できる。

(6) 選抜指数（乳代効果，総合指数，長命連産効果）

前述したように乳用牛の遺伝的能力を表わすさまざまな評価形質があり，酪農家はそれらすべての形質を考慮して，交配する種雄牛の選定を行なうことは困難である。そこで，乳用牛では，複数の形質を組み合わせた選抜指数を用いて種雄牛の選定を行なうことが一般的である。日本の選抜指数には，乳代効果，総合指数および長命連産効果の3種類が公表されており，それぞれに特徴がある。

①乳代効果

乳代効果は，乳量，乳脂率，無脂固形分率の評価値に各乳成分の経済的価値を掛けた値で，単位が「円」で表わされている。第18図に乳代効果の計算式を示した。式を見るとわかるが，これは単純に一乳期の収益性の面で遺伝的能力を表わすもので，長命性や生涯生産性といった経済的要因は，一切考慮されてない。なお，計算式に用いる牛群検定平均乳価（A）は，（一社）家畜改良事業団が発表する「乳用牛群能力検定成績」にもとづいて，毎年8月の評価のさいに更新され，各ベースは遺伝ベースの変更時に更新を予定している。

```
乳代効果＝M・EBV×A
　　　　 ＋{乳量EBV×（乳脂率EBV＋乳脂率ベース－3.5％）
　　　　 ＋乳量ベース×乳脂率EBV}×4
　　　　 ＋{乳量EBV×（無脂固形分率EBV＋無脂固形分率ベース－8.3％）
　　　　 ＋乳量ベース×無脂固形分率EBV}×4

A：牛群検定平均乳価（乳脂率3.5％，無脂固形分率8.3％に換算）
各ベース：遺伝ベース年生まれの乳量，乳脂率，無脂固形分率の平均値
```

第18図　乳代効果の計算式
EBVは，SNP情報をもつ後代検定済種雄牛および経産牛はGEBV，若雄牛と未経産牛はGPIとなる

②総合指数

総合指数（Nippon Total Profit index：NTP）は，生涯生産性を高めるために（一社）日本ホルスタイン登録協会が開発し，1996年に最初の総合指数の公表が行なわれた。それ以降は，そのときどきの研究成果やニーズなどに合わせて何度か改訂が行なわれ，2010年には体細胞スコアが疾病繁殖成分として加わり，さらに，2015年4月に公表された家畜改良増殖目標で，1）泌乳期間中の乳量の変化の小さい泌乳持続性が高い乳用牛への改良を進めること，2）繁殖性の向上をはかること，が生産性向上のために重要であるとされたことを受けて，2015－8月評価から疾病繁殖成分に"泌乳持続性"と"空胎日数"の2つの形質を疾病繁殖成分に新たに加えた，総合指数に変更された。

総合指数の計算式を第19図に示した。後代検定候補種雄牛の選抜には，おもに総合指数が用いられ，（独）家畜改良センターのホームページに掲載される供給可能種雄牛の一覧は，総合指数順で掲載してある。

総合指数は，産乳成分，耐久性成分および疾病繁殖成分の3成分から構成されている。産乳

乳牛改良で長命連産　改良の歴史と現在

$$\text{総合指数（NTP）} = 7.0 \times \text{産乳成分} + 1.8 \times \text{耐久性成分} + 1.2 \times \text{疾病繁殖成分}$$

$$= 7.0 \times \left\{ 38 \times \frac{\text{EBV}_{fat}}{\text{SD}_{fat}} + 62 \times \frac{\text{EBV}_{prt}}{\text{SD}_{prt}} \right\}$$

$$+ 1.8 \times \left\{ 35 \times \frac{\text{EBV}_{fl}}{\text{SD}_{fl}} + 65 \times \frac{\text{UDC}}{\text{SD}_{udc}} \right\}$$

$$+ 1.2 \times \left\{ -33 \times \frac{(\text{EBV}_{scs} - \text{AVG}_{scs})}{\text{SD}_{scs}} + 17 \times \frac{\text{EBV}_{per}}{\text{SD}_{per}} - 50 \times \frac{(\text{EBV}_{do} - \text{AVG}_{do})}{\text{SD}_{do}} \right\}$$

$$\text{乳房成分（UDC）} = 0.17 \times \text{乳器得率} + 0.83 \times (0.18 \times \text{前乳房の付着}$$
$$+ 0.09 \times \text{後乳房の高さ} + 0.10 \times \text{乳房の懸垂}$$
$$+ 0.24 \times \text{乳房の深さ} + 0.07 \times \text{前乳頭の配置}$$
$$- 0.10 \times \text{前乳頭の長さ} - 0.22 \times \text{後乳頭の配置)}$$
（各形質は推定育種価）

EBV：推定育種価[1]，SD：推定育種価の標準偏差，fat：乳脂量，prt：乳蛋白質量，fl：肢蹄，udc：乳房成分，scs：体細胞スコア，per：泌乳持続性，do：空胎日数，AVG：ベース年生まれの推定育種価の平均値

第19図　総合指数の計算式

1) SNP情報をもつ後代検定済種雄牛および経産牛はGEBV，若雄牛と未経産牛はGPIとなる

第6表　長命連産効果と総合指数の各成分と各形質の重み（％）の比較

各成分と形質	長命連産効果	総合指数
産乳成分	40％	70％
乳脂量	（11％）	（27％）
乳蛋白質量		（43％）
無脂固形分量	（23％）	
乳脂率	（6％）	
耐久性成分	40％	18％
在群期間	（26％）	
肢蹄	（4％）	（6％）
乳房成分	（8％）	（12％）
尻の角度	（2％）	
疾病繁殖成分	20％	12％
体細胞スコア	（14％）	（4％）
泌乳持続性		（2％）
空胎日数		（6％）
BCS	（6％）	

成分は，乳脂量と乳蛋白質量を改良することにより，乳成分率を下げずに乳量と無脂固形分量も同時に改良するための成分，耐久性成分は，肢蹄と乳房を改良することで生産寿命を向上するための成分，疾病繁殖成分は，体細胞スコア，泌乳持続性および空胎日数を改良することで，乳房炎の発生や繁殖性の低下を抑え，飼養管理や生涯生産性を向上するための成分である。総合指数の高い牛を用いることで，産乳性，機能

的体型，抗病性，繁殖性などをバランス良く改良し，生涯生産性を高めることができる。

③長命連産効果

長命連産効果は，生産寿命（耐用年数）の延長や繁殖性の改善により重点をおいた選抜指数として（一社）日本ホルスタイン登録協会により開発され，2011−8月評価から種雄牛について公表が行なわれている。単位はどの種雄牛を用いればどのくらい儲かるのかを理解しやすくするために乳代効果と同様に「円」で表示されている。長命連産効果も総合指数と同様に産乳成分，耐久性成分および疾病繁殖成分から構成されているが，総合指数と比較して産乳成分の重みを減らし，耐久性成分と疾病繁殖成分の重みを増やした指数（産乳成分：40％，耐久性成分：40％，疾病繁殖成分：20％）となっている。

第6表に，長命連産効果と総合指数の構成形質の重みを示した。各成分を構成する形質は，耐久性成分に在群期間や尻の角度，疾病繁殖成分にBCSなどが含まれ，耐久性成分と疾病繁殖成分の重みも大きいために，形質ごとの遺伝的改良量は低くなるが，生産寿命の遺伝的改良量は総合指数よりも高まる。

④各国の選抜指数の比較

第20図に，おもな国の選抜指数における各構成形質の重み（％）の比較を示した。各国の産乳成分の重みは，27〜56％の範囲で，日本のNTPよりも低く抑えられている。また，耐久性成分は，カナダのLPIのように重みが32％もある国もあれば，イスラエルのPD11のように耐久性成分が含まれない国も存在する。繁殖形質をみると，アイルランドのEBIのように35％もある国も存在する。ほかにも分娩形質，長命性，管理形質などNTPに含まれていない形質を含む国もある。各国の酪農を取り巻く状況が異なるため，どの国の選抜指数が優れてい

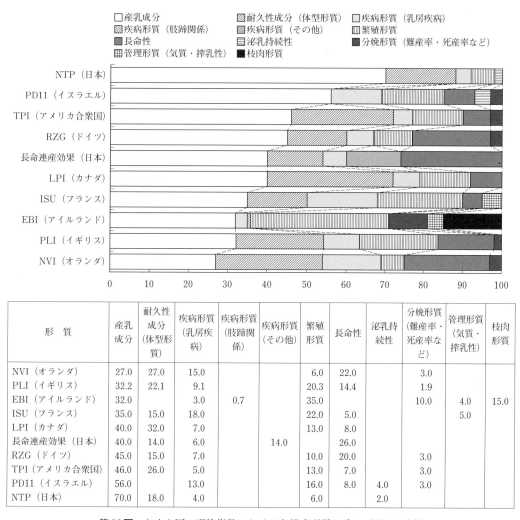

第20図 おもな国の選抜指数における各構成形質の重み（％）の比較

2. 国際評価

　1970年代以降に凍結精液などの遺伝資源の国際間流通が盛んになったが，その当時，ほかの国で優秀だったとされた種雄牛を自国で使用した場合に，期待したほどの能力を発揮しないことがあり，自国の改良に役に立つ種雄牛をいかにみきわめるかが重要な課題であった。そこで，1983年にICAR（家畜の能力検定に関する国際委員会）の小委員会としてスウェーデンのウプサラにインタープル（国際種雄牛評価サービス）が設立され，1994年からMACE（多形質国際評価）法により，経済的に重要な形質について国際評価値が公表されるようになった。現在の参加国数は34か国で，泌乳形質，体型形質，体細胞スコア，長命性，繁殖形質，管理形質および分娩形質の多岐にわたって国際評価が行なわれている。日本は，2003年から泌乳形質，体型形質および体細胞スコアについて国際評価に参加している。

乳牛改良で長命連産　改良の歴史と現在

第7表　国際評価に採用された各国の種雄牛頭数および日本との遺伝相関（2018－4月評価）

国　名	国際評価採用頭数（乳量）		日本との遺伝相関		
	種雄牛	日本と共通の種雄牛	乳　量	決定得点	体細胞スコア
日　本	5,648				
カナダ	11,801	1,164	0.94	0.89	0.88
アメリカ合衆国	36,659	1,743	0.93	0.86	0.88
デンマーク・フィンランド・スウェーデン	12,715	868	0.93	0.80	0.89
フランス	16,715	1,105	0.91	0.85	0.90
オランダ	14,926	944	0.91	0.80	0.88
スペイン	3,546	812	0.91	0.80	0.88
ポーランド	9,900	862	0.91	0.75	0.88
ドイツ	27,047	1,365	0.90	0.80	0.88
イタリア	9,022	1,040	0.89	0.84	0.88
スイス	3,236	419	0.89	0.94	0.88
エストニア	1,082	178	0.88	0.76	0.87
イスラエル	1,367	91	0.87		0.83
韓　国	1,283	483	0.86	0.73	0.88
チェコ	4,156	760	0.85	0.74	0.88
ハンガリー	3,144	641	0.85	0.75	0.88
イギリス	6,882	934	0.84	0.83	0.88
ベルギー	1,924	485	0.84	0.80	0.88
南アフリカ	1,273	407	0.84		0.88
アイルランド	2,604	407	0.83	0.59	0.86
スロバキア	1,095	288	0.82		0.88
リトアニア	765	171	0.82		0.88
スロベニア	501	145	0.81	0.77	0.88
ラトビア	1,066	298	0.81		0.88
ウルグアイ	998	359	0.81		0.88
クロアチア	721	187	0.81		0.88
ポルトガル	2,333	648	0.80	0.75	0.88
メキシコ	605	289	0.80		
オーストラリア	7,392	716	0.79	0.55	0.86
ニュージーランド	7,364	510	0.71	0.56	0.85

（1）MACE法

　遺伝的能力は飼養環境と密接な関係があり，たとえば，暑熱環境に適する牛と温暖な環境下でのみ能力を発揮する牛は異なる。つまり，各国の遺伝評価値は，その国の環境に適した遺伝的能力を表わしており，ほかの国で計算された遺伝評価値が，必ずしも日本の環境に適した遺伝評価値ではないことを意味する。また，国ごとに遺伝評価方法なども異なるため，国ごとの遺伝評価値を直接比較することはできない。

　第7表に，日本と各国の遺伝相関を，乳量，決定得点および体細胞スコアについて示した。値が大きいほど，その国間で種雄牛のランキングが似通ってくることを表わす（仮に，遺伝相関が1.0であればランキングは完全に一致）。日本との遺伝相関は，乳量で0.71～0.94，決定得点で0.55～0.94，体細胞スコアで0.83～0.90となっており，乳量と決定得点において国間で遺伝相関に差があることがわかる。

　日本は，カナダ，アメリカ合衆国，フランスなどと遺伝相関が比較的高いが，ニュージーランドやオーストラリアとは遺伝相関が低く，種雄牛のランキングが大きく異なってくるといえる。ニュージーランドやオーストラリアは，一般的に放牧主体であり，放牧環境に適した遺伝評価値となっているために，日本との遺伝相関が低いと思われる。また，乳量においてカナダやアメリカ合衆国との遺伝相関は0.9以上あるが，1.0ではないため，カナダやアメリカ合衆

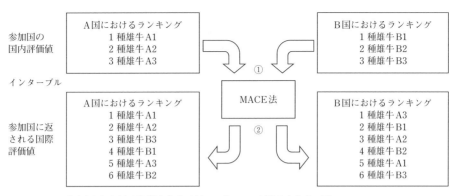

第21図　インターブルによる国際評価のイメージ

国でのランキングが日本と完全に一致するわけではない。

このように、国や環境などの違いによる種雄牛のランキングの違いに関する問題を解決するために、各国それぞれの飼養環境に適した遺伝的能力を計算したものが、インターブルによる国際評価値である。したがって、インターブルではそれぞれの国に適した種雄牛の遺伝評価値を計算しており、参加国の数だけ種雄牛のランキングがつくられる（第21図）。

(2) 海外種雄牛との比較

日本国内においてこれまで流通可能であった種雄牛の遺伝的能力の傾向を把握するために、家畜精液輸入協議会（SIC）から報告のあった海外種雄牛および日本の後代検定において選抜・供給された国内種雄牛の遺伝的趨勢について第22図に示した。日本は乳量において高いところを推移し、決定得点ではカナダ・アメリカ合衆国の下を推移しているものの、オランダよりも高いところを推移している。また、NTPは、アメリカ合衆国・カナダと同水準を推移しており、後代検定事業で選抜される日本の種雄牛の遺伝的能力は、国内で流通している海外種雄牛と比較しても優れていることがわかる。安易に海外種雄牛を利用するのではなく、しっかりと種雄牛の遺伝的能力を把握・比較したうえで、交配する種雄牛の選定を行なうことが大事である。

3. ゲノミック評価

2009年にアメリカ合衆国農務省（USDA）が、従来の遺伝評価に一塩基多型（SNP）の情報を組み合わせたゲノミック評価値を公表したのを皮切りに、カナダ、ドイツ、フランス、オランダなど各国でゲノミック評価の実用化が進んだ。日本では2008年ころから、（独）家畜改良センターや各AI事業体などの関係機関が協力して、実用化に向けた取組みを開始した。そして、2010年から（独）家畜改良センターは、後代検定にエントリーする候補種雄牛の選定のための参考情報として、各AI事業体にゲノミック評価結果の試験的な提供を開始した。続いて、2013年からは未経産牛のゲノミック評価結果の公表と、後代検定候補種雄牛の予備選抜に対してゲノミック評価結果の本格利用を開始した。そして、2017年からはSNP情報をもつ後代検定済種雄牛および経産牛のゲノミック評価結果を公表し、日本のホルスタイン種のゲノミック評価の本格的な利用が始まった。

(1) SNPとは

牛の遺伝情報を担っている染色体は、約30

乳牛改良で長命連産　改良の歴史と現在

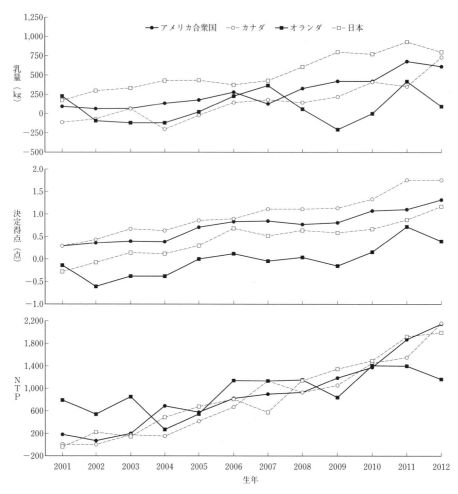

第22図　日本で流通可能であった主要国の種雄牛の遺伝的趨勢（2018－4月評価）

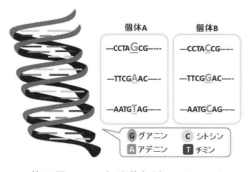

第23図　SNP（一塩基多型）のイメージ

億の塩基対によって構成されている。この塩基配列にもとづいて構成されるDNAは，同一品種内で99.9％以上が一致しているといわれ，残りの0.1％の違いが，各個体の遺伝的な違いになると考えられている。SNPは，このDNAの塩基配列上にある指標で，DNAのいたるところに存在し，個体間で塩基の配列が1塩基だけ異なっている箇所を意味し，約30億塩基対のうち数百万か所に存在するといわれる（第23図）。

　個体のSNP情報は，血液，精液や毛根などから遺伝情報を抽出し，特定部位のSNPを検査することができる専用のチップと機械によっ

て解析することでわかる。日本ではおもに2種類のSNPチップ（低密度のLDと中密度のMD）が使われており、LDチップは約7,000か所（7K）、MDチップは約5万か所（50K）のSNPをそれぞれ調べることができる。LDチップよりMDチップのほうがより多くのSNP情報を利用できるため、ゲノミック評価の精度が高くなるが、検査料も高くなる。2018年現在のSNP検査料は、LDチップで1万565円、MDチップで1万7,585円となっている（（一社）日本ホルスタイン登録協会ホームページ参照）。

通常、供用中の種雄牛や後代検定候補種雄牛となる若雄牛には、MDチップを利用し、一般の酪農家で飼育される未経産牛などにはLDチップでSNP検査を行なう。ただし、ゲノミック評価はMDチップをベースに50K相当のSNP情報を利用するため、LDで検査したウシはSNP情報が不足する。そこで、低密度であるLDチップから得られたSNP情報（7K）をMDチップと同じ情報量（50K）に拡張し、足りないSNP情報を補完することで、LDチップで検査した牛のゲノミック評価精度の向上をはかる。このSNP情報の補完をインピュテーションといい、各個体のSNP情報や血縁関係などを利用して不明なSNP情報を予測する。なお、日本のゲノミック評価では、2018年現在、4万2,275個のSNPを利用している。

(2) ゲノミック評価の流れ

第24図に日本のゲノミック評価の流れを示した。まずはじめに、観測値と血縁情報を用いた従来の遺伝評価を行ない、EBVを推定する。その後、娘牛記録から推定された信頼度が高いEBVとSNP情報の両方をもつ個体から構成される集団をリファレンス集団（参照集団、トレーニング集団などともよばれる）とし、リフ

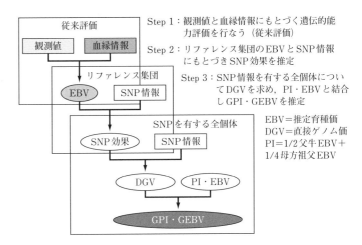

第24図 ゲノミック評価の流れ

ァレンス集団のEBVとSNP情報を用いて4万2,275個のSNP効果を推定する。最後に、SNP情報をもつすべての個体に対して、リファレンス集団から推定したSNP効果を用い、直接ゲノム価（DGV）を各個体ごとに求め、EBVをもつ種雄牛や経産牛にはDGVとEBVを結合してGEBV、記録をもたない若雄牛や未経産牛には、DGVとPI（＝1/2×本牛の父牛のEBV＋1/4×本牛の母方祖父のEBV）を結合して、GPIを求める。

(3) リファレンス集団の拡大

ゲノミック評価においてもっとも重要な要因が前述のリファレンス集団であり、通常、リファレンス集団に含まれる個体の数が多いほどゲノミック評価の精度が向上する。また、リファレンス集団に含まれる個体の質も重要であり、信頼度の低い個体よりも信頼度の高い個体をリファレンス集団に含めるほうが、ゲノミック評価の精度向上に効果的である。

第8表に2017年末時点の各国のリファレンス集団の頭数を示したが、どの国も、娘牛記録をもつ信頼度が高い種雄牛を中心にリファレンス集団を構成している。しかし、自国の種雄牛のみでは頭数に限りがあるため、アメリカ合衆国とカナダの北米グループにイタリアとイギリスも加わってSNP情報の共有を行なっている。

乳牛改良で長命連産　改良の歴史と現在

第8表　各国のリファレンス集団の頭数
（2017年末時点）

国	種雄牛	雌　牛
アメリカ合衆国	約38,000	約450,000
カナダ	35,666	
イギリス	29,807	
イタリア	28,287	
ドイツ	35,693	
オランダ	35,132	
スペイン	34,792	
デンマーク・フィンランド・スウェーデン	34,368	
フランス	34,270	
ポーランド	31,095	
日　本	10,275	
ハンガリー	6,600	
オーストラリア	4,139	
ベルギー	2,721	

注　1）北米グループ：アメリカ，カナダ，イギリス
　　　およびイタリア
　　2）ユーロ・ジェノミックス：ドイツ，オランダ，
　　　スペイン，デンマーク・フィンランド・スウェーデ
　　　ン，フランスおよびポーランド

また，欧州でも，ドイツ，オランダ，スペイン，北欧3国（デンマーク・フィンランド・スウェーデン），フランスおよびポーランドが協力体制を整え，ユーロ・ジェノミックスという共同体として大きなリファレンス集団を共有している。

　日本のゲノミック評価は2010年の試行開始から2016年まで，国内の後代検定済種雄牛を中心とした3,000〜4,000頭をリファレンス集団として用いてきた。しかし，国内の後代検定済種雄牛のみでは，年間で200頭以下の増加しか見込めなかった。そこで，（独）家畜改良セ

ンターは，ゲノミック評価の精度向上および本格利用を早期実現するために北米グループと長い間協議を続け，2016年に協力関係を結ぶことができ，約5,000頭の種雄牛のSNP情報を入手した。その結果，リファレンス集団の頭数は，種雄牛約1万頭となり，2017年からは，SNP情報をもつ後代検定済種雄牛や経産牛に対してもGEBVの公表を開始した。

　また，日本では，2015年より，後代検定娘牛を中心として年間1万頭以上の雌牛のSNP検査を行なう事業がすすめられている。この事業は，酪農家に対して未経産牛の能力をより早く判断してもらい，後継牛の選抜に役立ててもらうこととSNP検査の普及が第一の目的であるが，これらの雌牛が分娩し，記録をもつことにより，将来的にリファレンス集団への活用が期待されている。雌牛は種雄牛よりも頭数が多いが，雌牛のEBVは種雄牛ほど信頼度が高くない。そのため，まだアメリカ合衆国などの一部の国しか雌牛をリファレンス集団に含めておらず，日本を含めほかの国では，雌牛をリファレンス集団をどのように含めるか，どれくらい影響があるか検証している段階である。

（4）ゲノミック評価に伴う信頼度の向上と世代間隔の短縮

　ゲノミック評価の最大の利点は，観測値と血縁情報を用いた従来の遺伝評価と比べて，自身がまだ記録をもたない未経産牛と，記録をもつ娘牛がいない若雄牛の遺伝評価値の信頼度が大幅に上昇することである。第25図に，ゲノミック評価に対する信頼度増加のイメージを示した。第25図を見ると，未経産牛および若雄牛での信頼度の増加量が多いことがわかる。そして，信頼度の増加のおかげで，より早い年齢で個体の遺伝的能力を，ある程度の精度で把握することが可能となり，従来では不可能であった大幅な世代間隔の短縮が可能となった。

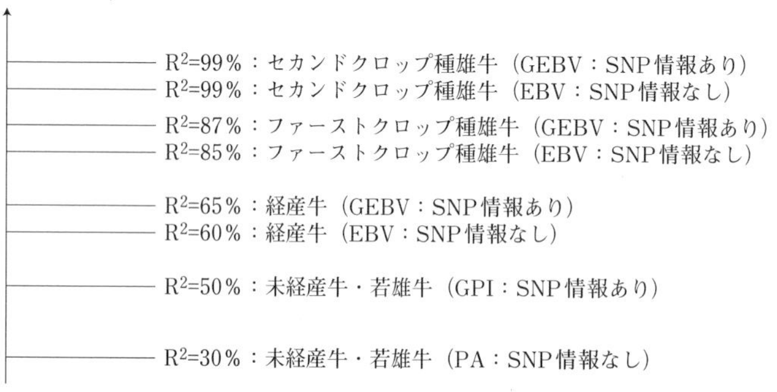

R²=99%：セカンドクロップ種雄牛（GEBV：SNP情報あり）
R²=99%：セカンドクロップ種雄牛（EBV：SNP情報なし）
R²=87%：ファーストクロップ種雄牛（GEBV：SNP情報あり）
R²=85%：ファーストクロップ種雄牛（EBV：SNP情報なし）
R²=65%：経産牛（GEBV：SNP情報あり）
R²=60%：経産牛（EBV：SNP情報なし）
R²=50%：未経産牛・若雄牛（GPI：SNP情報あり）
R²=30%：未経産牛・若雄牛（PA：SNP情報なし）

第25図　ゲノミック評価における信頼度増加のイメージ

第9表 従来評価とゲノミック評価における雄牛と雌牛の世代間隔のイメージ

	−1年	0年	1年	2年	3年	4年	5年
雄牛（従来）	計画交配	誕生	調整交配	娘牛誕生	娘牛交配	娘牛分娩	雄牛選抜
雄牛（ゲノミック）	計画交配	誕生	精液供給	娘牛誕生	3年短縮		
雌牛（従来）	交配	誕生	未経産時交配	初産時交配	2産時交配（後継牛）	後継牛誕生	
雌牛（ゲノミック）	交配	誕生	未経産時交配（後継牛）	後継牛誕生	2年短縮		

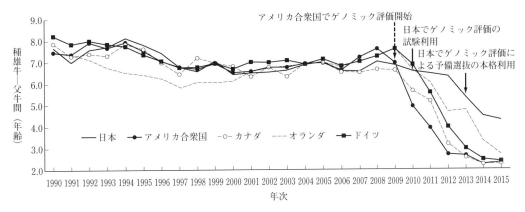

第26図 各国の種雄牛と父牛間の世代間隔の推移

第9表に，従来評価とゲノミック評価における雄牛と雌牛の世代間隔のイメージを示した。たとえば，雌牛は従来評価では，2歳ころに初産分娩を行なってから約300日前後搾乳し，2産分娩をする約3歳ころに泌乳形質のEBVが初めて判明し，そこから後継牛を生む雌牛の選抜を行ない，その牛が4歳ころに後継牛が誕生した。しかし，ゲノミック評価を利用すると，未経産牛の段階である程度の信頼度で後継牛の選抜が可能となり，初産分娩を行なう2歳ころには後継牛が誕生し，従来評価よりも2年世代間隔が短縮される。また，雄牛についても，従来評価にもとづく後代検定では，計画交配から後代検定候補種雄牛の選抜まで約7年間かかり，後代検定候補種雄牛が一般供用されるときの年齢は約5歳で，そこから次世代の後代検定候補種雄牛の父牛の選定を行なう。つまり，後継牛の候補が生まれるときには，後継牛と父牛の世代間隔は約7年ほどであった。ところがゲノミック評価を利用することで，後代検定の終了を待つことなく後代検定候補種雄牛の父牛の選定を行なうことができ，約3〜4年の世代間隔の短縮が可能となる。

第26図に，日本と各国の種雄牛と父牛間の世代間隔の推移を示した。海外は2009年以降，ゲノミック評価の利用が活発となり大幅に世代間隔を短縮している。2009年ころまでは約7年あった世代間隔が，2015年生まれの場合には2.5年まで短縮している。日本でも，2010年のゲノミック評価の試験的利用が開始されてから世代間隔を年々短縮し，2015年生まれの場合には約4.3年まで短縮しており，今後のさらなる世代間隔の短縮が期待されるところである。

(5) 従来評価とゲノミック評価間の遺伝的改良量の比較

改良量とは，親の世代の選抜によって生じる親と子の世代の平均値の差のことであり，年当たりの遺伝的改良量は第27図の式で示される。

選抜強度（i）とは，上位何％から後継牛を

43

$$遺伝的改良量(\Delta g) = \frac{選抜強度(i) \times 正確度(r) \times 遺伝的なバラツキ(\sigma g)}{世代間隔(L)}$$

第27図 遺伝的改良量の求める式

作出するかで決定する統計的数値であり、雌牛100頭中60頭から後継牛を作出すると選抜強度は0.64で、100頭中30頭から後継牛を作出すると選抜強度は1.16と高くなる。正確度（r）は、選抜の正確性のことであり、真の育種価とEBVなどの予測育種価間の相関で表わされ、予測育種価の信頼度の平方根で求める。遺伝的なバラツキ（σ_g）とは、集団内で該当の形質がどの程度遺伝的能力にバラツキがあるかを示すもので、形質や集団などによってその大きさは異なってくる。

一般的に、後代は両親からそれぞれ選抜の影響を受けており、父牛と母牛間で選抜強度、正確度、世代間隔は異なる。その違いを考慮して年当たりの遺伝的改良量を予測するためには、第28図の選抜の4径路（種雄牛の父（SB：Sire of Bull）、種雄牛の母（DB：Dam of Bull）、雌牛の父（SC：Sire of Cow）および、雌牛の母（DC：Dam of Cow））にもとづき、遺伝的改良量を予測する必要がある。第10表に、4径路にもとづき試算した従来評価と、ゲノミック評価における予測される遺伝的改良量を示した。

DC径路は一般の酪農家内での選抜のため選抜強度は高くはなく、後代に対する選抜の影響はおもに父牛からの影響が強い。また、従来評価において、正確度はSBとSC径路では後代検定終了時、DBとDC径路では経産牛を想定される。一方、ゲノミック評価は従来評価に比べて正確度は低くなるが、早期の選抜が可能となるため世代間隔が全径路で短縮される。さらに、SB径路やDC径路でSNP検査を広く行なうことによって、若干ではあるが選抜強度を高める効果も期待できる。

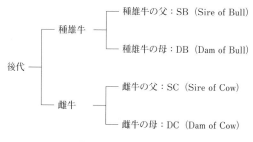

第28図 選抜の4経路
(Rendel and Robertson, 1950)

第10表 従来評価とゲノミック評価における予測される遺伝的改良量の比較（$\sigma g = 1.0$）

従来評価	選抜率	選抜強度(i)	信頼度(r^2)	正確度(r)	i×r	世代間隔(L)
種雄牛－父牛（SB）	5%	2.06	0.85	0.92	1.90	6.5
種雄牛－母牛（DB）	1%	2.67	0.60	0.77	2.06	3.5
雌牛－父牛（SC）	30%	1.16	0.85	0.92	1.07	7.0
雌牛－母牛（DC）	90%	0.19	0.6	0.77	0.15	4.3
合　計					5.18	21.3

遺伝的改良量＝5.18/21.3＝0.24

ゲノミック評価	選抜率	選抜強度(i)	信頼度(r^2)	正確度(r)	i×r	世代間隔(L)
種雄牛－父牛（SB）	3%	2.27	0.5	0.71	1.61	2.5
種雄牛－母牛（DB）	1%	2.67	0.5	0.71	1.90	2.5
雌牛－父牛（SC）	30%	1.16	0.5	0.71	0.82	2.5
雌牛－母牛（DC）	85%	0.27	0.5	0.71	0.19	2.5
合　計					4.52	10.0

遺伝的改良量＝4.52/10＝0.45

乳用牛の遺伝的能力評価と改良の現状

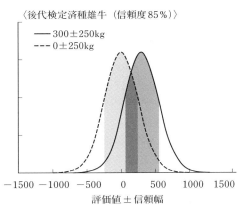
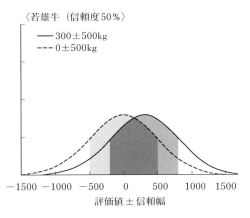

第29図　後代検定済種雄牛と若雄牛の評価値と信頼度の関係

これら条件をもとに試算した結果，遺伝的改良量は従来評価では0.24であったものが，ゲノミック評価において0.45と2倍近く増加した。これは，ゲノミック評価は従来評価よりも正確性は落ちるが，世代間隔が大幅に短縮するためである。

(6) ゲノミック評価の利用方法と注意点

前述したように，ゲノミック評価によって未経産牛や若雄牛の遺伝評価値の信頼性が向上し，世代間隔も大幅に短縮することが可能となった。しかし，若雄牛のゲノミック評価値は，後代検定済種雄牛の遺伝評価値よりも低いのも事実である。そのため，娘牛記録をもたない若雄牛の遺伝評価値と娘牛記録をもったときの種雄牛の遺伝評価値では，序列に差が生じる可能性がある。

第29図に，後代検定済種雄牛と若雄牛の信頼度と評価値の関係を示した。この図はその牛の真の育種価が存在する位置を示しており，後代検定済種雄牛は信頼幅が小さく，2つのグラフが重なる幅が少ないが，若雄牛は信頼幅が大きく，2つのグラフが重なる幅も大きいことがわかる。すなわち，後代検定済種雄牛は序列が逆転する可能性が低く，若雄牛は序列が逆転する可能性が高いことを意味する。このことは，1頭の若雄牛を集中して利用してしまうと，牛群の遺伝的能力が低下する危険があることを示

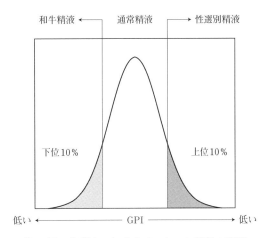

第30図　酪農家におけるゲノミック評価の利用方法

唆している。そのため，複数の若雄牛を利用することで，評価値の変動のリスクを分散することが重要である。

酪農家における未経産牛のゲノミック評価値の利用方法を第30図に示した。牛群内で未経産牛を1頭調べても意味はなく，牛群内のすべての（なるべく多くの）未経産牛のSNP検査を実施し，牛群内の未経産牛の遺伝的能力の状況を把握することが重要である。そうすることで，上位何％から後継牛を残すかを牛群規模や経営方針などで設定することが可能となり，第30図のように，上位10％内は性選別精液を活用して後継牛を初産分娩時に確保し，下位10

乳牛改良で長命連産 改良の歴史と現在

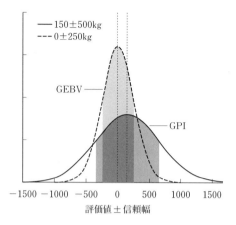

第31図 GEBVとGPIの評価値のイメージ

%は後継牛を残さず，和牛精液などを利用することでF1を生産し収益を上げる。中間層は通常精液を利用するといった経営計画が立てやすくなる。

若雄牛のGPIと後代検定済種雄牛のGEBVが公表されているが，若雄牛のGPIと後代検定済種雄牛のGEBVを混ぜて比較するには注意が必要である。前述したように若雄牛と後代検定済種雄牛の信頼度には大きな差があり，真の育種価では序列が逆転する可能性があるためである。

第31図に，後代検定済種雄牛のGEBVと若雄牛のGPIの評価値のイメージを示した。若雄牛は後代検定済種雄牛よりも若い世代であるため，一般的に評価値は高くなる。しかし，後代検定済種雄牛よりも若雄牛の信頼度は低いため，第31図のように重なる幅も多く，場合によっては真の育種価が低い可能性もある。したがって，若雄牛と後代検定済種雄牛を比較するさいには，単純に評価値の大小で比較するのではなく，信頼度，信頼幅の違いも考慮して判断することが重要である。また，どの国も公開している種雄牛の一覧表で，娘牛記録をもつ種雄牛（検定済）と若雄牛を分けて掲載しているのはそのためである。

4. 遺伝的改良の傾向

(1) 主要な形質の最近の遺伝的改良傾向

EBVは，形質ごとに単位（kgや％など）や大きさ（平均値や標準偏差）が異なるため，異なる形質間の遺伝評価値の比較を行なうことができない。そこで，形質間の比較が可能なSBVを用いて主要な形質の遺伝的改良の傾向を比較するために，2001～2005年，2005～2009年，2009～2014年の3つの期間に生まれた雌牛の，各期間の年当たりの遺伝的改良量（SBV/年）を第32図に示した。

乳量と乳蛋白質量は2001～2005年で0.16と0.18であったが，2009～2014年では0.11と0.15に減少している。一方，肢蹄，乳器および決定得点は2001～2005年で0.01，0.16および0.13であったが，2009～2014年では0.17，

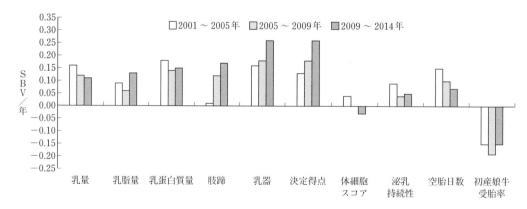

第32図 3つの期間における主要な形質の雌牛の年当たり遺伝的改良量（単位：SBV/年）（2017-8月評価）

0.26および0.26に増加している。これは，泌乳形質から体型形質を重視した改良へと，一般の酪農家の意識が変化していることを表わしていると思われる。また，空胎日数は2001～2005年で0.15であったが，2009～2014年では0.07に減少しており，近年は空胎日数の増加傾向が抑えられている。日本の繁殖形質の遺伝評価は2014－2月評価から開始し，2015－8月評価からNTPに空胎日数が導入されたばかりであり，繁殖性のさらなる改良効果が期待されるところである。

(2) 種雄牛の利用の現状

2017－8月評価用データを用いて，最終授精日が2016年12月1日～2017年11月30日間の最終授精記録をもとに，国内種雄牛と海外種雄牛のNTPクラス別の交配頭数を第33図に示した。

国内種雄牛は約19万頭交配され，海外種雄牛は約16万頭交配されていた。そのうち，国内種雄牛の多くは後代検定済種雄牛であり，NTP上位40位以内の種雄牛が多く交配されているが，海外種雄牛ではNTP上位40位以外の

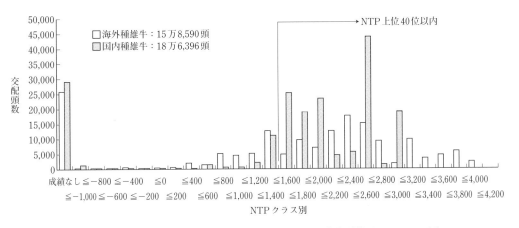

第33図 国内種雄牛と海外種雄牛のNTPクラス別の交配頭数（2017－8月評価）
最終授精日が2016年12月1日～2017年11月30日間の最終授精記録から集計

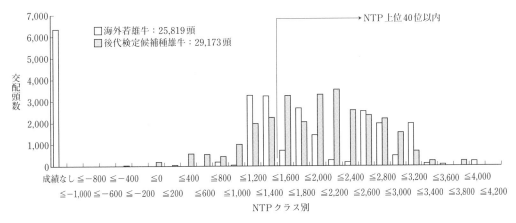

第34図 海外若雄牛と後代検定候補種雄牛（国内若雄牛）のNTPクラス別の交配頭数（2017－8月評価）
最終授精日が2016年12月1日～2017年11月30日間の最終授精記録から集計

乳牛改良で長命連産　改良の歴史と現在

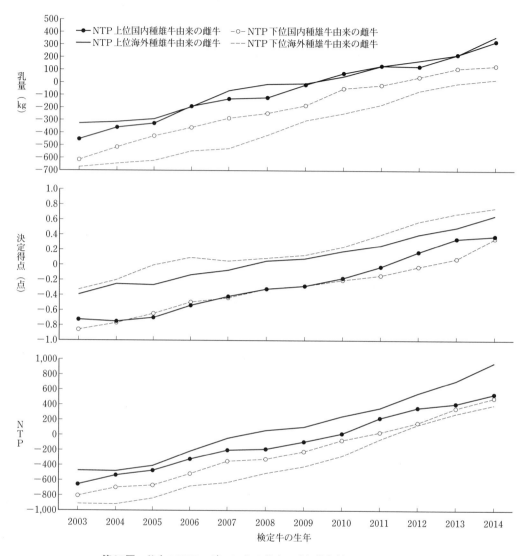

第35図　父牛のNTPの違いによる雌牛の遺伝的趨勢（2017－8月評価）

種雄牛の交配頭数が国内種雄牛よりも多く、遺伝的能力の低い海外種雄牛が利用されていた。また、成績なしとなっている種雄牛の多くは娘牛記録をもたない若雄牛であり、国内種雄牛と海外種雄牛でそれぞれ2万9,173頭と2万5,819頭あった。国内種雄牛の若雄牛は、後代検定候補種雄牛であり、（独）家畜改良センターでは、2017－2月評価から国内の利用可能な若雄牛（後代検定候補種雄牛）と北米からSNP情報の提供があった海外若雄牛のGPIについてホームページで公表を行なっており、日本の改良に適した若雄牛の選定が可能となっている。そこで、それら若雄牛のGPIについて、NTPクラス別の交配頭数を第34図に示した。

第34図を見ると、国内若雄牛である後代検定候補種雄牛の多くは、NTP上位40位に含まれており、その時期に交配された後代検定済種雄牛と同等もしくはそれ以上の遺伝的能力を有する種雄牛であることがわかる。一方、海外若雄牛はNTP上位40位に含まれる種雄牛も交配

されているが，NTPが低いクラスの種雄牛の交配も多いことがわかる。また，GPIが判明していない海外若雄牛が6,352頭も交配されており，そのような種雄牛が日本の酪農家の牛群改良に貢献しているのかわからない状況である。交配種雄牛を選定するさいには，（独）家畜改良センターで公表している遺伝評価成績を利用して，確実に自身の牛群改良に貢献する種雄牛を選択することが重要である。

(3) 遺伝的趨勢

雌牛の父牛について（独）家畜改良センターで公表している国内評価における供給可能種雄牛のNTP上位40位以内に一度でも入ったことのある後代検定済種雄牛（NTP上位国内種雄牛）と，NTP上位40位に入ったことのない後代検定済種雄牛（NTP下位国内種雄牛），ならびに国際評価におけるNTP上位40位の一覧に一度でも入ったことのある海外種雄牛（NTP上位海外種雄牛）と，入ったことのない海外種雄牛（NTP下位海外種雄牛）の4つに区分して，それぞれの区分に該当する雌牛の遺伝的趨勢を第35図に示した。

乳量において，NTP上位国内種雄牛から生まれた雌牛の遺伝的能力は高いところを推移しており，NTP上位海外種雄牛から生まれた雌牛と同水準であることがわかる。また，NTP下位の国内種雄牛から生まれた雌牛は，それらよりは低いもののNTP下位海外種雄牛から生まれた雌牛よりも高いところを推移しており，国内種雄牛から生まれた雌牛の泌乳能力は，海外種雄牛の上位牛から生まれた雌牛と同等の遺伝的能力を有しているといえる。

一方，決定得点は海外種雄牛からの雌牛の遺伝的能力が高く，とくにNTP下位海外種雄牛から生まれた雌牛は，ほかよりも高いところを推移している。これは，NTP上位に入らない海外種雄牛を選定するさいに，意図的に体型を重視した交配を行なっているためであると思われる。

NTPをみると，海外種雄牛で体型の遺伝的能力が優れている分NTP上位海外種雄牛からの雌牛が高いところを推移しているが，泌乳能力に優れている国内種雄牛から生まれた雌牛はNTP下位海外種雄牛から生まれた雌牛よりも高いところを推移しており，国内種雄牛から生まれた雌牛の遺伝的能力は海外種雄牛に劣っていないことがわかる。すなわち，交配する種雄牛を適切に選択をすることは，確実に雌牛の遺伝的能力の向上につながるといえる。

5. 最後に

SNP情報を用いたゲノミック評価の登場は，世代間隔の大幅な短縮や予備選抜時の精度向上を実現するなど，乳用牛の遺伝的能力評価におけるパラダイムシフトとなった。しかし，現在も乳用牛の遺伝的改良の根幹は，血統登録，牛群検定，体型審査，後代検定であり，このなかにSNP情報が新たに加わったにすぎず，SNP情報だけですべてがわかるわけではない。また，血統登録や牛群検定などにおいて新しい記録の収集をし続けないと，ゲノミック評価そのものの精度を維持・向上することはできない。したがって，ゲノミック評価の時代において観測値の重要性がより大きくなっているといえる。

執筆　大澤剛史（（独）家畜改良センター）

参 考 文 献

Rendel, JM. and A. Robertson. 1950. Estimation of genetic gain in milk yield by selection in a closed herd of dairy cattle. Journal of Genetics. 50, 1—8.

乳牛改良における交配の仕組みと交配システム

1. 乳牛における選抜と交配の考え方

(1) 乳牛における育種的特徴

　肉用雌牛は繁殖集団（選抜集団）と実用集団（肥育集団）に分けられるが，乳牛は繁殖集団と実用集団（搾乳集団）に明確に区別することができない。これは乳牛の雌牛がほとんどすべて分娩して子孫を残し泌乳を開始するからであり，その結果として雌牛サイドに強い選抜が加えられないためである。そのため，乳牛の改良には種雄牛サイドに対する強い選抜が欠かせない。

　しかし，最近では受精卵の採卵や凍結技術が発達し，さらに性選別精液の流通量が徐々に増加したことで遺伝的に優秀な雌牛が多くの子孫を残し，反対に能力の低い雌牛は受卵牛や和牛との交雑に利用することで子孫を残さない工夫が可能になった。このことは，雌牛サイドも選抜をコントロールできるようになったことを示唆している。

　一方，乳用雄牛は早くから凍結精液の技術が普及したことで，牛群検定を利用したフィールド方式による後代検定が可能になった。後代検定の実用化による遺伝能力評価によって優秀な遺伝子をもつひとにぎりの種雄牛を正確に選抜できるようになり，今日の飛躍的な遺伝改良に貢献した。遺伝改良には選抜圧の上昇のほかに世代間隔の短縮も影響を及ぼす。近年のゲノミック評価の普及により，若齢雄牛（ヤングブル）の供用が可能になり，遺伝改良における雄牛サイドの役割がさらに増している。また，雌牛サイドに対する選抜が可能になった現在でも，雄牛は遺伝改良に重要な役割を担っている。

(2) 乳牛の交配方法の考え方

　家畜の改良は一般に優秀な雌雄を選抜し，それらを交配して子孫を生産することが基本である。そのため，選抜とは子孫を生産する雌雄の個体を選ぶだけでなく，実際に交配して子孫を残さなければ厳密に選抜とはいわない。

　家畜の交配様式は作為交配（任意交配）と無作為交配（非任意交配）に大別される（第1図）。無作為交配とは集団からランダムに抽出された雌雄の交配であり，これらの雌雄はお互いに等しい確率で交配する機会が与えられる。一方，作為交配は酪農家がある目的に沿って計画的に選抜された雌雄を交配する手法である。作為交

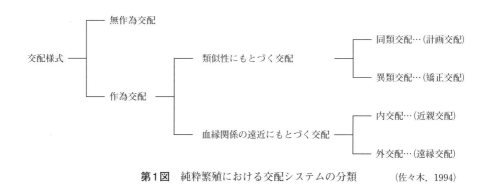

第1図　純粋繁殖における交配システムの分類　　　（佐々木，1994）

配は類似性による交配（同類交配と異類交配）と血縁関係の遠近（内交配と外交配）による交配法に分けられる。

（3）計画交配と矯正交配

類似性による交配とは，泌乳能力を改良するために乳量の高い雌牛に乳量の高い種雄牛を供用する場合であり，泌乳能力が高いという類似した特徴をもつ雌雄の交配である。とくに次世代の種雄牛の生産は現在供用中の種雄牛を超える遺伝能力が求められるから，強い選抜と計画的な交配が重要となり，このような類似性交配をとくに計画交配とよぶ。

一方，異類交配とは類似していない雌雄同士の交配である。泌乳能力が非常に高いにもかかわらず，乳器の形状が劣っているため牛群から淘汰されやすい雌牛がいると仮定する。この場合は，泌乳能力の育種価が極端に高くなくても一定基準以上の改良が期待できるならば，乳器の改良が優れた種雄牛を供用することで雌牛の劣る形質を子孫の段階で矯正する交配方法である。このような異類交配のことを矯正交配とよぶことがある。

（4）近親交配と遠縁交配

血縁関係にもとづく交配には内交配（近親交配）と外交配（遠縁交配）がある。近親交配は平均的な血縁関係よりも血縁関係が近い雌雄間の交配である。乳牛の場合，近親交配とはとくにいとこ交配（近交係数6.25％）や，さらに近親関係が濃密な雌雄間の交配のことである。

外交配（遠縁交配）は反対に平均的な血縁関係よりも血縁関係が遠い個体間の交配である。乳牛改良の現場では外交配を「アウトクロス（Out-cross）の種雄牛を供用する」という表現を使う場合がある。

近交係数は0から100％の範囲で表示される。実験動物や中小家畜では積極的に近親交配を行ない，不良遺伝子を排除しながら近交系集団をつくることがある。近交系は最低でもきょうだい交配に類似した近親交配を20世代以上行なうことで，近交係数が100％に限りなく近づく

ように造成する。乳牛のように大型で世代の長い家畜は不良形質を発現する劣性遺伝子のホモ化を避けるため，あえて近交系の造成を行なわないが，泌乳能力などの選抜集団では近交係数が上昇する。このため，乳牛集団では純粋繁殖下でも近交係数の上昇速度を抑制しながら，少しずつ不良な遺伝子を排除し健全な集団を維持する交配法が一般的である。

（5）純粋繁殖下における血統登録の役割

乳牛の経済性は泌乳能力と生産寿命によりおおよそ決定するから，ほとんどの雌牛は数回の分娩により必ず子孫を生産する。かりに交雑育種を行なうと次世代に雑種が生産されるので，そのあとに三元交雑や輪番交雑など計画的な交雑を実施しないとヘテローシス（雑種強勢）を効率的に発揮できない。そのため，乳牛の育種は純粋繁殖（品種内交配）が基本であり，血統登録は品種の保存や改良にとって非常に重要な制度である。

日本におけるホルスタインの血統登録は日本ホルスタイン登録協会（以下，日ホ協会という），ジャージーの血統登録は日本ジャージー登録協会が行なっている。日本ではそのほかにブラウンスイス，エアシャーおよびガーンジーが飼養されているが，これらはホルスタインの登録規程を準用して血統登録する。第2図には日本で血統登録されたホルスタイン，第3図にはジャージーとブラウンスイスの生年別雌牛頭数を示した。

乳牛の登録事業は品種の血統を保存する目的で発足したが，現在では血縁情報がデータベース化され，遺伝改良にも積極的に利用されている。血統登録の情報は選抜と交配に必要な育種価の推定，近交係数の計算およびメンデル遺伝病などの検出に利用される。メンデル遺伝病とは，単一遺伝子座の劣性遺伝子が関与する遺伝的不良形質（遺伝的疾患）のことである。また，最近では血統登録の情報を遺伝子型（SNP：一塩基多型）情報と一体的に管理することで登録情報の価値が向上している。

登録制度では血統登録番号を付番し情報管理

乳牛改良における交配の仕組みと交配システム

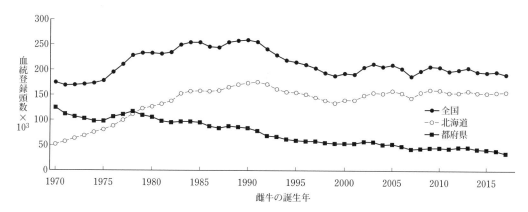

第2図　日本で血統登録されたホルスタインの生年別雌牛頭数
日本ホルスタイン登録協会北海道支局調べ，2018

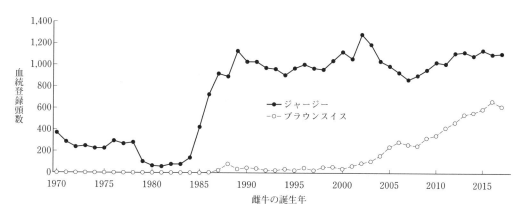

第3図　日本で血統登録されたジャージーとブラウンスイスの生年別雌牛頭数
日本ホルスタイン登録協会北海道支局調べ，2018

を行なうが，2002年4月以降は家畜個体識別事業から得られた牛の個体識別番号を登録番号として利用している。日ホ協会は独立行政法人家畜改良センター個体識別部に報告された情報と，ほかに授精記録を使用して牛群内のすべての雌牛を自動的に血統登録するシステム（自動登録）を確立した。自動登録の普及により，とくに北海道におけるホルスタインの血統登録雌牛は2018年3月末時点で生存中の黒白斑牛（赤白斑牛含む）の約93％を占め，育種集団の拡大に貢献している。

2. 純粋繁殖下の遺伝改良と近交係数の上昇

(1) 近交係数6.25％を超えない交配

乳牛の近交係数は血統登録牛の情報にもとづき計算される。現在，日本において近交係数が計算されている乳牛の品種は，ホルスタイン，ジャージーおよびブラウンスイスの3品種である。近交係数とは，共通祖先がもっていた遺伝子が父方と母方の各ルートをたどって伝達され，再び出合う（ホモ化する）確率のことであ

る。

1980年代には登録データの磁気媒体化・データベース化が進んだが，近交係数の計算は当時のコンピュータの性能上，せいぜい3世代程度しか遡ることができず，近交係数は父と娘牛の交配，きょうだい交配，祖父・孫交配およびおじ・めい交配やいとこ交配のような，血縁関係の近い個体間の交配に気をつけるための情報でしかなかった。これらは血統登録をしていれば気づく組合わせであり，近交係数が6.25％以上になる近親交配を避ける指導を行なうことで血統登録の普及推進につなげてきた（第4図）。この「近交係数6.25％を超えない交配」の考え方は，近交係数の急速な上昇を抑制するため最近まで使用されていた。

（2）大規模集団における近交係数の計算

2000年代に入るとコンピュータの大容量化・高速化が実現し，さらに計算効率に優れたさまざまなアルゴリズムが開発された結果，近い共通祖先だけでなく遠い世代の共通祖先も考慮してより正確に近交係数が計算できるようになった。日ホ協会で計算している近交係数は，1960年以前に生まれた個体を基礎集団と仮定している。近交係数は血縁関係がなく近交係数平均0％と仮定した基礎集団から計算を始める。この基礎世代はアメリカ合衆国やカナダで仮定した基礎世代に準じて設定された。近交係数は近交係数平均0％と仮定した集団から，共通祖先の遺伝子が再び出合う（ホモ化する）確率がどれだけ増えたかを相対的に示しているので，絶対的な数値ではない。

ホルスタイン集団はSNP検査の普及に伴いDNAにもとづいたゲノミック近交係数が計算できるようになったが，この近交係数は上述した近交係数よりも高く推定された。近交係数が上昇する集団の場合，この結果は真の基礎集団が1960年よりもさらに以前にあることを示唆している。

血統登録以外の乳牛の情報は血縁関係のデータが不完全なため，近交係数の計算がむずかしい。しかし，血縁データが不完全な場合また

は既知の両親の世代数がどちらも少なく家系を深く遡れない場合，通常の計算では近交係数が過小推定される。しかし，基礎世代まで祖先を辿ることができない場合は，血縁が切れた世代集団の平均近交係数を重みづけすることで，近交係数の過小推定を解決する方法が提案された（VanRaden，1992；河原ら，2002）。第5図には日本とアメリカ合衆国のホルスタイン集団における雌牛の誕生年に対する平均近交係数の変化を示した。

（3）改良集団における近交係数の上昇

近交係数の上昇は遺伝改良を目的に選抜と交配を繰り返したことが原因と考えられる。そのため，日本のホルスタイン集団において信頼度の高い育種価が推定されていなかった1960年から1980年代は泌乳能力や体型の改良がほとんど進んでいなかったし，近交係数の上昇量もわずかであった。最初に近交係数の急激な上昇がみられたのは1990年代であった（第1表）。

この現象は1980年代後半から多くの酪農先進国が遺伝評価法にBLUP-アニマルモデル法を応用したことが大きな要因である。日本でホルスタインの遺伝評価にBLUP-アニマルモデル法が採用されたのは1992年であり，後代検定事業により娘牛数が確実に確保できたことから育種価の信頼度が上昇した。種雄牛には強い選抜圧が加えられ，とくに優れた種雄牛には数千から数万の娘牛をもつものもいる。また，ある一定の改良目標に従い選抜すれば，供用種雄牛の両親の系統が減少する。また，遺伝評価では血縁行列の利用によりすべての血縁関係を考慮することで，近縁な家系に属する複数の個体が遺伝評価される。そして，遺伝的に優れた家系・血統に属する複数の種雄牛が同時に選抜される可能性が高くなり，これらが近交係数を上昇させる原因となった。

ホルスタインにおける1990年代の近交係数の上昇スピードは，日本とカナダで0.26％／年，アメリカ合衆国の集団において0.20％／年であった（第1表）。このことは改良を続ける限り近交係数の上昇を止めることができないことを

乳牛改良における交配の仕組みと交配システム

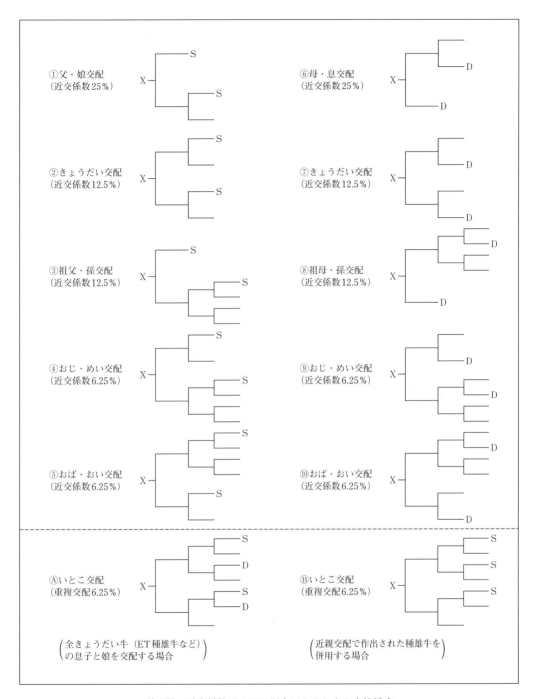

第4図　近交係数が6.25％以上になるおもな交雑様式
X：近交係数6.25％以上の雌牛，S：共通祖先となった雄牛，D：共通祖先となった雌牛

乳牛改良で長命連産　改良の歴史と現在

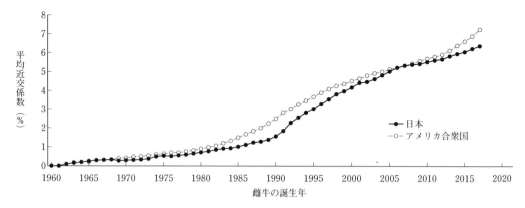

第5図　日本とアメリカ合衆国のホルスタイン集団における雌牛の誕生年に対する平均近交係数の変化
日本ホルスタイン登録協会北海道支局調べ，2018

第1表　誕生年で分類した各地域のホルスタイン集団（雌牛）における近交係数の年当たり上昇量（%/年）および2017年生まれの雌牛の平均近交係数（%）　　（日本ホルスタイン登録協会北海道支局調べ，2018）

国（地域）	雌牛の誕生年						平均近交係数 (2017年生)
	1960～1970	1970～1980	1980～1990	1990～2000	2000～2010	2010～2017	
日　本	0.03	0.04	0.08	0.26	0.14	0.12	6.35
北海道	0.03	0.04	0.09	0.26	0.13	0.12	6.30
都府県	0.04	0.02	0.07	0.26	0.15	0.15	6.62
アメリカ合衆国	0.04	0.04	0.16	0.20	0.11	0.24	7.23
カナダ	—	0.11	0.09	0.26	0.08	0.23	7.76

注　日本：http://www.holstein.or.jp/hhac/
　　アメリカ合衆国：https://www.uscdcb.com/
　　カナダ：https://www.cdn.ca/

意味する。

1997年には国際遺伝評価値（MACE評価値）がインターブル（International Bull Evaluation Service：国際種雄牛評価サービス）から公表され，優秀な遺伝子をもつ種雄牛が国境を超えて流通し始めた。日本は2003年から本格的に国際遺伝評価に参加したため，血縁関係の希薄な種雄牛やその父牛を広範囲から選抜できるようになり，2000年代には泌乳能力や体型の改良速度を以前と同様に維持しながら，近交係数の上昇速度を1990年代の半分程度に抑制することに成功した。2000年代における年当たり近交係数の上昇量は日本，アメリカ合衆国およびカナダにおいてそれぞれ0.14%，0.11%および0.08%であった。

（4）ゲノミック選抜による近交係数の上昇

ゲノミック選抜の実用化はさらなる世代間隔の短縮を実現できる。ゲノミック選抜下でも後代検定の選抜下と同じだけ世代当たりの近交係数が上昇した場合，近交係数の年当たり上昇量は世代間隔の短縮分だけ増加する。そのため，近交係数の上昇を最小化することは非常に重要である。

たとえば，雌牛集団の半分にゲノミック評価値であるGPI（またはGPA）を使用して選抜されたヤングブルを供用し，もう半分には後代検定済種雄牛の上位25%が交配されたシナリオを想定した場合，年当たり近交係数は後代検定済種雄牛のみの供用より69%高くなる

ことを報告した研究がある（Boichard *et al.*,
2012）。

　しかし，雌牛集団のすべてにゲノミック選抜
されたヤングブルを供用した場合は後代検定済
種雄牛の供用と比較し，遺伝改良量はほぼ同
じくらいの上昇を示したが，近交係数の上昇率
が23％減少したとのシミュレーション結果が
ある。近交係数の上昇量を抑制できたのは，ゲ
ノミック選抜の場合により多くのヤングブルが
供用できること，各ヤングブルの精液本数は
1,000本程度と，特定の種雄牛に偏らないとい
う前提条件が理由としてあげられる。

　フランスでは，これらの研究成果にもとづき
ヤングブルによる供用が実施され，組織的な後
代検定の完全な終了を導いた。ただし，牛群検
定や体型審査が行なわれていればいつかは後代
検定済になるので，そのような高齢種雄牛も遺
伝的能力が高いものは継続的に供用されている
とのことだ。

　ゲノミック選抜におけるもう一つの利点は，
遺伝改良量の上昇量を維持しながら種雄牛の父
牛の数を増やすことができることである。すな
わち，父牛数が増えれば選抜圧が低下するが，
ゲノミック情報を利用すれば，より多くの優秀
な息子牛が結果的に選抜されることになる。

　しかし，実際にゲノミック選抜が実用化され
た2010年代に入るとアメリカ合衆国やカナダ
において再び近交係数が顕著に上昇し始めた
（第1表）。この変化は北米においてゲノミック
選抜が実用化された時期とほぼ一致する。ゲノ
ミック選抜を開始した当初，上述したシミュレ
ーション結果にもとづき近交係数はあまり上昇
しないだろうと予測するものもいたが，実際に
は供用種雄牛がさらに特定の系統に偏る傾向を
示し，改良スピードの上昇とともに近交係数の
上昇が顕著になった。2010年代のアメリカ合
衆国とカナダにおける年当たり平均近交係数の
上昇はそれぞれ0.24％と0.23％であり，2000
年代と比較して2倍以上に増加した。一方，日
本における近交係数の上昇は2000年代から
2010年代にかけてほとんど変化していない。

（5）近交係数が上昇するメカニズム

　日本のホルスタインは北米地域と同様に泌乳
能力と体型に対して強い選抜を加えてきた品種
であり，その改良方針に沿って供用されたのは
アメリカ合衆国の3頭の種雄牛，チーフ，アイ
バンホースターおよびエレベーションとそれら
の子孫の種雄牛であった。アイバンホースター
とその息子のアイバンホーベルからは非常に多
くの種雄牛を輩出したが，それらの種雄牛は第
4表に示した遺伝的不良形質のBLADやCVM
の保因牛（キャリアー）でもあった。そのため，
この系統の種雄牛は遺伝的に優れていても，不
良形質の劣性遺伝子を排除するため多くが淘汰
され子孫はあまり残っていない。チーフとその
息子のバリアントやチーフマーク，さらにエレ
ベーションやその息子のスターバックも多くの
子孫を残し，現在の種雄牛の重要な祖先となっ
ている。

　第2表には2015年生まれの日本のホルスタ
イン血統登録雌牛の祖先を調査した結果を示し
た。たとえば，2015年生まれの雌牛の祖先の
どこかにチーフが1回以上出現する雌牛は全体
の100％を占めた。同様にアイバンホースター，
エレベーションおよびバリアントも100％の頻
度で雌牛の祖先に出現している。

　遺伝的に優れた種雄牛は強い選抜下において
特定の限られた系統を祖先にしているから，見
かけ上，近親交配を行なっていないように思え
ても，じつは十数世代も前から複数の共通祖先
が関与し，これが近交係数を上昇させる原因と
なっている。

（6）近交係数の上昇抑制と遺伝改良量の最大化

　遺伝学的な集団の大きさは実際の集団サイズ
ではなく有効集団サイズによって検討する。す
でに述べたようにホルスタイン集団では種雄
牛に対して後代検定による強い選抜が加えられ
るため，雌牛頭数と比較して供用種雄牛の頭数
は非常に少なく，さらに実際に多数の子孫を残
す供用種雄牛は人気のある少数の個体に限られ

乳牛改良で長命連産　改良の歴史と現在

第2表　2015年にわが国で生まれたホルスタインの血統登録雌牛において血縁中に祖先として出現する頻度が高い種雄牛
（日本ホルスタイン登録協会北海道支局調べ，2018）

共通祖先		誕生年	系　統	出現頻度
名　号	登録番号			
ボーニー ファーム アーリンダ チーフ	USA 1427381	1962		100
ペンステート アイバンホー スター	USA 1441440	1963		100
ラウンド オーク ラグ アップル エレベーション	USA 1491007	1965		100
エスダブリューディー バリアント	USA 1650414	1973	チーフの息子	100
カーリンエム アイバンホー ベル	USA 1667366	1974	スターの息子	99.9
ウォークウェイ チーフ マーク	USA 1773417	1978	チーフの息子	99.8
カールクラーク ボード チェアマン	USA 1723741	1976	チーフの孫	99.8
ハノーバーヒル スターバック	CAN 352790	1979	エレベーションの息子	99.6
トウマー ブラックスター イーティー	USA 1929410	1983	チェアマンの息子	99.3
ロスロック トラディション リードマン	USA 1983348	1985	エレベーションとバリアントの孫	80.4

る。たとえば，北海道で血統登録されたホルスタイン雌牛は2017年度に約16万頭であった。父牛は国産牛と輸入精液を含め約1,200頭であり，そのうちのほとんどは数頭の娘牛を生産したにすぎなかった。16万頭中75％の登録雌牛は娘牛頭数の多い100頭の父牛から生産されていた。

このような集団では雌牛集団が大きくても有効集団サイズは見かけよりも小さく，近交係数が上昇する原因になる。交配計画では近交係数の上昇を抑制して最小化し，遺伝改良量の最大化を行なうための妥協点を見つける必要がある。

近交係数の上昇を抑制する交配方法はいくつか存在する。すなわち雌雄を総当たりで行なう交配（要因交配：factor mating），近交係数が低くなるような供用種雄牛を選抜して組み合わせる交配（相補交配：compensatory mating），平均近交係数を最小にする交配（最小血縁交配：minimum coancestry mating）および父牛当たりの娘牛数の厳しい制限を加えた交配などがあげられる（Sonneson and Meuwissen, 2000）。

酪農家はそれぞれ独自の改良方針や目標をもって供用種雄牛を選ぶことから，要因交配や娘牛数に制限を加えた交配法は現実的な対策法ではない。相補交配は遺伝的に優秀な系統から供用種雄牛を選ぶことを避けることになり，近交係数の上昇抑制のために改良スピードを犠牲にすべきではない。そのなかで効率的で最良な育種計画を選ぶとすれば最小血縁交配法であり，これは両親として選抜された個体間の血縁関係に制限（すなわち，近交係数の上限設定）を行ない，その制限レベルに従い子孫の近交係数の上昇割合を制限し，同時に遺伝改良量の最大を得る手法である。

(7) 近交係数の上昇速度を抑制するため管理

日ホ協会は近交係数が6.25％を超えない交配を推奨してきたことで，日本のホルスタイン登録集団における近交係数は年当たり0.1％台の上昇に抑制できた。しかし，速度がおそくとも確実に近交係数は上昇を続け，2017年生まれの雌牛集団はすでに平均近交係数が6.35％に達している。6.25％を超えない交配はすでに意味のない目標となっている。そのような状況下，近交係数をゆっくり上昇させながら遺伝改良を進めるため，近交係数の最適な最大上昇率を検討するとともに，近交係数の新たな上限を設定するため調査を実施した。

乳牛の経済形質における近交退化は近交係数の上昇とともに常に比例的に増加し，近交係数6.25％を数％超えたとしても急激に生産性を低下させる強い影響はなかった（第3表）。次に，母牛から雌牛の1世代当たりの平均近交係数の上昇量と近交退化の関係について影響を調査した（第6図）。その結果，近交係数の上昇が2～3％程度の場合，乳量と決定得点は顕著な近

第3表 近交係数の上昇に対する泌乳量，体型および繁殖性の近交退化

(日本ホルスタイン登録協会北海道支局調べ，2017)

近交係数	5	6.25	7	8	9	10
乳量 (kg)	−137	−171	−192	−219	−247	−274
乳脂量 (kg)	−5	−7	−7	−8	−9	−11
乳蛋白質量 (kg)	−4	−5	−6	−6	−7	−8
体細胞スコア	+0.03	+0.04	+0.04	+0.05	+0.05	+0.06
肢　蹄	−0.17	−0.21	−0.24	−0.27	−0.31	−0.34
乳　器	−0.13	−0.16	−0.18	−0.20	−0.23	−0.25
決定得点	−0.13	−0.16	−0.18	−0.21	−0.23	−0.26
空胎日数（初産分娩後）	+3.05	+3.81	+4.27	+4.88	+5.49	+6.10

注　泌乳量：305日の累積量

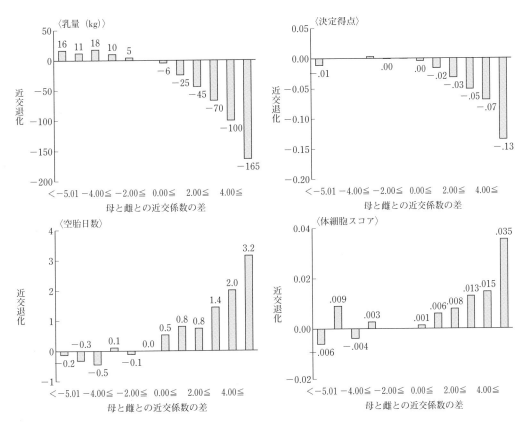

第6図　世代当たり近交係数の変化（差）と近交退化量の関係

日本ホルスタイン登録協会北海道支局調べ，2017

交退化の上昇を示さなかった。繁殖性（空胎日数）の近交退化は，近交係数の上昇が2％までわずかな差異にとどまり，3％以上になると顕著な増加がみられた。

さらに次の調査では同じ近交係数6％以上の集団において，共通祖先が血縁の遠い世代または近い世代に存在する場合の近交退化を比較した（第7図）。共通祖先が近い血縁に存在する

乳牛改良で長命連産　改良の歴史と現在

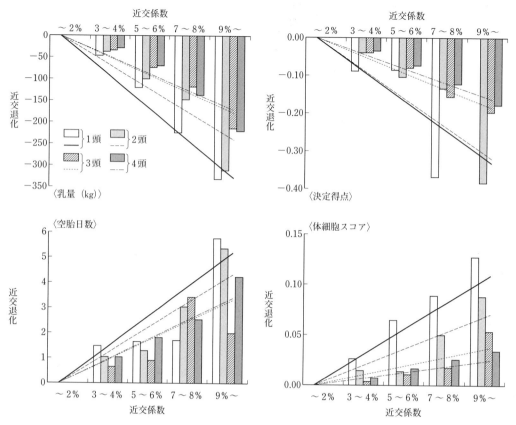

第7図　血縁中の共通祖先数と近交退化の比較
日本ホルスタイン登録協会北海道支局調べ，2017

集団（共通祖先が1頭または2頭で近交係数6％を超える交配）は，遠い共通祖先により近交係数6％以上になった集団よりも顕著な近交退化を示した。遠い共通祖先にもとづく近交係数の上昇は適応度の低い劣性遺伝子を徐々に排除しながら世代を重ねてきたため，近交退化の上昇が緩やかになったと考えられる。

このように泌乳能力や体型の育種価が高い種雄牛を適切に活用すれば，近交退化を上まわる改良が可能であり，近交係数の上限値を現状よりも2％程度上げても近交退化の影響が小さいものと考えられた。しかし，人工授精師や酪農家は，近交係数が急激に上昇しないよう上限値の設定は必要だが，その上限値を一度に2％も上げることに抵抗を示した。そこで，現在では今後の近交係数の上昇傾向についても継続的に注視しながら，現状よりも約1％上げて近交係数の上限値を7.20％とするが，血縁の近い共通祖先で近交になる組合わせ（すなわち近親交配）で6％を超える交配は登録情報で注意を喚起することにしている。

3．交配による遺伝子発現のコントロール

(1) 劣性遺伝子が表現化するメカニズム

劣性遺伝子は生存に無関係なものがほとんどだが，なかにはそれが発現すると適応度が高いもの，反対に生存に不利なものがある。優性遺伝子は高い頻度で表現型を発現するので，生存に不利なものは自然選択により集団からほとん

ど取り除かれる。一方，劣性遺伝子は表現型として発現せずにヘテロの状態で集団に保存されるので，自然選択では簡単に集団から取り除かれない。

適応度に不利な劣性遺伝子は，一般に繁殖性が低くホモ化するたびに子孫を残さず淘汰される。もっとも，無作為交配下では適応度の低い劣性遺伝子を両親とも偶然にもつ確率は非常に低いので，子牛が適応度に不利な表現型を発現する機会は少ない。しかし近交係数が上昇すると，両親が共通祖先から受け継いだ同じ劣性遺伝子をもつ確率が高くなるので，優性遺伝子の陰に隠れていた劣性遺伝子が子牛に伝達されホモ化して発現する可能性も高くなる。

これを第8図に示した，いとこ交配の例で説明する。ある単一の遺伝子座に存在する対立遺伝子として優性遺伝子Aと遺伝病の原因となる劣性遺伝子A*を仮定する。雌牛P3と雄牛P4はいとこ関係にあるので，A*をヘテロで保因する可能性があるが，「ヘテロの場合の表現型は正常」というのが劣性遺伝子の性質なので，P3とP4は正常である。しかし，P3とP4の交配で生産された雌牛Sでは4分の1の確率でA*がホモ化して不良形質を発現する可能性がある。近親交配をしなければ，A*はホモ化することはなく，

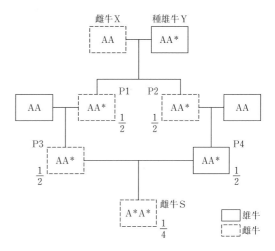

第8図　いとこ交配の例（近交係数が6.25％になる交配）

これが近交係数の上昇によって遺伝病や遺伝性奇形が増え，適応度が低下するメカニズムである。

(2) ホルスタインのおもなメンデル遺伝病

ホルスタイン集団は泌乳能力や体型に対する強い選抜により近交係数が徐々に上昇し，新しい遺伝病の遺伝子が発見される機会が増えてい

第4表　ホルスタインのおもな遺伝的不良形質

遺伝的不良形質の名称		遺伝子	国際標準の表記	
日本語名	英語名		保因	非保因
ブルドック（軟骨発育不全）	Bulldog (Achondroplasia)	劣性		
牛白血球粘着性欠如症（BLAD）	Bovine Leukocyte Adhesion Deficiency	劣性	BLC	BLF
牛短育椎症（ブラキスパイナ，BY）	Brachyspina	劣性	BYC	BYF
牛複合脊椎形成不全症（CVM）	Complex Vertebral Malformation	劣性	CVC	CVM
矮小	Dwarfism	劣性		
ウリジル酸合成酵素欠損症（DUMPS）	Deficiency of Uridine 5'-Monophosphate Synthetase	劣性	DPC	DPF
先天性無毛	Hairless (Congential Hypotrichosis)	劣性		
上皮不全	Imperfect Skin (Imperfect epitheliogenesis)	劣性		
単蹄（癒合趾症）	Mule-Foot (Monodactylism,syndactyly)	劣性	MFC	MFF
長期在胎	Prolonged Gestinetion (Pregnancy)	劣性		
ピンク歯（先天性ポルフィリン症・光線過敏症）	Pink Tooth (Porphyria)	劣性		
XI因子（血液凝固因子欠乏症）	Factor XI (Blood Clotting Disorder)	劣性	XIC	XIF
シトルリン血症	Citrullinuriia	劣性	CNC	CNF
牛コレステロール代謝異常症（CD）	Cholesterol Deficiency	劣性	CDC	CDF

注　国際標準：DNA検査によって遺伝子の保因の有無を示すものであり，世界ホルスタイン連盟が勧告した国際標準の表記法

乳牛改良で長命連産 改良の歴史と現在

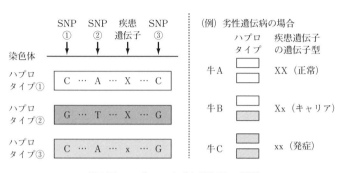

第9図　ハプロタイプと遺伝子の関係

る。第4表には，劣性遺伝子が関与するホルスタインのおもな遺伝的不良形質と国際標準の表示記号を示した。遺伝的不良形質はおもに致死遺伝子が関与しているが，その発現のタイミングには配偶子（精子や卵子）で発現するもの，早期胚死滅で流産するもの，胎児期に発現して死産するもの，正常に誕生するがその後に発病するもの（致死）がある。致死遺伝子は発現の強さにも違いがあり，ホモ化によって必ず死亡するものから適応度が低下する程度のものなどさまざまである。

SNP検査の普及により，乳牛集団ではハプロタイプにもとづく遺伝的不良形質が発見された。ハプロタイプとは遺伝的に連鎖しているSNPの組合わせであり，疾病などの遺伝的特徴をとらえるために利用される（第9図）。ハプロタイプを形成するSNPのなかには遺伝的不良形質の当該遺伝子を直接とらえている場合もあるが，当該遺伝子でなくその近傍の遺伝子型の変異をとらえている場合もある。このため，ハプロタイプによる遺伝的不良形質の調査は遺伝子の保因を確定できない場合もあるが，SNP検査の普及により簡便に調べられる点で利用価値は高い。

第5表にはハプロタイプによって遺伝子の保因を判定できるホルスタインのおもな遺伝的不良形質を示した。早期胚死滅の遺伝子は最近HH6とHH7が発見され合計7種類が知られている。また，HH0，HCD，HHBおよびHHCはそれぞれBY，CD，BLAD，CVMをハプロタイプでとらえたものである。第10図には，SNP検査された日本の雌牛におけるHH0からHH5の遺伝子を保因する（キャリア）頻度を示した。HH0とHH1は生年に対して減少傾向がみられる一方，HH5の保因頻度は徐々に上昇傾向を示している。

不良形質が劣性遺伝子としてヘテロで保因する個体は表現化していないので血統登録が可能である。ただし，雄牛は国の「乳用牛遺伝的不良形質専門委員会」が定めた指定遺伝的不良形質のなかで遺伝子型検査が可能なものに限り，

第5表　ハプロタイプから遺伝子の保因を判定できるホルスタインのおもな遺伝的不良形質

ハプロタイプ	名　称	遺伝子	染色体	起源牛（生年）
HH1	HH1（胚死滅）	APAF1	5	アーリンダチーフ（1962）
HH2	HH2（胚死滅）	—	1	マークアンソニー（1975）
HH3	HH3（胚死滅）	SMC2	8	スカイライナー（1954）
HH4	HH4（胚死滅）	GART	1	ベスンバック（1986）
HH5	HH5（胚死滅）	TFB1M	9	シュープリーム（1957）
HH6	HH6（胚死滅）	SDE2	16	マウンティン（1987）
HH7	HH7（胚死滅）	CENPU	27	—
HH0	牛短脊椎症（ブラキスパイナ，BY）	FANCI	21	トラディション（1974）
HCD	牛コレステロール代謝異常症（CD）	APOB	11	モーリンストーム（1991）
HHB	牛白血球粘着性欠如症（BLAD）	ITGB2	1	アイバンホー（1952）
HHC	牛複合脊椎形成不全症（CVM）	SLC35A3	3	リフレクター（1959）

注　AIPLホームページ（https://aipl.arsusda.gov/reference/recessive_haplotypes_ARR-G3.html）

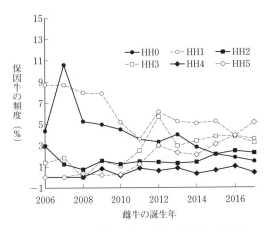

第10図　SNP検査された日本の雌牛における
　　　　 HH0からHH5の遺伝子を保因する（キャ
　　　　 リア）頻度　　　　　　　　（馬場ら，2018）

血統登録の前に検査を受けなければならない。具体的にはBLAD，CVM，BYおよびCDの遺伝子型検査が可能であり，検査結果は血統登録簿に記載され保存される。日本の後代検定事業では上記4種の遺伝的不良形質の遺伝子を保因するヤングブルは，候補種雄牛にエントリーしないよう人工授精事業体間で申し合わせている。しかし，輸入精液はこれらの不良形質を保因していても輸入される可能性があるので，交配には注意が必要である。

しかし，前述したSNP検査が雌牛集団に普及すれば，多くの雌牛で不良形質の遺伝子の保因が判断できるので，遺伝的不良形質が表現化しない交配を行なうことは可能である。

(3) ホルスタインの毛色と交配

ホルスタインの斑紋の形状は複数の遺伝子が複雑に関与することから，個体の同定に長く利用されてきた。今日では耳標に表示された個体識別番号による同定が可能になったが，雄牛の同定は今でも耳標と斑紋の両方で行なっている。

斑紋の毛色は18番染色体上にある *MC1R* 遺伝子の4種の遺伝子多型によって決定する。ホルスタインは一般に黒白斑（B&W）を発現する遺伝子（E^D）をもつが，E^Dと同じ遺伝子座には赤白斑（R&W）を発現する劣性の対立遺伝子（e）が存在する。北米ホルスタインにはオランダから最初に生体輸入されたころからすでにR&Wが存在していたが，長い間B&Wのみが純粋なホルスタインとされ，R&Wは血統登録できず淘汰されていた。しかし，ABCリフレクション ソブリンという，体型が優れたR&Wの雄牛が登場して以来，R&Wがホルスタインとして認められるようになった。日本でもR&Wがホルスタインとして血統登録できるようになったのは1978年のことである。eをヘテロで保因しているB&Wの雌雄を交配すると，25％の確率でR&Wの子牛が生産される（第11図）。

E^Dと同じ遺伝子座には，ほかに野生型のR&W（E^+）とブラックレッド（E^{BR}）の遺伝子多型が存在する。これら毛色の遺伝子多型の優劣は$E^D > E^{BR} > E^+ > e$の関係にある。E^{BR}が発現すると出生時の毛色はR&Wだが，徐々にB&Wに変色する。この変異型の遺伝子は，ロイブルック テルスターとその息子牛ハノーバーヒル トリプルスレット レッドが保因していたことから，別名テルスターレッドともよばれる。第12図にはE^DとeをヘテロにもつB&Wの雌牛にE^{BR}とeをもつ種雄牛（毛色はブラックレッド：B/R）を交配したときの子牛に伝達される毛色と分離比を示した。

テルスターはその後カナダから日本に生体輸入されことから，E^{BR}は日本のホルスタイン集団にも影響がある。血統登録では生まれたときの毛色によりB&WまたはR&Wと判断するので，E^{BR}が関与する毛色は登録上R&Wである。遺伝子型検査により毛色遺伝子の多型があきらかにできれば，交配の組合わせで容易に毛色をコントロールできる。第6表にはアメリカ合衆国のホルスタイン集団における毛色の遺伝子型頻度を示した。なお，日本のホルスタイン集団における毛色の遺伝子型頻度は今のところ詳細な調査報告が認められない。

ホルスタインの3番染色体にはバリアントレッドという毛色遺伝子（V）が存在する。Vは1980年代にカナダとアメリカ合衆国において，

第6表　アメリカ合衆国のホルスタイン集団における毛色の遺伝子型頻度

(Lawlor *et al.*, 2014)

ハプロタイプ	遺伝子型	表現型	雌牛頭数	出現頻度
0	$E^D E^D$	黒白斑	481,076	89.97
1	$E^D E^{BR}$	黒白斑	7,944	1.49
2	$E^D E^+$	黒白斑	2,143	0.40
3	$E^D e$	黒白斑	32,378	6.06
4	$E^{BR} E^{BR}$	ブラックレッド	31	0.01
5	$E^{BR} E^+$	ブラックレッド	13	0.00
6	$E^{BR} e$	ブラックレッド	247	0.05
7	$E^+ E^+$	赤白斑	22	0.00
8	$E^+ e$	赤白斑	1,389	0.26
9	ee	赤白斑	9,435	1.76

交配		雄牛 $E^D e$ B&W	
		E^D	e
雌牛 $E^D e$ B&W	E^D	$E^D E^D$ B&W	$E^D e$ B&W
	e	$E^D e$ B&W	ee R&W

第11図　R&W遺伝子（e）を保因するB&Wホルスタインの雌雄を交配したときの子牛における毛色の遺伝子型と表現型の分離

R&Wの表現型は25％の割合で発現する

交配		雄牛 $E^{BR} e$ B/R	
		E^{BR}	e
雌牛 $E^D e$ B&W	E^D	$E^D E^{BR}$ B&W	$E^D e$ B&W
	e	$E^{BR} e$ B/R	ee R&W

第12図　E^Dとeの遺伝子をヘテロにもつB&Wの雌牛にE^{BR}とeの遺伝子をもつ種雄牛（毛色はB/R）を交配したときの子牛に伝達される毛色の分離

B/RとR&Wはそれぞれ25％の割合で発現する

交配		雄牛 $E^D E^D$ V- R&W	
		$E^D V$	$E^D -$
雌牛 $E^D E^D --$ B&W	$E^D -$	$E^D E^D$ V- R&W	$E^D E^D --$ B&W
	$E^D -$	$E^D E^D$ V- R&W	$E^D E^D --$ B&W

第13図　E^Dの遺伝子をホモにもつB&Wの雌牛にE^D遺伝子とは別の遺伝子座にV遺伝子をもつ種雄牛（毛色はR&W）を交配したとき，子牛に伝達される毛色の分離

R&Wの表現型は50％の割合で発現する

まったく異なる血統のなかで突然変異として発見された。別名，Vは優性赤色斑遺伝子とよばれ，18番染色体上のE^Dとの間に$V > E^D$の優劣関係がある。V遺伝子をもつ個体は$E^D E^D$型のホモでもR&Wの毛色になる。V遺伝子をヘテロでもつ$E^D E^D$型のR&W種雄牛と$E^D E^D$型のB&W雌牛を交配すると，2分の1の確率で表現型がR&Wの子牛が生産される（第13図）。

（4）無角遺伝子の発見と活用

除角作業は乳牛の飼養管理にとってストレスのかかる作業であり，除角を行なわなくてもすむのであればそれに越したことはなく，家畜福祉の面からも望ましい。

無角は優性遺伝子が関与し，古くから多くの乳用品種に存在することがわかっている。この遺伝子は第1染色体上に存在するが，乳牛の場合は品種により2種類の異なる遺伝子座の変異

交配		雄牛 Hh 無角	
		H	h
雌牛 hh 有角	h	Hh 無角	hh 有角
	h	Hh 無角	hh 有角

第14図　無角遺伝子 (H) をヘテロでもつ種雄牛と有角 (h) の雌牛を交配した場合に生産される子牛の無角と有角の分離

が関与している (Medugorac *et al.*, 2012)。無角の遺伝子にはケルティック (celtic) 変異型とフリージアン変異型があり，フリージアン変異型はホルスタインとジャージーで発見された。その他はヨーロッパの多くの品種に保存されている。北米ホルスタインにはケルティック変異型とフリージアン変異型が存在するが，1970年代に人工授精によって広く供用された種雄牛とその子孫がフリージアン変異型の遺伝子をもっていたため，今日ではフリージアン変異型の遺伝子頻度が高い。日本では検査体制が整っていないので，ホルスタインにおける無角遺伝子の出現頻度は不明である。

　無角はどちらの変異型も優性遺伝する。種雄牛が無角の遺伝子型をホモ型HHでもっている場合，有角の雌牛 (hh) との交配による生産子牛は，すべて遺伝子型がHhとなり無角の表現型になる。しかし，種雄牛が無角の遺伝子型をヘテロHhでもっている場合，同様に有角の雌牛 (hh) に交配すると生産子牛はそれぞれ50％の確率で有角 (hh) と無角 (Hh) に分かれる（第14図）。

　無角は除角作業を省略できるという利点があるが，有角と比較して泌乳能力や体型の遺伝レベルが低いこともあり，無角遺伝子が集団に浸透することはなかった。遺伝子編集の技術で高能力牛に無角遺伝子を組み込む方法もあるが，

食品と関係ない角の遺伝子でも，遺伝子組み換えが行なわれた生産物はすぐには消費者に受け入れられない。しかし，2010年代に入ると無角ホルスタインの改良が進み，最近のアメリカ合衆国ホルスタイン上位100TPIのなかに無角の種雄牛がランキングされるようになり，徐々にアメリカ合衆国のホルスタイン集団のなかに無角遺伝子が浸透しつつある。無角遺伝子はハプロタイプで検出できるので，SNP検査の普及により日本でも遺伝子頻度の実態が判明するであろう。

(5) 乳蛋白質の多型を示す遺伝子

　泌乳能力や体型の表現化は単一の遺伝子座の遺伝子だけが関与しているのではなく，非常に多くの遺伝子と遺伝子座がポリジーン系として複雑に関与している。これらは染色体上に量的形質遺伝子座 (QTL) の地図を作成できるようになってから特定できるようになった。ここでは，泌乳能力のなかでも乳蛋白質を構成する成分の遺伝子多型（遺伝子変異）を紹介する。

　牛乳中の主要な乳蛋白質（多型数）としては，αラクトグロブリン (3)，βラクトグロブリン (11)，α s1カゼイン (8)，α s2カゼイン (4)，βカゼイン (12) およびκカゼイン (11) の6種類があり，現在までに合計で49種の遺伝子多型が知られている (Caroli *et al.*, 2009)。そのなかでチーズの歩留りおよび凝乳性はαラクトグロブリン，βラクトグロブリン，α s1カゼイン，α s2カゼイン，βカゼインおよびκカゼインの遺伝子多型が影響するといわれる。βラクトグロブリンBB型，βカゼインBB型（またはAB型）およびκカゼインBB型はこれらすべての乳蛋白質のAA型と比較して凝乳（カード）の状態に影響し，チーズの収量が増加するといわれている。とくにκカゼインのB遺伝子は，乳蛋白質率の上昇と関連があるとされている。ジャージーはホルスタインと比較して乳量が少ないが，圧倒的にκカゼインBB型が多いという品種的特徴をもつ。さらに，β（ベータ）ラクトグロブリンのAA型は，ホエー蛋白質を構成する蛋白質をより多く含む牛乳を生産する

乳牛改良で長命連産　改良の歴史と現在

第7表　カリフォルニアの乳用牛5品種における乳蛋白質多型の遺伝子数と頻度

(Van Eenennaam and Medrano, 1991)

		ホルスタイン		ブラウンスイス		ガーンジー		ミルキングショートホーン		ジャージー	
		頻 度	数	頻 度	数	頻 度	数	頻 度	数	頻 度	数
β-ラクトグロブリン	A	0.43	996	0.39	39	0.21	17	0.31	25	0.37	129
	B	0.57	1,308	0.61	61	0.79	63	0.69	55	0.63	215
β-カゼイン	A^1	0.43	985	0.18	18			0.49	39	0.17	58
	A^2	0.55	1,263	0.66	66	0.96	77	0.49	39	0.50	172
	A^3	0.00	6								
	B	0.02	50	0.16	16			0.02	2	0.33	114
	C					0.04	3				
αs1-カゼイン	A	0.00	7							0.00	1
	B	0.99	2,281	0.86	86	0.88	70	1.00	80	0.68	233
	C	0.01	16	0.14	14	0.12	10			0.32	110
κ-カゼイン	A	0.82	1,895	0.33	33	0.73	58	0.89	71	0.14	49
	B	0.18	409	0.67	67	0.27	22	0.11	9	0.86	295

注　ホルスタイン1,152頭, ブラウンスイス50頭, ガーンジー40頭, ミルキングショートホーン40頭, ジャージー172頭

第8表　釧路, 根室および網走におけるホルスタインの乳蛋白質多型の遺伝子と遺伝子型の頻度　　　(西村・高橋, 2003)

	遺伝子			遺伝子型		
	多 型	頻 度	数	多 型	頻 度	頭 数
β-ラクトグロブリン	A	0.43	2,866	AA	0.17	566
	B	0.57	3,768	AB	0.52	1,734
				BB	0.31	1,017
β-カゼイン	A^1	0.44	2,797	A^1A^1	0.17	559
	A^2	0.49	3,141	A^1A^2	0.47	1,493
	A^3			A^2A^2	0.24	773
	B	0.07	454	A^1B	0.06	186
	C			A^2B	0.03	102
				BB	0.03	83
αs1-カゼイン	A			BB	0.36	1,208
	B	0.62	4,195	BC	0.52	1,779
	C	0.38	2,585	CC	0.12	403
κ-カゼイン	A	0.74	4,756	AA	0.56	1,805
	B	0.26	1,636	AB	0.36	1,146
				BB	0.08	245

といわれている。

　βカゼインのA遺伝子にはA¹, A²およびA³の3種の多型が知られているが, そのなかでA¹遺伝子は心臓病, 糖尿病および過敏性腸症候群などの疾病と相関があるとの説があり, ニュージーランドではA²A²型の雌牛から生産された牛乳を「A2ミルク」とよび, 一般の牛乳より

も高い価格で販売されている。なお, A¹遺伝子と疾病との関係はオーストラリア・ニュージーランド食品基準機関 (FSANZ) などで調査を続けているが, 今のところ疾病との因果関係はないと結論づけられている。第7表には1989年7月から10月までの期間にカリフォルニアで調査された乳用牛5品種の乳蛋白質多型の頻度分布を示した (Van Eenennaam and Medrano, 1991)。また, 第8表には北海道の釧路, 根室および網走地域で調査した乳蛋白質多型の頻度を示した (西村・高橋, 2003)。

　前述したカゼインやラクトグロブリンの遺伝子多型を子牛の段階で判別できれば, より早い段階でチーズの加工などに適した集団の選抜淘汰や交配計画が可能になり, 牛群の乳蛋白質成分の遺伝的斉一化がはかれる。なお, 北米などではすでに乳蛋白質多型の遺伝子型検査が可能になっている地域があり, SNP検査のオプションとして一体的に検査する手法もある。日本では今のところ

乳蛋白質多型の商業ベースによる検査は行なわれていない。

4. 交配計画を支援するシステムの仕組み

(1) 近交退化の大きさ

近交係数が上昇すると，前述したように遺伝子のホモ化が進むことで遺伝的な多様性が失われ，近交退化や遺伝的不良形質が発現する。第9表には，日本の乳牛集団から推定された各形質の近交退化の推定値を示した。乳量，乳成分量および体型形質の近交退化は負の値を示した。一方，体細胞スコアと分娩間隔の近交退化は正の値を示した。これらは近交係数の上昇に伴い乳汁中の体細胞数が増え繁殖性が低下することを示唆しているから，これらも近交退化ととらえられる。

近交退化は泌乳量や体型において優秀な種雄牛の育種価と比較すれば，それほど大きい効果ではない。しかし，近交退化の程度は近交係数の上昇に比例して増加するから（第3表参照），近交係数の極度な上昇は望ましくない。

(2) 近交退化と優性効果

優性効果とは両親の家系の組合わせによって

第9表 日本のホルスタイン集団から推定された各形質の近交係数1%当たりの近交退化

形 質	河原ら (2002)	Kawahara et al. (2006)	河原ら (2007)	後藤[1] (2010)
乳量 (kg)	−24.8	−36.16		−28.5
乳脂量 (kg)	−0.9	−1.42		−1.11
乳蛋白質量 (kg)	−0.7	−1.15		−0.89
無脂固形分量 (kg)	−2.1	−3.24		−2.51
乳脂率 (%)		0.004		
乳蛋白質率 (%)		0.003		
無脂固形分率 (%)		0.008		
体細胞スコア				0.008
分娩間隔				0.440
体貌と骨格			−0.034	−0.025
肢 蹄			−0.040	−0.022
乳用強健性			−0.034	−0.015
乳 器			−0.029	−0.016
決定得点			−0.037	−0.019

注 1) 初産記録を使用

発揮される効果であり，別称「相性の効果」ともよばれる。育種価は相加的遺伝子効果の推定値であり，子孫に伝達される効果であるが，優性効果は交配によって生じる一代限りの効果であり次世代には伝達されない。

優性効果は両親の交配組合わせで遺伝子がヘテロ化するときに起きる。AとBを同一遺伝子座の対立遺伝子と仮定すると，相加的遺伝子効果では第15図のようにAA，ABおよびBBの効果が加算的（斜め直線状）に現われる。優性効果はABのときに偏り（$+d$：優性偏差）を生む現象である。この偏りは$+d$の大きさにもとづき部分優性（不完全優性），完全優性および超優

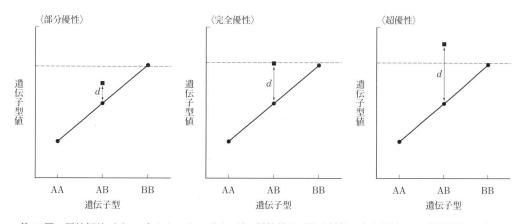

第15図 優性偏差（d）の大きさにもとづく3種の優性効果（部分優性，完全優性および超優性）の違い

乳牛改良で長命連産　改良の歴史と現在

第10表　泌乳能力，適応度および体型に関する遺伝率（h², %）と優性分散の比率（D, %）

形　質	Füerst and Sölkner (1994)		Misztal *et al.* (1997)		Van Tassell *et al.* (2000)		Kawahara *et al.* (2006)		河原ら (2007)	
	h²	D	h²	D	h²	D	h²	D	h²	D
乳量 (kg)					34.2	5.3	30.6	2.2		
乳脂量 (kg)					33.8	5.0	28.7	1.9		
乳蛋白質量 (kg)					31.2	5.2	27.3	2.1		
無脂固形分量 (kg)							25.1	2.2		
乳脂率 (%)							72.3	1.4		
乳蛋白質率 (%)							69.7	1.4		
無脂固形分率 (%)							66.3	1.8		
体細胞スコア					16.6	1.0				
分娩間隔	2.0	4.0								
生産寿命					11.8	5.7				
高　さ			45.3	6.9					46.5	6.0
胸の幅			27.8	8.0					20.7	3.5
体の深さ			34.5	9.8					28.8	5.0
鋭角性 (乳用性)			23.4	5.3					18.5	1.5
前乳房の付着			24.3	4.7					17.7	1.5

性という名称が付いている。優性効果は泌乳能力，体型および適応度の各形質で推定される。分娩間隔の優性分散の比率は遺伝率より大きい傾向があるようだ（第10表）。泌乳能力や体型にも優性効果があるが，日本で推定されたこれらの形質の優性効果は北米集団と比較し小さい傾向を示した。日本で推定された体型の優性効果のなかで高さの優性効果は全分散の6％を占め，もっとも大きかった。

筆者らは，ホルスタインの体型形質における相加的遺伝分散と優性分散の関係を調査したことがある（第16図）。分析の結果，優性分散の比率は遺伝率（相加的遺伝分散の比率）と比較して非常に小さく，さらに相加的遺伝分散が大きいほど優性分散も大きい関係にあることから，超優性よりむしろ多くの体型形質は完全優性や部分優性が関与しているとの結果が得られている。

近交退化が起きる本当のメカニズムはよくわかっていないが，不良形質に関与する劣性遺伝子のホモ化や，遺伝子のホモ化自体が多様性の欠如を招いた結果であるなどの原因説がある。また，優性効果の分散比が大きい形質や優性効果がよりプラスに偏る形質ほど近交退化が顕著に現われるともいわれる。筆者らは，ホルスタインの体型形質を使用して優性標準偏差（優性分散の平方根）と近交退化の関係を調査したことがある。この結果は，優性効果が大きい形質ほど近交退化が顕著に生じることを示唆するものであった（第17図）。

なお，ホルスタインの母方祖父牛と父牛間の優性効果はWeb上に公開しているので，雌牛に対して相性の良い供用種雄牛を選ぶ場合に参考にしてもらいたい（http://www.holstein.or.jp/hhac/kairyo/dominance/dominance.pdf）。

(3) 交配支援システムの普及

供用種雄牛の選定は酪農家自らの指示による場合もあるが，多くは授精業務を担当する人工授精師や獣医師が行なう。人工授精師や獣医師は授精のさいなにも情報がなければ持参したボンベ（精液凍結保存容器）に保管された凍結精液を順番に供用することになる。彼らが持参するボンベには非常に育種価が高い種雄牛の凍結精液が保管されているだろうが，雌牛集団の効率的な遺伝能力向上には科学的な情報にもとづく交配組合わせが重要である。

近年，効率的で収益性の高い酪農経営の政策により牛群の飼養規模が急速に拡大しつつあるが，同時に輸入精液の利用が進み供用可能な種

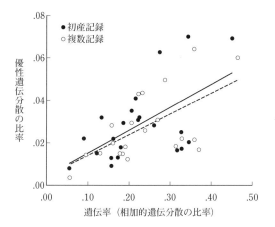

第16図 ホルスタインの体型形質（22形質）の相加的遺伝分散の比率に対する優性分散の比率の分布と線形回帰直線
（河原ら，2007）
初産記録と複数記録からの推定値

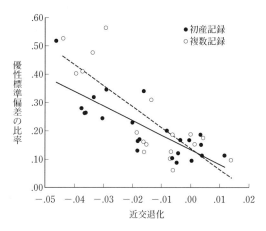

第17図 ホルスタインの体型形質（22形質）の近交退化に対する優性標準偏差の比率の分布と線形回帰直線
（河原ら，2007）
初産記録と複数記録からの推定値

雄牛頭数も増加している。コンピュータによるさまざまな交配支援システムは，このような状況下，牛群管理の省力が求められる酪農現場で活用され始めている。北海道ホルスタイン農業協同組合は2003年に「ホルスタイン交配相談」という名称の交配支援システムを開発し，北海道の酪農現場を中心に運用を続けている。交配支援システムは酪農家の改良指針や目標に沿った種雄牛の選定と，それらの種雄牛を利用して牛群内の各雌牛に最適な交配組合わせを提案する。そのため，科学的情報にもとづく交配支援システムは近交係数の上昇を最小化し，最大の遺伝改良量が期待できる更新牛を生産するのに役立つツールである。

（4）総合的遺伝メリットを利用した最適な交配

遺伝効果には育種価（相加的遺伝子効果の推定値），近交退化，優性効果（交雑ではヘテローシス）およびエピスタシス（上位）効果がある。更新牛の生産には潜在能力を最大および総合的に発揮できる交配組合わせを探し出す必要があり，そのため相加的遺伝子効果だけでなくすべての効果が重要となる。交配支援システムではコンピュータ上で一般に以下のような式を使用し，総合的遺伝メリット（TGM：Total genetic merit）を計算する。

TGM＝両親平均＋近交退化量＋優性効果＋エピスタシス効果

更新牛の育種価は交配計画の段階で不明なことから，その代用として父牛の育種価と母牛の育種価の平均値（両親平均）を使用する。育種価は両親平均とメンデリアンサンプリング（MS：Mendelian sampling）から構成されているので，両親平均は更新牛の育種価ではない。対立遺伝子は減数分裂（すなわち精子または卵子の生産）によってどちらが親から子に伝達されるかはまったくの偶然であり，そのときの遺伝的バラツキのことをMSという。たとえば，全姉妹の牛は似通った部分もあるが，違いもあるのはMS効果によるものである。乳牛集団における育種価と両親平均の相関は選抜による偏りがなければ約0.71に近似し，育種価と両親平均は理論的に一致しない。

更新牛の近交退化と優性効果は雌雄の交配組合わせを計画する段階で予測できる。エピスタシス効果も近交退化や優性効果と同様に特定の雌雄の交配組合わせによる効果だが，単純な交互作用だけでなく表現型に関与するあらゆる交互作用を含んでいるので，実際にすべてを推定

乳牛改良で長命連産　改良の歴史と現在

第11表　雌牛X（育種価＝550）に対し，種雄牛CからLを供用した場合，生産雌牛の両親平均（PA），近交係数と近交退化量（F），優性効果（D）および総合的遺伝メリット（TGM）

交配計画	種雄牛の育種価	PA		近交係数	F	D	TGM	
		値	順位				値	順位
種雄牛D	2,086	1,318	1	4.12	−124	−99	1,095	3
種雄牛J	1,870	1,210	2	1.74	−52	48	1,206	2
種雄牛K	1,855	1,203	3	7.55	−227	−7	969	6
種雄牛C	1,769	1,195	4	4.00	−120	149	1,224	1
種雄牛L	1,409	980	5	0.00	0	65	1,045	4
種雄牛E	1,392	971	6	0.25	−8	36	1,000	5
種雄牛I	1,210	880	7	6.25	−188	96	789	7
種雄牛F	1,003	777	8	2.27	−68	−22	686	8
種雄牛H	910	730	9	2.30	−69	−24	637	10
種雄牛G	905	728	10	4.29	−129	87	686	9

注　雌牛Xの育種価：＋550kg
　　近交係数1％当たりの近交退化量：−30kg
　　TGM＝PA＋F＋D

することはむずかしい。そのため，実際に使用されるTGMではエピスタシス効果をゼロに仮定する場合が多い。

　第11表にはTGMを利用した供用種雄牛の選定法を例示した。次世代の種雄牛生産を目的とした計画交配であれば，雌牛Xとの交配には両親平均がもっとも高い種雄牛Dを供用すべきである。近交係数の上昇だけを抑えるならば種雄牛Lの供用が望ましい。一方，乳量の潜在能力がもっとも期待できる交配組合わせはTGMで判断すべきであり，この場合は種雄牛Cを供用することが望ましい。種雄牛Cの娘牛は近交係

数が4％と若干高くなるが，雌牛Xとの相性（149kg）も良く，高い泌乳能力が期待できる。

（5）供用種雄牛を選定するさいの注意

　矯正交配は，中等度が望ましい体型形質で利用される場合が多い。第12表には中等度が望ましい体型形質と中等度（最適スコア）に対応する育種価を示した。たとえば，母牛の蹄の角度が小さいまたは立っている極端な形状を示す場合，それを子牛の世代で望ましい体型に矯正（修正）するためには，蹄の角度の育種価が中程度を示す種雄牛を供用することを矯正交配という。

　矯正交配は，改良目標の達成にもっとも効果がある種雄牛の供用を犠牲にする可能性があるので注意が必要だ。たとえば蹄の角度の遺伝率は5％しかないので，顕著な改良は期待できない。このような遺伝率の低い形質を矯正するため，泌乳能力の低い種雄牛を交配すべきではない。矯正交配では泌乳能力などの経済形質において一定以上の基準を満たした種雄牛を選択し，そのなかから矯正したい形質を効率よく改良できる供用種雄牛を選ぶようにしたい。

　牛群単位で複数の形質を矯正したい場合は，

第12表　種雄牛のSBVに対応する初産娘牛の線形式体型形質のスコア

線形式体型形質	SBV（標準化育種価）							EBV標準偏差	最適スコア	対応SBV	遺伝率（％）
	−3	−2	−1	0	+1	+2	+3				
尻の角度	3.5	3.9	4.3	4.6	5.0	5.4	5.8	±0.37	5	+1.0	41
後肢側望	4.6	4.8	5.1	5.3	5.5	5.7	5.9	±0.22	5	−1.3	20
蹄の角度	4.4	4.5	4.6	4.7	4.9	5.0	5.1	±0.12	5	+2.0	5
前乳頭の配置	3.9	4.3	4.7	5.1	5.5	5.9	6.3	±0.40	5	−0.2	38
前乳頭の長さ	3.3	3.7	4.2	4.7	5.2	5.6	6.1	±0.47	5	+0.7	40
後乳頭の配置	5.0	5.4	5.8	6.2	6.6	7.0	7.4	±0.40	4	−5.4	31
ボディコンディション	4.2	4.5	4.8	5.1	5.3	5.6	5.9	±0.28	5	−0.2	23

注　SBV＝0に相当する初産娘牛のスコア：2010年生まれの雌牛の線形式体型形質のスコアの平均値，EBVの標準偏差：
　　2010年生まれの雌牛のEBVから推定（独立行政法人家畜改良センター発行「国内評価概要2015年8月」を利用）
　　　：スコア5の位置

複数の種雄牛の供用を考える交配方法も検討すべきである。たとえば，乳量，乳脂量および乳蛋白質量を一度に改良したい場合，3形質間には高い遺伝相関が存在するが，必ずしも供用したい種雄牛が3形質すべてにおいて優れているとは限らない。また，肢蹄と乳器を同時に改良したいが，供用したい種雄牛が肢蹄と乳器のどちらも遺伝的に優れているとは限らない。また，肢蹄や乳器の改良に優れていても，泌乳能力の改良には役立たない種雄牛もいる。このように複数の形質を同時に改良する場合は，乳器の改良に優れている種雄牛と肢蹄の改良に優れている種雄牛をそれぞれ複数選択し，牛群内で半分ずつ交配することで，個々の雌牛の改良ではなく牛群全体で改良を進める手法があり，これを種雄牛の補完的選択法とよぶ（鈴木，1999）。

複数の形質を総合的に判断して種雄牛を選択する方法としては，NTP（総合指数，Nippon Total Profit）のような選抜指数を利用する方法もある。しかし，個々の酪農家の改良目標がNTPと一致しないこともあることから，その場合は各酪農家の改良目標に即した選抜指数を作成して交配計画を立ててくれる交配支援システムを活用することが望まれる。

(6) ゲノミック評価と交配システム

種雄牛サイドの遺伝情報のみで精度の高い交配支援をすることはむずかしい。今から数年前までは未経産牛の育種価がなく，最適な交配組合わせを予測できなかった。未経産牛は記録をもたない，将来の遺伝能力がわからない，安産最優先との理由で黒毛和種の種雄牛を交配することが多かった。黒毛和種との交雑は更新牛を生産しないことを意味する。しかし，ホルスタインの雌牛集団における泌乳能力や体型の遺伝的トレンドは遺伝改良が着実に進んでいることを示しているから，若い世代（未経産牛）ほどもっとも改良が進んでいる集団と考えられる。

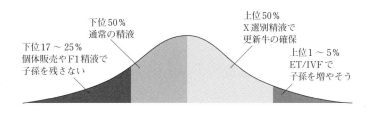

第18図 ゲノミック評価値による未経産牛の分布と供用種雄牛の選択にもとづく遺伝改良

このことは，改良が進んでいる未経産の集団を積極的に活用して更新牛を生産すべきことを示唆しており，同時に雌牛と更新牛間の世代間隔の短縮を実現し，改良速度の大幅な向上が期待できる。

2013年には日本でも未経産牛のSNP検査・ゲノミック評価が開始された。ゲノミック評価値とはSNPから推定された育種価である。筆者らは未経産牛のゲノミック評価値の利用を普及推進するため，第18図を用いて遺伝改良を促進する交配方法を提案している。未経産牛の上位50％は平均よりも遺伝的に高い能力をもつグループだから確実に更新牛を生産すべきであり，優秀な種雄牛の性選別精液を供用する。上位1～5％のとくに優れたグループの未経産牛は，採卵により多くの更新牛を生産すべきである。反対に，遺伝的レベルが上位50％に届かない未経産牛には通常の精液でも構わない。ただし，通常の精液であっても約2分の1の確率で雌牛が生まれるので，遺伝的に優れた種雄牛の精液を供用すべきである。さらに遺伝能力がとくに低いグループにはF1生産や受卵牛（レセピアント）としての利用，さらには乳用売却など，子孫を牛群に残さない工夫が必要かもしれない。

ここではとくに遺伝能力が低い集団を下位17～25％と例示したが，子孫を残さないグループは，対象とする牛群の全体的な遺伝レベルを考慮して決めてほしい。また，このような交配方法は牛群内の未経産牛すべてをゲノミック評価することで効率的な改良が可能になる。日ホ協会では牛群内のすべての子牛を血統登録と同時に，SNP検査しゲノミック評価する登録

システム（自動登録同時SNP検査）を実施している。

5. 品種間交雑とヘテローシス効果

(1) 乳牛の品種的特徴

世界の乳牛は，一般にウシとよばれるBos taurus（ボスタウルス）とコブウシと呼ばれるBos indicus（ボスインディカス）に分類される。ボスタウルスのなかで適度に大きな育種集団をもつ乳用品種はホルスタイン，ジャージーおよびブラウンスイスである。そのほかに欧州を中心として比較的飼養頭数が多い乳牛はノルマンディ，モンベリアールおよびバイキングレッドである。ここで，バイキングレッドは別名スカンジナビアレッドともよばれ，単一品種のこと

ではなくスウェーデンレッド，デンマークレッド，ノルウェーレッドおよびフィンランドエアシャーの品種の総称である。これらの共通点は，血統中の祖先にショートホーンとエアシャーの2品種が存在することだ（Hansen, 2006）。乳牛は交雑種が牛群に残るため，計画的な交配を行なわないとヘテローシスの効果を持続することがむずかしく，多くは品種ごとに純粋繁殖させることが多い。

凍結精液や凍結受精卵の生産技術が確立し，国際遺伝評価値の公表とともに情報の共有化が進み，多くの乳用品種がグローバル化している。とくに泌乳能力や体型では北米ホルスタインの高い遺伝レベルが多くの国々で認められ，欧州などの国々ではB&Wの系統が急速に北米ホルスタインに入れ替わっている。ジャージーは高い乳成分率と小型サイズの利点を生かし，加工乳としての利用が多く放牧システムをメインとするニュージーランドやオーストラリアでは，ホルスタインに次ぐ主要品種として需要が増えている。ジャージーは放牧酪農において体格の大きいホルスタインよりも飼料効率が良いとされる。北欧諸国のバイキングレッドは過去25年間以上も泌乳能力と機能性（適応度）を重視した改良を続けている。最近では北米や西欧諸国でも疾病，分娩難易，繁殖性および生産寿命などの機能性を考慮した改良を重視するようになった。乳肉兼用種であるシンメンタールやモンベリアールは欧州において，遺伝改良が可能なほど大きな育種集団がある。

第13表にはおもな乳用品種と泌乳能力を示した。より詳細な概要は，家畜の能力検定に関する国際委員会（ICAR：International Committee for Animal Recording）ホームペー

第13表 2015年におけるおもな乳用品種と国別の305日平均乳量と平均乳成分率（%），ニュージーランドのみ2014年の集計結果

品種	国	雌牛数	乳量	乳脂率	乳蛋白質率
ホルスタイン	日本	356,376	9,463	3.96	3.33
	カナダ	295,473	10,257	3.90	3.20
	アメリカ合衆国	3,642,037	11,321	3.68	3.08
フリージアン（F）	ニュージーランド	901,915	6,011	4.27	3.59
ジャージー（J）	日本	2,595	6,348	4.97	3.93
	カナダ	11,754	6,699	5.02	3.80
	アメリカ合衆国	291,725	8,183	4.81	3.65
	ニュージーランド	317,750	4,306	5.49	4.05
ブラウンスイス	カナダ	1,763	7,842	4.13	3.36
	アメリカ合衆国	10,921	8,637	4.15	3.42
	ドイツ	163,665	7,186	4.24	3.57
フィンランドエアシャー	フィンランド	110,972	9,128	4.41	3.55
シンメンタール	ドイツ	897,522	7,242	4.14	3.49
モンベリアール	フランス	439,609	7,232	3.84	3.43
ノルマンディ	フランス	217,642	6,589	4.15	3.60
スウェーデンレッド	スウェーデン	97,357	9,014[1]	4.36	3.57
F×J[2]	ニュージーランド	1,349,738	5,395	4.77	3.81

注 1) 365日成績（kg）
　　2) F×J：フリージアンとジャージーの交雑種
　　ICARホームページ（https://www.icar.org, 2018年6月接続確認）

ジ（https://www.icar.org/）から参照できる。

（2）乳牛の多品種遺伝評価

乳牛は純粋繁殖を行なう場合が多く，品種間のヘテローシスや遺伝的スケール差を考慮する必要が少ないという理由で，一般に遺伝評価は品種内で行なう。例外的にニュージーランドではフリージアン（またはホルスタイン）とジャージーの交雑（キウイクロス）がふつうに行なわれ，全体の40％近くをこの交雑種が占めている。ニュージーランドのような国では，交雑種の雄牛における遺伝的評価にも関心がある。また，ニュージーランドではフリージアン，ジャージーおよびエアシャーのすべての品種とそれらの交雑種を比較できるよう，全品種の遺伝ベースにもとづき飼料摂取量当たりの収益性に関する経済指数を推定している（Garrick *et al.*, 1997；Harris *et al.*, 2006）。

アメリカ合衆国では乳牛の交雑種が徐々に増加する傾向にあり，2007年には泌乳能力と適応度（体細胞スコア，生産寿命，娘牛妊娠率）に関するホルスタイン，エアシャー，ブラウンスイス，ガーンジー，ジャージーおよびミルキングショートホーンの6品種による多品種アニマルモデル遺伝評価が開始された（VanRaden *et al.*, 2007）。各形質の育種価は近交係数とヘテローシスの影響を補正し，全品種の遺伝ベースを基準に推定される。しかし，アメリカ合衆国における乳牛の遺伝評価では従来の慣例に従い育種価をPTA（predicted transmitting ability：予測伝達能力）に変換し，品種ごとの遺伝ベースに基準を変え公表している。交雑種の遺伝評価値は父牛の品種の遺伝ベースに変換される。欧州では乳牛の交雑育種が増え始めたこともあり，北欧三国（デンマーク，スウェーデンおよびフィンランド）やフランスの遺伝評価にはヘテローシスを考慮した統計モデルが利用されている。

（3）ヘテローシスと品種間交雑

ヘテローシスは子牛が両親の平均をどの程度上まわるかで測定できるが，その大きさは両親間の遺伝的距離（品種間の遺伝的差異）に依存する。血縁関係がより遠い品種間の交雑はヘテローシスが大きい。交雑は遺伝子のヘテロ化を増やし，有害な劣性遺伝子の表現化を抑制する効果があるので，ヘテローシスは近交退化の反対の現象とみることもできる。また，類似した効果として前述した優性効果があり，これは品種内の対立遺伝子のヘテロ化に起因している。

第14表には，アメリカ合衆国における産乳能力と適応度についての近交退化とヘテローシスの推定値を示した。ヘテローシスはすべての形質で等しく発現するとは限らず，たとえば乳量は両親の中間よりも若干高く発現する程度といわれ，これは第19図のAで示される場合である。一方，ヘテローシスは繁殖性，発育性および強健性のような適応度において顕著に発現するとの報告があり，それは第19図のBで示されるような場合である。ヘテローシスの大きさを予測するのはむずかしく，交雑する品種の種類と数，さらに形質によって異なるようだ。

ヘテローシスは複数の遺伝子座に存在する遺伝子が複合的に作用する現象とされ，優性効果，エピスタシス効果およびエピジェネティックが関与しているといわれるが，実際の遺伝的メカニズムはよくわかっていない。ヘテローシスと関連する概念として，遺伝子の組換え喪失（recombination loss）という考え方がある。これは北米ホルスタインの精液や受精卵の導入が増えて以来，欧州で注目されている考え方である。欧州の雌牛に北米ホルスタインの精

第14表 アメリカ合衆国のホルスタインにおける近交退化および他品種との交雑によるヘテローシスの推定値

(Ducroq and Wiggans, 2015)

形　質	近交退化[1]	ヘテローシス[2]
乳量（kg）	−30	205
乳脂量（kg）	−1.1	12
乳蛋白質量（kg）	−0.9	8
体細胞スコア	0.0045	0.01
娘牛の妊娠率（%）	−0.071	1.5
生産寿命（月）	−0.27	0

注　1）近交係数1%当たり
　　2）すべての品種における雑種1世代における効果

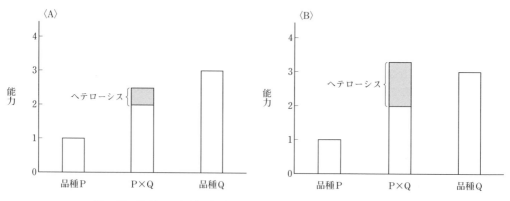

第19図 品種Pと品種Qを交雑したときのヘテローシス効果の大きさ

液を交配して第1世代の雌牛が生産される。第1世代の雌牛に北米ホルスタインの精液が供用され、戻し交配により第2世代の雌牛が生産される。ヘテローシスは第1世代において顕著に発現し、世代の進行とともに減少または消滅する。一説によれば、ヘテローシスは両親の組合わせでエピスタシス効果が発現して生産性が上昇するが、次世代でこれらの組合わせが喪失して低下すると説明できるとされている。エピスタシスの喪失は遺伝子の組換えの喪失とよばれる。エピスタシスはヘテローシスの原因の一つと考えられるが、同様に他の要因が関与する可能性を示唆する原因説もある。

そのほか、乳牛における品種間交雑の利点としては遺伝的補完という考え方がある。片方の親の遺伝的長所を生かしながら短所を他の品種の遺伝子で補うという考え方である。たとえば、東南アジアのような熱帯地方では泌乳能力が高いホルスタインなど温帯地域の乳牛を直接導入しても、耐暑性や抗病性などの問題で本来の能力を発揮できない場合が多い。この場合は在来種との交雑により、泌乳能力の高いホルスタインの遺伝子と耐暑性や抗病性などの優れた在来種の遺伝子を補完的にもつ交雑種を利用することがある。反対に、遺伝的に泌乳能力が低い在来種の改良を進めるため、ホルスタインなどの泌乳能力の高い品種を数世代重ねて交配する場合があり、これを累進交配という。

(4) 二元交雑と三元交雑の仕組み

交雑育種のもっとも単純なモデルは2品種を使用した二元交雑である（第15表）。ヘテローシスは血縁関係がまったくない品種間の交雑でもっとも大きな効果を発揮し、その最高レベル

第15表 2品種と3品種の輪番交雑における各世代の品種の割合（％）とヘテローシス（％）

(Simm, 2000)

世代	2品種による輪番交雑				3品種による輪番交雑				
	父牛の品種	品種の割合 A	B	ヘテローシス	父牛の品種	品種の割合 A	B	C	ヘテローシス
基礎 (0)	A	100	0	0	A	100	0	0	0
1	B	50	50	100	B	50	50	0	100
2	A	75	25	50	C	25	25	50	100
3	B	38	63	75	A	63	13	25	75
4	A	69	31	63	B	31	56	13	88
5	B	34	66	69	C	16	28	56	88
6	A	67	33	66	A	58	14	28	84
7	B	34	66	67	B	29	57	14	86
8	A	67	33	67	C	14	29	57	86

（100％）は常に雑種第1世代の子孫に発現する。残念ながら次の世代ではヘテローシスが通常低下する。最初の交雑で生産された雑種第1世代の雌牛に元の品種のどちらかを交配する場合，雑種第1世代から生産される第2世代のヘテローシスは第1世代の2分の1になる。この場合のヘテローシスは親の品種へ戻し交配したために半減した。

三元交雑は新たな第3の品種を利用することで，雑種第2世代でも100％のヘテローシスを発揮する（第15表）。また，3品種を利用した輪番交雑では2品種と比較して，雑種第3世代および第4世代におけるヘテローシスの低下が緩和され一定レベルを維持できる。ただし，三元交雑において高い収益性を維持するには，3番目の品種が高い相加的遺伝子効果をもつことが重要とされる（Simm，2000）。

デンマークでは近年，乳牛の交雑育種に関心を示す酪農家が増加しつつあり，ヘテローシスを最大限活用するため輪番交雑を避けて三元交雑とし，雑種第2世代目の雌牛には肉牛の精液を交配することで，乳牛としての子孫を残さない方式をとっている。

（5）輪番交雑システムの特徴

輪番交雑とは第15表のように，2品種または3品種を順番に交配して交雑種を維持する方式である。2品種による輪番交雑では品種A（雄）と品種B（雌）の交雑により，雑種第1世代の雌牛ABを生産する。ABは両品種からそれぞれ50％の遺伝子を受け取る。ABは次に第2世代の子牛を生産するために，品種Aの種雄牛と交配して第2世代の雌牛A（AB）を生産する。A（AB）は品種Aからの遺伝子を平均4分の3，品種Bからの遺伝子を平均4分の1受け取る。次にA（AB）は品種Bの雄牛を交雑し第3世代が生産されるが，この世代は平均8分の3がA品種の遺伝子，および8分の5がB品種の遺伝子をもつ。このプロセスは2品種の遺伝子の割合が安定する第5世代まで続く。すなわちA品種とB品種の遺伝子の割合は供用種雄牛の品種により交互に平均でおおよそ3分の1と3分の2

に近づく（Simm，2000）。

3品種による輪番交雑は3つの異なる品種を利用する。第7世代が過ぎるころから3品種の遺伝子の割合は，おおよそ15％，30％および55％に近づき，各世代において父牛の品種に相当する遺伝子の割合がもっとも高い（Simm，2000）。

第16表には輪番交雑システムにおける各世代のヘテローシスを示した（Heins et al.，2007）。まったく血縁関係のない2品種の輪番交雑において，ヘテローシスは第1世代の100％から第2世代の50％に減少するが，第7世代目から67％になり，その後の世代で安定する。4品種の輪番交雑は5世代以降94％の高いヘテローシスを示す。しかし，遺伝レベル（平均育種価）が高く血縁関係がまったくない4品種を見つけ出すことは，現実問題として至難と考えられる。一方，3品種による輪番交雑は比較的実現可能かもしれない。3品種による輪番交雑は最初の2世代で100％のヘテローシスが期待でき，3世代目で75％に低下するがそれが最低レベルであり，7世代以降は86％のヘテローシスで安定する。

輪番交雑は世代ごとに順次交雑する品種を間違えると，ヘテローシスを効率よく引き出すことができない。交雑する品種の順番は非常に重要であり，順番を間違えることは交雑システムの失敗を意味する。そのため輪番交雑では実行前に緻密な育種計画を立てるべきであり，とく

第16表　2品種，3品種および4品種の輪番交雑における各世代のヘテローシス（単位：%）

(Heins et al.，2007)

世　代	輪番交配の品種数		
	2品種	3品種	4品種
基礎（0）	0	0	0
1	100	100	100
2	50	100	100
3	75	75	100
4	63	88	88
5	69	88	94
6	66	84	94
7	67	86	94
8	67	86	93
9	67	86	93

乳牛改良で長命連産　改良の歴史と現在

第17表　雌牛数および複数産次における日乳量（乳成分量），空胎日数および体細胞スコアの成牛換算
平均値とヘテローシス効果　　　　　　　　　　　　　　　　　　　　　　　　　　（Heins，2007）

	雌牛数	乳量 (kg)	乳脂量 (kg)	乳蛋白質量 (kg)	空胎日数	体細胞 スコア
ホルスタイン（H）	1,773	33.7	1.22	1.00	156	2.75
ブラウンスイス（BS）	805	28.2＊	1.13＊	0.95＊	156	2.82
BS×H	132	33.2	1.32＊	1.04＊	145＊	2.57
ヘテローシス（%）		6.7	10.4	7.1	7.3	7.8

注　＊：P＜0.05：ホルスタインとの比較による有意差

第18表　ホルスタインと交雑種（ジャージー×ホルスタイン）における初産（305日2回搾乳，実記録）
の平均泌乳量の比較

		雌牛数	乳量 (kg)	乳脂量 (kg)	乳蛋白質量 (kg)	体細胞 スコア
Heins（2007）	ホルスタイン（ホル）	73	7,705	277	238	2.95
	ジャージー×ホル	76	7,147	274	223	3.21
	品種差		－558＊＊	－2	－15＊＊	0.26
Weigel（2007）	ホルスタイン（ホル）	72	7,266	259	229	
	ジャージー×ホル	77	6,693	258	214	
	品種差		－573	－1	－15	

注　＊：P＜0.05，＊＊：P＜0.01：ホルスタインとの比較による有意差（検定はHeinsの結果のみ）

第19表　ホルスタインと交雑種（ジャージー×ホルスタイン）における初
産分娩後の初回授精受胎率と空胎日数の比較　　　　　　　　　（Heins，2007）

	雌牛数	初回授精 受胎率	雌牛数	空胎日数
ホルスタイン（ホル）	71	41%	67	150
ジャージー×ホル	74	39%	70	127＊＊

注　＊＊：P＜0.01：ホルスタインとの比較による有意差

に交雑種の各個体は必ず両親とともに個体識別して管理する必要がある。

（6）交雑実験からの知見と交雑育種の実用化

　前述したようにヘテローシスのレベルは交雑する品種の種類に依存している。現在までに行なわれた交雑実験では，さまざまな品種間の違いや育種計画の違いの比較が行なわれている。ホルスタインとブラウンスイスの交雑実験を第17表に示したが，乳脂量，乳蛋白質量および空胎日数などはホルスタインと比較して引けを取らない成績であった（Heins，2007）。
　Weigel（2007），Heins（2007）および Cassell and McAllister（2009）は，ホルスタ

インとジャージーによる交雑実験をそれぞれ独自に実施したが，ジャージー×ホルスタインの交雑種は，ホルスタインの純粋種と比較して泌乳量が低いものの，繁殖性はホルスタインよりも良い結果が得られている（第18，19表）。
　2002年から2005年にかけてカリフォルニア州の7か所の搾乳牛群において，それぞれ純粋種，二元交雑および三元交雑の比較実験が行なわれた（Heins et al.，2006ab・2007）。実験では，ノルマンディ，モンベリアール，ブラウンスイスおよびスカンジナビアレッド（スウェーデンレッドとノルウェーレッド）をホルスタインに交配した。二元交雑では初回授精までの日数，受胎率および生存率において優れており，とくにノルマンディ×ホルスタインは繁殖性に

乳牛改良における交配の仕組みと交配システム

第20表 ホルスタインと各交雑種における繁殖性，生存率および難産・死産率の各推定値（最小二乗平均）の比較

(Heins *et al.*, 2006a・b)

	繁殖性			生存率		難産・死産		
	雌牛数	初回授精までの日数	初回授精受胎率	雌牛数	分娩後305日までの生存率	雌牛数	難産率	死産率
ホルスタイン（ホル）	536	69.0	22.00	520	150	676	17.7	14.0
ノルマンディ×ホル	379	62.0**	35.00*	375	123**	262	11.6*	9.9
モンベリアール×ホル	375	65.0*	31.00**	371	131**	370	7.2**	6.2**
スカンジナビアレッド×ホル	261	66	30	257	129**	264	3.7**	5.1**

注　＊：P＜0.05，＊＊：P＜0.01：ホルスタインとの比較による有意差

第21表 二元交雑と三元交雑種の平均泌乳量（305日2回搾乳実記録）の比較

(Heins *et al.*, 2007)

		雌牛数	父牛数	乳量(kg)	乳脂量(kg)	乳蛋白質量(kg)	乳脂量＋乳蛋白質量
二元交雑	ブラウンスイス×ホル	42	10	9,508	349	305	654
	ノルマンディ×ホル	37	9	8,865	345	288	633
	モンベリアール×ホル	366	32	9,432	351	303	653
	スカンジナビアレッド×ホル	162	15	9,450	350	304	655
三元交雑	ブラウンスイス×（モンベリアール×ホル）	44	8	9,297	349	302	651
	モンベリアール×（スカンジナビアレッド×ホル）	43	9	9,461	356	308	664
	スカンジナビアレッド×（ノルマンディ×ホル）	86	10	8,809	331	288	620

注　ホル：ホルスタイン

優れていた（第20表）。また，難産率と死産率もホルスタインと比較して交雑種のほうが有意に低い結果が得られた。泌乳能力ではブラウンスイス×ホルスタインの交雑がより高い乳量を示し，モンベリアール×ホルスタインの交雑では比較的乳脂量が高かった（第21表）。三元交雑では，モンベリアール♂×（スカンジナビアレッド♂×ホルスタイン♀）の組合わせが交雑種間でもっとも高い乳量，乳脂量および乳蛋白質量を示した。

ただし，このときの実験では雑種間で泌乳能力に有意な統計的差が認められなかったが，Heinsらはモンベリアール，スカンジナビアレッドおよびホルスタインの3品種による交雑育種の優位性を主張し，彼らは以後これらの3品種による交雑実験をさらに継続している。

また，アメリカ合衆国ではホルスタインの近交係数の上昇に伴い，繁殖率や生存性のような

適応度の低下を改良するため，ホルスタインの雌牛に乳用他品種の種雄牛を交雑する酪農家が徐々に増えている。とくに，3品種による三元交雑または輪番交雑は，カリフォルニアの人工授精会社（Creative Genetics of California）によってPROCROSS（The Best Proven Crossbreeding Program）という名称で商品化された。PROCROSSはスウェーデンレッド（またはノルウェーレッド），モンベリアールおよびホルスタインの3品種による輪番交雑を推奨している。

(7) 乳牛の交雑育種における課題

ミネソタ大学の研究チームは最近さらに大規模な交雑実験の結果を報告した（Hazel *et al.*, 2017ab）。この実験はミネソタ州を中心とする8か所の搾乳牛群で行なわれた。これらの牛群で飼養されているホルスタインの雌牛は非常に高い泌乳能力をもっている。また，これらのホ

乳牛改良で長命連産　改良の歴史と現在

第22表　各交雑種の繁殖性，生存率，難産・死産率および体型における各推定値（最小二乗平均）のホルスタインとの比較

（Hazel *et al.*，2017a・b）

	ホルスタイン		モンベリアール×ホルスタイン		バイキングレッド×ホルスタイン	
	雌牛数	推定値	雌牛数	推定値	雌牛数	推定値
乳量（kg）	978	10,970	513	10,954	540	10,537 **
乳脂量（kg）	978	408	513	417	540	413
乳蛋白質量（kg）	978	333	513	343 **	540	336
乳脂率	978	3.74	513	3.80	540	3.93 **
乳蛋白質率	978	3.05	513	3.14 **	540	3.19 **
体細胞スコア	978	2.10	513	2.17	540	2.14
在胎期間	971	276	496	279 **	508	280 **
難　産	971	1.5	496	1.6	508	1.7 *
死産率	971	9	496	4 *	508	5
初回授精受胎率	948	38	499	43	528	47 **
受胎率	950	38	499	46 **	528	43
空胎日数	901	125	480	113 **	514	117 *
2産分娩までの生存率	1,014	80	529	84	551	83
ボディコンディション	956	3.20	502	3.70 **	538	3.45 **
高　さ	983	5.4	510	4.6 **	541	3.8 **
体の深さ	983	5.2	510	4.2 **	541	4.5 **
胸底の幅	983	5.3	510	6.8 **	541	5.2
後肢側望，1：直飛	983	5.6	510	4.6 **	541	6.1 **
蹄の角度，1：低い	983	5.6	510	6.6 **	541	5.4
乳房の深さ，1：飛節より低い	983	6.9	510	5.5 **	541	6.2 **
前乳頭配置，1：広い	983	5.5	510	4.5 **	541	5.1 *
後乳頭配置，1：広い	983	6.5	510	5.4 **	541	5.9 **
乳頭の長さ，1：短い	983	3.9	510	4.6 **	541	4.0

注　＊：P＜0.05，＊＊：P＜0.01：ホルスタインとの比較による有意差

ルスタインに交雑したモンベリアールとバイキングレッドの精液は，それぞれフランスのISU指数（トータルメリットインデックス，Index de Synthèse UPRA）と北欧のNTM指数（ノルディックトータルメリット，Nordic Total Merit）で上位にランキングされたものを輸入し供用した。実験結果を第22表に示した。乳量はいずれの交雑種もホルスタインと大きな違いがないが，乳成分率において交雑種が有意に高い結果が得られた。繁殖性やボディコンデションは交雑種のほうが有意に優れていた。交雑種は高さや体の深さからホルスタインよりも有意に体が小さいという結果が得られた。

少し前までの北米ホルスタインは他の乳用品種と比較して圧倒的に泌乳能力が高く，たとえヘテローシスが影響してもホルスタインの乳量を超えることはむずかしかった。今回の実験は，ホルスタイン以外の乳用品種の遺伝改良が急速に進んでいることを示唆している。また，生産性および経済性の高い交雑育種を行なうには，交雑に利用する各品種の種雄牛が常に遺伝的に高いレベルにあるという条件が求められる。このことは，交雑に使用する品種集団を単に維持すればよいというだけでなく，ホルスタイン集団やその他の品種集団も絶えず遺伝改良を続けていく必要があることを意味している。

ところで，乳牛におけるゲノミック評価の普及は，遺伝率が比較的低い繁殖性などの適応度に関する形質にも，より精度の高い選抜が可能になった。それに伴い北米のホルスタインにおいて，今まで低下を続けてきた繁殖性の遺伝的トレンドが近年に至って上昇に転じており，このことは繁殖性の改善という理由だけであえて交雑育種を行なわなければいけないとする根拠が薄れていることを示唆している。

また，ミネソタ大学の研究は泌乳能力や体型

などの表現型（実測値）にもとづいて比較検討しているが，これら品種間交雑が日本の飼養環境下でも第22表と同様な結果が得られるかは，検証実験が行なわれていない現状では明確に判断できない。

　加えて，第22表に示した交雑種の成績は各品種の育種価が高いだけでなく，ヘテローシスが最大の効果を発揮する雑種第1世代目だからこそホルスタインに匹敵する乳量が記録されたとも推察できる。さらに世代を重ね輪番交雑を続けた場合，ヘテローシスを最大限発揮させるには供用種雄牛の品種の順番を間違えないことであり，交雑育種の実現には厳密な血統管理が必要不可欠となる。三元交雑程度までは何とか管理できても，さらに世代を重ねて輪番交雑を続ける場合は，長期にわたって耐え得る交雑種の管理システムを構築しない限り失敗する可能性が高いであろう。事実，交雑育種は誰でも成功するわけではなく，アメリカ合衆国において交雑育種により成果をあげている牧場では家畜育種学の専門的知識をもった技術者を積極的に雇い入れ，しっかりとした個体管理にもとづき実施しているとのことだ。

　また，乳牛の交雑育種を行なう場合は交雑によって生産される牡犢（ボトク）の販売流通ルートを確保しておくことも重要である。それゆえ，日本国内で乳牛の交雑育種を成功させるためには多くの交雑実験の結果にもとづく検証，交雑種の個体管理をするための入念な準備，さらには実現に向けた関係者の理解醸成が必要となるだろう。

執筆　河原孝吉（北海道ホルスタイン農業協同組
　　　合，（一社）日本ホルスタイン登録協会北海道
　　　支局）

参 考 文 献

馬場俊見・後藤裕作・山口諭・中川智文・阿部隼人・増田豊・河原孝吉. 2018. 国内のホルスタイン集団における胚死滅及び子牛致死をもたらす遺伝的不良形質のキャリア頻度. 日本畜産学会報. 89, 163—169.

Boichard, D., F. Guillaume, A. Baur, P. Croiseau, M. N. Rossignol, M. Y. Boscher, T. Druet, L. Genestout, J. J. Colleau, L. Journaux, V. Ducrocq and S. Fritz. 2012. Genomic Selection in French dairy cattle. Animal Production Science. 52, 115—120.

Caroli, A. M., S. Chessa and G. J. Erhardt. 2009. Invited review: milk protein polymorphisms in cattle: effect on animal breeding and human nutrition. Journal of Dairy Science. 92, 5335—5352.

Cassell, B. and J. McAllister. 2009. Dairy crossbreeding research: from current project. Virginia Cooperative Extension. Publication 404—094.

Ducrocq, V. and G. Wiggans. 2015. The Genetics of Cattle, 2nd Edition (eds D. J. Garrick and A. Ruvinsky), Chapter 15, Genetic Improvement of Dairy Cattle. CAB International, Wallingford, Oxfordshire, UK.

Füerst, C. and J. Sölkner. 1994. Additive and Nonadditive Genetic Variances for Milk Yield, Fertility, and Lifetime Performance Traits of Dairy Cattle. Journal of Dairy Science. 77, 1114—1125.

Garrick, D. J., B. L. Harris and D. L. Johnson. 1997. The across-breed evaluation of dairy cattle in New Zealand. Proceedings of the association for the advancement of animal breeding and genetics 12th conference. 12, 611—615.

後藤裕作. 2010. 国産種雄牛生産強化推進事業報告書，国産種雄牛の効率的データ収集手法等確立事業に係る乳用牛近交係数上昇要因分析事業. 社団法人日本ホルスタイン登録協会.

Hansen, L. B.. 2006. Monitoring the worldwide genetic supply for dairy cattle with emphasis on managing crossbreeding and inbreeding. Proceedings, 8th World Congress of the World Congress on Genetics Applied to Livestock Production.

Harris, B. L., A. M. Winkelman, D. L. Johnson and W. A. Montgomerie. 2006. Development of a national production testday model for New Zealand Interbull Bulletin. 35, 27—32.

Hazel, A. R., B. J. Heins and L. B. Hansen. 2017a. Production and calving traits of Montbeliarde × Holstein and Viking Red × Holstein crossbred cows compared with pure Holstein cows during first lactation in 8 commercial dairy herds. Journal of Dairy Science. **100**, 4139—4149.

Hazel, A. R., B. J. Heins and L. B. Hansen. 2017b. Fertility, survival, and conformation of Montbeliarde × Holstein and Viking Red × Holstein crossbred cows compared with pure Holstein cows during first lactation in 8 commercial dairy herds. Journal of Dairy Science. **100**, 9447—9458.

Heins, B. J., L. B. Hansen and A. J. Seykora. 2006a. Calving difficulty and stillbirth of pure Holstein versus crossbreds of Holstein with Normande, Montbeliarde and Scandinavian Red. Journal of Dairy Science. **89**, 2805—2810.

Heins, B. J., L. B. Hansen and A. J. Seykora. 2006b. Fertility and survival of pure Holstein versus crossbreds of Holstein with Normande, Montbeliarde and Scandinavian Red. Journal of Dairy Science. **89**, 4944—4951.

Heins, B. J. 2007. Crossbreeding of dairy cattle: the science and the impact. Impact of an old technology on profitable dairying in the 21th Century, 4th Biennial W. E. Peterson Symposium.

Heins, B., L. Hansen and T. Seykora. 2007. The California experience of mating Holstein cows to A. I. sires from the Swedish Red, Norwegian Red, Montbeliarde and Normande breeds (Updated residual of crossbreeding of dairy cattle, July 2007). University of Minnesota, department of animal science, dairy cattle research; crossbreeding of dairy cattle.

河原孝吉・後藤裕作・萩谷功一・鈴木三義・曽我部道彦. 2002. 北海道のホルスタイン集団において不完全な血縁を利用した近交係数の算出および産乳能力の近交退化と育種価への影響. 日本畜産学会報. **73**, 249—259.

Kawahara, T., Y. Gotoh, S. Yamaguchi and M. Suzuki. 2006. Variance component estimates with dominance models for milk production in Holsteins of Japan using Method R. Asian-Australasian Journal Animal Science. **19** (6), 769—774.

河原孝吉・後藤裕作・山口諭・鈴木三義. 2007. ホルスタイン集団から推定された体型審査形質の相加的遺伝分散, 優性遺伝分散および近交退化量の関係. 日本畜産学会報. **78**, 21—28.

Lawlor, T. J., P. M. VanRaden, D. Null, J. Levisee and B. Dorhorst. 2014. Using haplotypes to

unravel the inheritance of Holstein coat color. Proceedings, 10th World Congress of Genetics Applied to Livestock Production.

Medugorac, I., D. Seichter, A. Graf, I. Russ, H. Blum, K. H. Göpel, S. Rothammer, M. Förster and S. Krebs. 2012. Bovine Polledness - An Autosomal Dominant Trait with Allelic Heterogeneity. PLoS ONE. **7**(6), e39477.

Misztal, I., T. J. Lawlor and N. Gengler. 1997. Relationship among estimates of inbreeding depression, dominance and additive variance for linear traits in Holsteins. Genetics Selection Evolution. **29**, 319—326.

西村和行・高橋雅信. 2003. 北海道東部地域におけるホルスタイン種乳タンパク質の乳生産に対する遺伝子型効果. 日本畜産学会報. **74**, 9—13.

佐々木義之. 1994. 動物の遺伝と育種. 朝倉書店.

Simm, G.. 2000. Genetic Improvement of Cattle and Sheep. CAB International, Wallingford, Oxon, UK.

Sonneson, A. K. and T. H. E. Meuwissen. 2000. Mating schemes for optimum contribution selection with constrained rate on inbreeding. Genetics Selection Evolution. **32**, 231—248.

鈴木三義. 1999. 赤本ガイドブック. 乳用種雄牛評価成績活用のための手引き. 帯広畜産大学家畜育種学教室, 十勝乳牛検定組合連合会, 十勝農業協同組合連合会.

Van Eenennaam, A. and J. F. Medrano. 1991. Milk protein polymorphisms in California dairy Cattlle. Journal of Dairy Science. **74**, 1730—1742.

VanRaden, P. M.. 1992. Accounting for inbreeding and crossbreeding in genetic evaluation of large populations. Journal of Dairy Science. **75**, 3136—3144.

VanRaden, P., M. M. E. Tooker, J. B. Cole, G. R. Wiggans and J. H. Megonigal Jr.. 2007. Genetic evaluations for mixed-breed populations. Journal of Dairy Science. **90**, 2434—2441.

Van Tassell, C. P., I. Misztal and L. Varona. 2000. Method R estimates of additive genetic, dominance genetic, and permanent environmental fraction of variance for yield and health traits of Holsteins. Journal of Dairy Science. **83**, 1873—1877.

Weigel, K. A. K.. 2007. Crossbreeding: A dirty word or an opportunity, Proceedings of the Western Dairy Management Conference. March 7—9 Reno, NV, USA.

乳牛改良で長命連産
種雄牛の造成

わが国での種雄牛造成

家畜改良事業団における種雄牛造成

(1) 家畜改良事業団の成り立ち

　1965年8月，凍結精液の普及と凍結精液の交流の中枢機関として，各県の出資により財団法人家畜改良事業団が設立された。1971年7月，凍結精液の普及を背景に，優良種雄牛の効率的な利用をはかるとともに，検定済種雄牛を作出して，わが国乳用牛の改良を強力に推進することを目的とした「乳用牛改良組織整備事業」が開始された。その事業主体として，都道府県や畜産関係団体を会員とする，社団法人家畜改良事業団が従来の財団法人を包括継承する形で設立された。

(2) 乳用種雄牛の後代検定

①後代検定事業のあゆみ

　乳用種雄牛の後代検定が全国規模で実施されたのは，国立種畜牧場が1969年に24頭の候補種雄牛で着手した種畜牧場乳用種雄牛後代検定事業で，これがわが国における本格的な後代検定の始まりである。

　1971年には，国立種畜牧場の事業に加えて，酪農家が所有する優秀な雌牛から計画交配によって生産された候補種雄牛を対象に後代検定を実施する「優良乳用種雄牛選抜事業」が開始された。当時の後代検定は，娘牛を畜産試験場や公共育成牧場など全国22か所に設置された検定場に分散して検定を行なうステーション方式により実施されていた。その事業規模は，年間36頭の候補種雄牛から，1種雄牛当たり15頭の娘牛を生産・検定し，12頭の検定済種雄牛を選抜するというものであった。

　1983年の家畜改良増殖法の改正に伴い海外精液の利用が自由化されたことが大きな転機となり，国内の乳牛改良体制の強化のため，後代検定に参加する候補種雄牛を広く民間からも募集する形で「乳用牛群総合改良推進事業（総合検定）」が1984年度から開始された。国有牛34頭，民有牛11頭の候補種雄牛で始まった乳用牛群総合改良推進事業は，1990年に「乳用種雄牛後代検定推進事業」と名称を変え，完全フィールド方式の後代検定に移行した。国の助成も受けながら幾多の改組・変遷はあったものの，2013年度以降，現在の「乳用種雄牛後代検定事業」に継承され，民間人工授精事業体が所有する候補種雄牛を中心に，牛群検定実施農家をフィールドとした全国一本の後代検定が実施されている。

　なお現在は，候補種雄牛160頭，1種雄牛当たりの検定娘牛を50頭得るために，全国で7万2,000頭の雌牛に調整交配を行なう計画で実施されている。

　この間，家畜改良事業団は，自らも民間人工授精事業体として候補種雄牛を作出し後代検定に参加させるとともに，後代検定事業の事業主体としての役割も設立以来担ってきた。

②候補種雄牛の頭数

　後代検定に供する候補種雄牛の頭数は，後代検定事業のなかで策定される実施計画にもとづき決まるため，後代検定に参加する人工授精事業体は，あらかじめ事業計画に対応できるよう候補種雄牛を準備する必要がある。

　これまで後代検定に供した候補種雄牛の頭数は，1984年度の総合検定事業（59総合）の45頭（国有牛34頭，民有牛11頭）に始まり，1990年度の後代検定事業（02後検）では175頭（国有牛35頭，民有牛140頭）と候補種雄牛の頭数は年々増加し，それ以降の20年間は185頭（国有牛35頭，民有牛150頭）の規模で

乳牛改良で長命連産　種雄牛の造成

第1表　後代検定に参加した候補種雄牛の頭数

検定回次	国有牛(NLBC)	民有牛										合計
		Jサイア	共有牛	LIAJ	GH			TAIC	AJBS	三原	計	
					(HLIA)	(JHBS)						
59総合	34			7	4						11	45
60総合	43			13	8	4		1			26	69
61総合	45			17	23	3		2			45	90
62総合	43			26	23	9		5		1	64	107
63総合	38			28	37	8		4			77	115
01総合	35			36	44	20		19	1		120	155
02後検	35			45	56	21		17	1		140	175
03後検	35			46	58	22		17	1		144	179
04後検	35			48	60	22		18	1		149	184
05後検	35			48	60	22		18	1		149	184
06後検	35			48	60	22		18	1		149	184
07後検	35			48	60	22		18	1		149	184
08後検	35			48	60	22		18	2		150	185
09後検	35			48	60	22		18	2		150	185
10後検	34			48	60	22		18	2		150	184
11後検	35			48	60	22		18	2		150	185
12後検	35			48	60	22		18	2		150	185
13後検	35		7	46			79	17	1		150	185
14後検	35		7	46			78	17	2		150	185
15後検	35		9	46			78	17			150	185
16後検	35		9	46			78	17			150	185
17後検	35		11	45			77	17			150	185
18後検	35		11	45			77	17			150	185
19後検	35		11	45			77	17			150	185
20後検	35		11	45			77	17			150	185
21後検	35		11	45			77	17			150	185
22後検	35		11	45			77	17			150	185
23後検	20	15	11	50			72	17			165	185
24後検		25		69			74	17			185	185
25後検		25		69			74	17			185	185
26後検		25		69			74	17			185	185
27後検		25		55			60	20			160	160
28後検		25		55			60	20			160	160
29後検		25		55			60	20			160	160

注　NLBC：家畜改良センター，LIAJ：家畜改良事業団，GH：ジェネティクス北海道，TAIC：十勝家畜人工授精所，
HLIA：北海道家畜改良事業団，JHBS：ジャパン・ホルスタイン・ブリーデング・サービス，AJBS：オールジャパン
ブリーダーズ サービス，三原：三原郡酪農業協同組合
　　共有牛は，3事業体（GH，LIAJ，TAIC）の共同所有牛
　　Jサイアは，人工授精事業体協議会（GH，LIAJ，TAIC）の所有牛として参加

実施されてきた。その後，24後検以降は国有牛としての参加はなくなったが，民間人工授精事業体の共有牛として遺伝資源の活用がはかられている。27後検では，ゲノミック評価技術の導入により候補種雄牛頭数について議論された結果，現在の160頭の規模に縮小している。

これまで，34年間で5,665頭の候補種雄牛が後代検定に供され，887頭が検定済種雄牛として選抜されている。

このうち，当団の候補種雄牛は，59総合の7頭に始まり，02後検では45頭，それ以降は45～50頭で推移し，24～26後検の間は69頭，

27後検以降は55頭となっている。これまで1,526頭の候補種雄牛が後代検定に参加し、210頭が検定済種雄牛として選抜されている（第1表）。

（3）候補種雄牛の作出

①計画交配による候補種雄牛の確保

候補種雄牛の生産は、全国から選定した泌乳能力や体型に優れた優秀な雌牛に、時代に応じて選ばれた優秀な種雄牛を交配（計画交配）して行なわれる。将来を担う優秀な検定済種雄牛を作出するためには、より遺伝的能力（この時点では期待値）の高い候補種雄牛を確保し、後代検定に参加することが重要である。そのためには、いかに遺伝的能力の高い雌牛を見つけ出し、遺伝的能力の高い種雄牛を交配して候補種雄牛を得るかということになる。同時に、遺伝的改良がもっとも進んでいると思われる、より若い世代での計画交配を実施することも重要となる。

1992年10月にアニマルモデルによる雌牛の遺伝能力評価値が開始されたことにより、（独）家畜改良センターが公表する雌牛の遺伝能力評価成績を用いて雌牛を荒選びし、泌乳記録や体型審査などの表型値や飼養管理の状況をみて計画交配の対象雌牛を選定することが可能になった。2013年には、評価精度の向上とともにゲノミック評価成績の利用が可能となり、自身の泌乳記録が判明する前の若い世代、すなわち未経産牛への計画交配が主となっている。このことにより、候補種雄牛の世代間隔は大幅に短縮されている。

また、ゲノミック評価が利用可能になったことで、候補種雄牛自身の遺伝的能力の予測が従来以上に正確となり、後代検定をしないとわからなかった全きょうだいの優劣も、早期に判断することが可能となった。より多くの候補種雄牛のなかから、ゲノミック評価値の高いもののみを後代検定の前に予備選抜することで、候補種雄牛の遺伝レベルを大幅に上げることが可能となっている。

後代検定に参加する候補種雄牛を年間55頭

第1図 2015年8月評価で選抜された「JP5H55552 サンワード スーパー エモーション ET」

とした場合、全国の雌牛評価（総合指数）の上位1％にあたる1,500頭、およびゲノミック評価をもつ未経産牛の上位500頭のなかから、300頭程度の雌牛を選定し個体の調査を行ない、200頭程度の計画交配対象雌牛を選定する。生産された100頭程度の雄子牛は、生後すぐにゲノミック評価のためのSNP検査を行ない、評価結果や精液の生産能力などにより予備選抜された55頭が後代検定に参加するといった流れである。このなかから、後代検定を経て検定済種雄牛として一般に精液が配布される種雄牛は、5〜6頭程度と思われる（第1図）。

②海外遺伝資源の利用

当団の種雄牛づくりは、国内遺伝資源の活用を中心に多様な遺伝資源を確保するため、一部は海外遺伝資源も利用して実施してきた。具体的には、15後検の候補種雄牛までは、海外（おもに北米）で計画交配を実施し生まれた候補種雄牛を生体輸入して実施してきたが、2004年度以降は、生体輸入ができなくなったことや衛生的な理由から、輸入受精卵による遺伝資源の確保を行なっている。

この海外で確保した受精卵を国内の協力農家に移植してもらい、候補種雄牛を生産するという取組みは、1995年度から継続して実施している。現在は年間20種類100卵程度の受精卵を輸入し、約3分の1程度がこの受精卵活用事業由来の候補種雄牛となっている。

この受精卵活用事業では、雄牛と同時に雌牛

乳牛改良で長命連産　種雄牛の造成

第2図　受精卵活用事業により選抜された「JP5H56465 ミツキーデール アリー スーダン ET」

第3図　国有牛の民間候補種雄牛として最後に選抜された「JP5H55084 オムラ スイート エディー ET」

も生産される。もともと候補種雄牛を生産するために確保した遺伝的能力の高い受精卵であるため，生まれた雌牛も遺伝的能力が高いことが期待される。実際，生まれた雌牛の多くはゲノミック評価の上位にランクされており，次世代の候補種雄牛生産のための母牛として計画交配が実施されている。近年では，この受精卵活用事業由来の雌牛に，OPU技術などを活用してより若齢での採卵などの取組みが始まっている（第2図）。

③国有牛としての種雄牛作出

当団では，独自の候補種雄牛の確保と平行して，過去，国有牛の計画交配も実施してきた。2011年度まで行なわれた国有牛の種雄牛造成は，家畜改良センターが所有する雌牛から生産される牧場産候補種雄牛と，国内の一般農家が所有する雌牛から生産される民間候補種雄牛に分けられる。当団は，その民間候補種雄牛の計画交配を国の事業として実施し，全国で生産された候補種雄牛が家畜改良センターに導入されるまでの実務を担当してきた。

59総合以降，国有牛として後代検定に参加した候補種雄牛992頭のうち，760頭がそれにあたる。そのうち，92頭が選抜され検定済種雄牛となって一般供用されている（第3図）。

④Jサイアの取組み

家畜改良センターでは，所有する優れた雌牛育種牛群に最先端技術を活用した育種改良を実施してきた結果，優秀な検定済種雄牛を多数輩出してきた。しかし，23後検（後期）以降は後代検定事業への直接参加を見送り，家畜改良センターが長年かけて造成してきた貴重な遺伝資源を活用することで，「国内遺伝子による優秀な検定済種雄牛の作出」をいっそう強化する必要があるとの趣旨から，2011年5月，生産者を含む関係者で構成する「優秀国産種雄牛作出検討委員会（Jサイアプロジェクト）」という新たな取組みが開始されている。

このプロジェクトから作出された候補種雄牛（Jサイア）は，年間25頭を後代検定に参加することとして，1）民間が取り組むことができない，家畜改良センターの雌遺伝子と最新技術を駆使した種雄牛づくり，2）日本の風土に合った牛づくり，3）NTP（総合指数）をベースにしつつ，特徴のある形質をもつ牛も組み入れていくことをコンセプトとし，現在は，アウトクロス（近親交配にならない血統），泌乳持続性や乳器（肢蹄）の改良に特徴をもった候補種雄牛の作出が進められている。

なお，このプロジェクトで作出された候補種雄牛は，民間人工授精事業体3社が共有牛として借り受けて後代検定に参加し，検定済種雄牛の精液販売も3社で行なうという取組みとなっている。これまでJサイアとして165頭が後代検定に参加し，すでに5頭の検定済種雄牛が選抜・供用されている（第4図）。

第4図 Jサイアの選抜第1号「JP2H56023 NLBC ブロードリー リノス」

(4) 今後の種雄牛造成における取組み

①ゲノミック評価の利用

2009年8月、酪農業界を変える大きな出来事が起こった。その技術は以前から知られていたものの、その精度や検証結果が検証されないまま、アメリカ合衆国がゲノミック評価成績の公表を開始した。ゲノミック評価は後代検定にかける前の候補種雄牛の予備選抜に利用すれば、有効に活用できることから、わが国でも2008年度からその取組みを開始していたが、評価結果を候補種雄牛の予備選抜に利用可能となったのは2010年からである。そして、2013年からは一般の酪農家もゲノミック評価成績を利用できるようになった。

前述のように、ゲノミック評価成績が利用できるようになり、最近ではその精度も高まったことで、計画交配の対象雌牛の選定や候補種雄牛の予備選抜に大きな効果を発揮しており、候補種雄牛の世代間隔は急激に短縮され、遺伝的レベルが大幅に向上している。引き続き、ゲノミック評価の有効な活用法が検討されているが、今後は、ゲノミック評価や遺伝子解析技術により、これまで遺伝評価がしにくかった形質や、新たな評価形質がでてくることで、多様な種雄牛づくりが求められると考えている。

②今後の改良目標

ゲノミック評価が始まって、海外のヤングサイアの精液が多く利用されるようになってきたが、その多くは、海外で計算されたゲノミック評価値をみて選ばれるケースが大半ではないだろうか。期待どおりの遺伝能力を発揮させるためには、従来の遺伝的能力評価と同様、ゲノミック評価値も国内の飼養環境下で得られたデータをもとに計算された国内の遺伝的能力評価値を利用して選ぶことが重要である。

わが国でも便利に利用できるようになったゲノミック評価も、国内関係者の長年の努力により進められた後代検定のうえに成り立っており、種雄牛を提供する人工授精事業体としても、今後も国内遺伝子を主とした候補種雄牛を準備し、後代検定を経て選抜される国内の環境にあった種雄牛を、継続して提供していく必要がある。

乳用牛改良がいっそう国際化していくなか、当団に求められる種雄牛は、国内の酪農家の利益に貢献する、他国の種雄牛にはないわが国独自の特徴をもった、いわゆる日本ホルスタイン種の確立のための種雄牛づくりが必要と考えている。

執筆 足達和徳（(一社) 家畜改良事業団）

ジェネティクス北海道の種雄牛造成と乳牛改良

(1) 組織の沿革

一般社団法人ジェネティクス北海道（以下，当団とする）は北海道に拠点をおいて全国的に事業を展開している組織である。おもな事業は乳肉用種雄牛造成，種雄牛の凍結精液の製造および販売である。その他，凍結受精卵の販売，家畜人工授精師資格取得講習会をはじめとした各種研修会などの開催，交配相談など酪農家対象のフィールドサービスを提供している。

当団の前身である北海道家畜改良事業団は，北海道内（以下，道内とする）に複数ある組織・団体（一般的に家畜人工授精所，授精所などとよばれている）を統合する形で1972年に設立された。

さらにその前の昭和20年代初頭，道内には60か所余りの授精所が存在したが，精液の凍結保存や人工授精の技術が確立・普及する前で，酪農家は隣町に授精を受けに行くという状況にあり，効率も悪いこともあって授精所の多くが経営不振の状態にあった。

1951年，交通・通信網の発達を背景に授精所の整備統合の要望を受け，道立家畜人工授精所が開設された。この新設によって道内を11ブロックとした14か所のメインセンターが設置され，合理化が進んだ。

昭和40年代に入ると凍結精液の技術革新により家畜人工授精事業が整備され，1971年には国の「乳牛改良組織整備事業」がスタートした。同年，北海道では北海道家畜改良農業協同組合連合会が設立され，ホクレンと酪農開発事業団との間で授精所の一本化に向けた話し合いが始まった。

翌1972年，北海道が指導する形でホクレンと酪農開発事業団とで新規事業体に関する基本構想がまとめられた。この構想に十勝・上川・釧路・根室の各事業体も追随することとなり北海道家畜改良事業団の設立に至った。

その後，道内の授精所を閉鎖，事業所の新設を進め，5事業所体制に整理した。各事業所では種雄牛の繋養，凍結精液の生産，保管，配送と一連の業務が行なわれるようになった。

2001年，北海道家畜改良事業団はジャパン・ホルスタイン・ブリーディング・サービス（JHBS：北海道ホルスタイン農業協同組合資本）の授精部門と統合し，ジェネティクス北海道として新たなスタートを切った。この統合で後代検定の参加頭数規模では国内最大の家畜人工授精事業体（以下，AI事業体とする）となった。

そして現在では日本の畜産業界が初めて経験した口蹄疫，BSEの発生を教訓に業務合理化だけではなく，防疫体制の強化をはかるため，販売部門と種雄牛管理・生産部門を物理的に分離して4事業所，2種雄牛センターの体制となった（第1図）。

設立当初は乳用牛の改良・増殖を目的とした事業運営であったが，その後まもなく肉用牛も加わり，種雄牛の繋養頭数は乳用種雄牛で約400頭，肉用種雄牛で約80頭となっている。

(2) これまでの改良の経緯

①北米からの導入育種

当団は設立以来，1990年代初頭まで乳用牛の種雄牛造成は，おもに北米から生体を輸入す

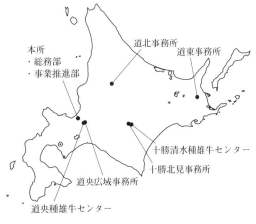

第1図　ジェネティクス北海道の組織体制

第2図 H-307 キングステッド バリアント ジヤステイン

H-252 ジエーエー アライアンス エースやH-288 バーウード プリンス バリアントと並んで人気を博したジヤステインは長年にわたり精液供給を続け、15歳以上と非常に高齢まで活躍した

第3図 H-406 ベイビルエッチピー デイロン ET

選抜後数年間、デイロンは泌乳能力、とくに乳成分改良に貢献した

ることによって遺伝資源を取り入れるという、いわゆる導入育種が主流であった。もちろん、国内の改良集団（雌）からの計画交配による作出もあったが、当時はまだ少ないのが実情であった。

当時から酪農先進国といえば欧米諸国というイメージが強いが、北米に関しては日本との歴史的な背景もあり、とくにアメリカ合衆国からの輸入が多かった。遺伝的に優れた個体が多いという理由もあるだろうが、日本国内ではまだ全国的な後代検定システムや遺伝評価システムが完全には確立されておらず、国内の優秀な個体を見つけ出すことが困難であったというのも理由の一つといえるだろう。

当時は北米の優秀な雌牛（エリートカウ）との契約で計画交配を実施し、そのエリートカウから生産された雄子牛を生体輸入する。そして道内や国内で後代検定を実施し、検定済種雄牛として選抜された種雄牛の凍結精液を販売していた（第2図）。ときには経営基盤強化のため、検定済種雄牛を生体輸入し、その精液を販売した時期もあった。

②後代検定、遺伝評価手法と総合指数の活用

当時、日本の選抜指数は経済効果円とよばれる乳価を基準として作成された指数のみであり、乳成分や体型を重視した選抜をするという考えではなかった。そのようななかで当団は日本でも今後の改良トレンドは乳量だけでなく、乳成分、とくに乳蛋白質の改良が重要な要素になると判断し、帯広畜産大学の協力のもと、成分率を下げずに乳蛋白質量と乳脂量を向上させることを狙いとした選抜指数IPF（Index of Protein and Fat）を利用した種雄牛造成を進めていった（第3図）。

一方、国内の改良事業では全国規模の牛群検定事業が1974年にスタートしたが、後代検定については国有の牧場を利用したステーション検定の時代がしばらく続くことになる。

1984年に乳用牛群総合改良推進事業が開始され、ステーション方式に加え、一般酪農家の牛群を利用したフィールド方式による後代検定が始まった。1993年になるとステーション方式は廃止され、本格的なフィールド方式の後代検定が稼働し始めた。

また、乳用牛の遺伝評価技術でも母娘比較法、同期比較法、修正同期比較法、BLUP法サイアモデル、MGSモデル、アニマルモデル（詳細は家畜改良センターウェブサイトを参照）とより高度な評価手法が現場へ導入され、優秀な種雄牛や雌牛の選抜が可能となった。

今日のような牛群検定、後代検定、遺伝評価システムが確立されると、泌乳能力の改良だけ

$$\text{総合指数} = 7.0 \times (産乳成分) + 1.8 \times (耐久性成分) + 1.2 \times (疾病繁殖成分)$$

$$= 7.0 \left\{ 38 \frac{\text{EBV}_{fat}}{\text{SD}_{fat}} + 62 \frac{\text{EBV}_{prt}}{\text{SD}_{prt}} \right\}$$

$$+ 1.8 \left\{ 35 \frac{\text{EBV}_{fl}}{\text{SD}_{fl}} + 65 \frac{\text{UDC}}{\text{SD}_{udc}} \right\}$$

$$+ 1.2 \left\{ -33 \frac{(\text{EBV}_{scs} - \text{AVG}_{scs})}{\text{SD}_{scs}} + 17 \frac{\text{EBV}_{per}}{\text{SD}_{per}} - 50 \frac{(\text{EBV}_{do} - \text{AVG}_{do})}{\text{SD}_{do}} \right\}$$

ここで，EBV＝推定育種価，SD＝EBVの標準偏差，AVG＝ベース年生まれのEBVの平均値，fat＝乳脂量，prt＝乳蛋白質量，fl＝肢蹄，udc＝乳房成分，scs＝体細胞スコア，per＝泌乳持続性，do＝空胎日数

乳房成分＝0.17（乳器EBV）＋0.83{0.18（前乳房の付着EBV）＋0.09（後乳房の高さEBV）
＋0.10（乳房の懸垂EBV）＋0.24（乳房の深さEBV）＋0.07（前乳頭の配置EBV）
－0.10（前乳頭の長さEBV）－0.22（後乳頭の配置EBV）}

第4図　現在のNTPの式

でなく，乳牛の機能的体型の改良に注目が集まるようになり，牛を総合的に改良しようとする風潮が強くなってきた。すでに海外ではアメリカ合衆国のTPI，カナダのLPIなど，多くの総合指数が存在し，それらの指数を利用して種雄牛造成や種雄牛，雌牛の選抜が実施されていた。

このように世界的なトレンドや現場からの要望を受けて，日本ホルスタイン登録協会では総合指数に関する分析・開発を開始し，1996年に日本の総合指数としてNTP（Nippon Total Profit Index）を公表するに至った。NTPは泌乳形質とともに乳用牛に重要な機能的体型を考慮することで，泌乳能力だけでなく生産寿命を延長させ，生涯生産性を向上させる効果を狙っている。

以来，NTPは数回の修正を加えながら時代に合った指数へと更新され，現在（2018年2月現在）では第4図のような指数式になっている。

③受精卵による種雄牛の造成，インターブルへの加入

従来の流れのなかで北米からの生体輸入は依然として継続していたが，2003年，アメリカ合衆国でBSEが発生したため生体による輸入は停止され，一時，生体，食肉，凍結精液，凍結受精卵の輸入が一切できなくなるという事態に陥った。

その後まもなく凍結精液および受精卵の輸入は再開されたが，これをきっかけに欧米からの遺伝資源導入は凍結受精卵の輸入による方法へと切り替えられた。

現在，当団では，優良遺伝資源造成事業として導入した受精卵の移植を一般酪農家に協力してもらっている。産子が雄の場合は種雄牛候補として当団が導入し，雌の場合はその牧場で次世代を担うエリートカウとして活用してもらう。その子孫は日本各地で活躍しており国内の牛群改良の底上げ，また国内での遺伝資源発掘の一助になっているのではと考えている。

1980年代から2000年代にかけて，牛群検定，後代検定システムの確立，遺伝評価技術の発展で国内の改良速度が向上し，今日では海外からの遺伝資源導入だけでなく，国内のエリートカウから種雄牛を作出する機会も増えてきた。

2004年，日本がインターブルに加入したことによって，同じ尺度（日本のEBV）で日本と海外の種雄牛の比較が可能となった。インターブルはスウェーデンのウプサラ市に本部をおく牛の国際評価機関であり，参加国から集められた評価値を使って国際評価を実施し，全種雄牛について参加国の評価値に換算した評価結果を提供するサービスを行なっている。

それによって日本の種雄牛が国際的にどれくらいのレベルにあるか確認できるようになったと同時に，国際競争がさらに激しさを増す結果となった。

さらに2009年になるとアメリカ合衆国が初めてゲノミック評価値を公表したことにより，

新たな遺伝改良の時代がスタートすることとなった。

④性選別精液の利用

一方，繁殖技術の分野で雌雄産み分けにつながる精子の選別技術がアメリカ合衆国で1990年代に確立，2000年代に実用化された。日本国内でも2007年以降，一般向けに性選別精液の販売が開始された。雌の計画的な生産や未経産牛の難産予防などのメリットや農家経済への貢献が期待されており，国の助成事業による追い風もあり，性選別精液の利用について近年全国的に普及率が上昇している。

また，遺伝的メリットの高い種雄牛の性選別精液を利用することで，酪農家は優秀な後継牛を得られる確率が高まると同時に，遺伝改良を効率的に行なえるようになった。性選別精液の技術は凍結精液や人工授精以来の技術革新ともいわれ，繁殖技術と育種の融合が現場へ利益をもたらす良い例といえるだろう。

（3）現在の改良と今後の方向性

①ゲノミック評価値

アメリカ合衆国で初めてゲノミック評価値が公表されて以降，カナダ，ドイツ，オランダ，フランス，オーストラリア，ニュージーランドなどでも相次いで公表され，今やゲノミック技術を利用した乳牛改良（ゲノミック選抜；後述）が世界的な潮流となっている。

日本でも2010年から家畜改良センターでゲノミック評価の試行が行なわれ，現在では当団を含めた国内AI事業体は，後代検定に候補種雄牛を参加させる前の予備選抜の情報としてゲノミック評価値を利用している。2013年にはまず未経産牛のゲノミック評価値が公表され，2017年2月に種雄牛・若雄牛，2017年8月には経産牛のゲノミック評価値が相次いで公表された。

ゲノミック評価値とは，従来の評価値（推定育種価：EBV，両親平均：PA，血統指数：PIなど）とDNA情報を統合したもので，GEBVやGPA，GPIなどのゲノミック評価値がある。

2004年の牛ゲノム解析の終了以降，牛の

DNA解析技術に関する進展により，一般でも比較的安価にDNAの一部，SNP（Single Nucleotide Polymorphism；一塩基多型）とよばれる情報を調べることが可能となった。SNPとはDNA上に網羅的に点在する塩基のことで，SNPには個体差が存在することが知られている。この個体差と従来の評価値（EBV）との関連性を利用することで，EBVがまだ判明していない牛でもSNPを調べることで，ある程度の精度をもった遺伝評価値（この場合，GPA，GPIなど）を得られるようになった。

ゲノミック評価の仕組みや技術的な内容については多くの文献があるが，この技術を利用することによって，生まれてまもない若い個体でも遺伝的な優劣を判断でき，遺伝的メリットの高い個体を従来よりも早い時期に選抜することが可能となったのである。結果的に世代間隔の短縮につながり，遺伝的改良量の向上が期待されている。より多くの若い個体のSNP解析を実施し，ゲノミック評価値の高い個体を選抜することによって選抜の強さ（選抜強度）が高まり，遺伝的改良量のいっそうの向上をはかることも可能である。

このようにゲノミック評価値を用い，多くの若い個体を早期に選抜し，次世代を生産して改良効率をあげる育種手法をゲノミック選抜とよんでいる。

現在，当団でもゲノミック選抜を利用した候補種雄牛の作出を行なっている。候補種雄牛と親との世代間隔の短縮や選抜強度の向上を意識して，ヤングブルや未経産牛による雄子牛の生産が主流となっている。その結果，種雄牛造成にゲノミック選抜を導入する以前に比べて世代間隔がおよそ4年短縮された（第5図）。

②ゲノミック選抜の影響

候補種雄牛はゲノミック評価値によって一次選抜され，後代検定を経て評価値判明後に検定済種雄牛となるが，一次選抜時点の頭数を増やせば選抜強度が高まり，改良量の増加が期待できることから後代検定の参加頭数を減らすことも可能となる。現在，日本国内では2015年に年間185頭であった後代検定に参加する頭数を

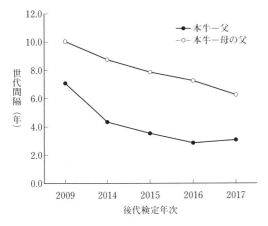

第5図　当団候補種雄牛における年次別世代間隔

160頭まで減らしており，今後さらに減らすことも検討されている。

もちろん候補種雄牛の頭数削減にあたっては，可能な限り多くの若雄牛のSNP解析を実施することや，ゲノミック評価の精度の維持，血統登録，体型審査，牛群検定，後代検定などの乳牛改良に不可欠なシステムを維持することが絶対条件となる。ゲノミック選抜は従来の後代検定に組み込んだり，改変したりすることで世代間隔の大幅な短縮を実現するとともに，選抜の正確度や選抜強度を高め，遺伝改良量の向上をはかるものであって，現時点では後代検定に取って代わるものではない。

しかし，ゲノミック選抜の導入によって後代検定の仕組みが変わりつつあることは事実である。候補種雄牛の頭数を減らすだけではなく，後代検定中の候補種雄牛を使って次世代の候補種雄牛を作出することが一般化している。加えて候補種雄牛の母系においても，これまではエリートカウ（経産牛）からの生産が主流であったが，ゲノミック評価値の高い未経産牛による生産が増えており，一部の高ゲノミック未経産牛からは経腟採卵（OPU）による卵子を体外受精（IVF）で生産し，より遺伝的能力の高い次世代を効率的に獲得しようとする動きが強まっている。

また，日本では後代検定中の候補種雄牛は完全待機であったが，2017年からゲノミック評価値の高い候補種雄牛は検定中であっても一般への販売を行なっており，酪農家側でも遺伝子の先取りや世代間隔の短縮に貢献できるものと考えている。このように販売されている種雄牛はゲノミックヤングサイアなどとよばれているが，現在，北米では精液販売におけるマーケットの比率が60％以上にまで増加したともいわれており，日本でも同様な傾向になることも想定されている。

③新しい評価形質の開発，不良形質の推定

最近ではゲノミック評価技術の導入によって新しい形質の評価を試みる動きが活発になっている。たとえば繁殖性や疾病に関する形質はデータ収集がむずかしく，データが集まったとしても遺伝率が低いため評価値の信頼度も低く，改良がむずかしいとされていた。しかし，従来の評価値にゲノミックの情報（SNP）を加えることによって評価値の信頼度が向上し，現場での活用の可能性に期待が高まっている。

欧米の研究現場では雌の妊娠率や乳房炎の抵抗性，ケトーシス，蹄病などの形質のゲノミック評価の試行が行なわれ，一部では現場に導入されている。これからの遺伝改良は単に泌乳能力だけでなく，飼いやすく繁殖性に優れ，病気に罹りにくく，飼料効率の良い長持ちする牛が求められる傾向にあり，ゲノミック評価普及後の一つの特徴といえるだろう。

もう一つの例として，SNP情報を利用して遺伝的不良形質の推定が可能になったことがあげられる。DNA上でホモ化していないハプロタイプ（SNPの組合わせ）を探索し，実際の臨床例を突き合わせることで劣性致死遺伝子の存在する領域を発見した例もあり，今後も同様なケースが増えるものと想定される。

領域が特定されている遺伝子の場合，SNP情報によってその遺伝子を保因しているかどうか推定することも可能で，マイクロサテライトによる遺伝子判定まで行なわなくてもある程度のスクリーニングが行なえる。

当然ながら不良形質以外に有用な形質の推定

も可能で，アメリカ合衆国では赤毛や無角，カゼインタンパクなどの保因の有無に関する推定結果を農家へサービスとして提供している会社も存在する。

2009年以降，乳牛改良の世界ではゲノミック技術の台頭により改良スピードの向上，改良システムの見直し，また新しい評価形質の開発が活発になるなど目まぐるしく状況が変化しており，現場の種雄牛に対する要望も多様化している。

ゲノミック近交係数や受精卵段階でのゲノミック選抜，遺伝子（ゲノム）編集など，ゲノミック技術の応用によって牛の改良に新たな可能性が広がっている。われわれはその変化に対応するため，ゲノミック技術を活用し，現場の要望や市場の変化を見きわめながら種雄牛づくりを進めていかなくてはならない。

執筆　花牟禮武史（（一社）ジェネティクス北海道）

参 考 文 献

北海道家畜改良事業団. 1993. 北海道家畜改良事業団20年史. 北海道家畜改良事業団発行.

ジェネティクス北海道. 2003. ジェネティクス北海道30年史. ジェネティクス北海道発行.

家畜改良センター. 2018. 乳用種雄牛評価成績2018年2月. 家畜改良事業団発行.

家畜改良センター. 2017. 乳用種雄牛評価報告第37号. 家畜改良センター発行.

Wiggans, G. R., J. B. Cole, S. M. Hubbard and T. S. Sonstegard. 2017. Genomic Selection in Dairy Cattle: The USDA Experience. Annual review of animal biosciences Vol. 5, 309—327.

十勝家畜人工授精所の種雄牛造成と乳牛改良

（株）十勝家畜人工授精所は，1985年6月に民間授精所として設立された。このころは，家畜改良増殖法の改正に伴い，海外の家畜凍結精液が輸入可能になり，高額な価格で流通していた。しかし国内には北海道はもとより多くの民間授精所や，種雄牛を所有する団体，牧場が存在していた。そこで当社は，道内の若き有望な酪農家が個々に飼養している種雄牛の精液を，経費をかけずに作製し，より多くの酪農家に使用してもらうことによる，牛群の改良と経営向上を目的とした。

(1) 評価成績の移り変わりと歴代の種雄牛

①評価値公表と後代検定事業

当時は，北米をはじめとした乳牛の後代検定が実施され，種雄牛評価成績がつくられるようになっていた。国内でも乳牛の種雄牛評価成績を公表する動きが強まり，当社が設立された当時，北海道では，北海道乳牛検定協会（現在の北海道酪農検定検査協会）が中心となり，種雄牛の遺伝伝達能力について北海道で予測される期待差（略号HPD.円）で種雄牛評価値を公表していた。府県では，各県にあった種畜センターから移行した（社）家畜改良事業団を中心としたステーション方式による検定で，JCIの略号での種雄牛評価値が公表されていた。

当社では，繋養種雄牛として輸入牛の「T-1 ハノーバーヒルトリプルスター」（第1図）が，HPD.円＋5万9,290円（1985年3月）で第8位の成績で公表となった。本牛は体型，能力，乳成分オールプラス種雄牛として，多くの酪農家に凍結精液が供給され，全日本共進会出品牛はもとより多くのショーカウを輩出した，当社の代表基礎種雄牛である。また，2000年8月の成績では，「トリプルスター」の息牛で，「T-930 スレートミツキー」が純国産種雄牛としてデビューし，後継牛として精液配布が開始されている。

その後，国内の統一した種雄牛評価値を公表することになり，後代検定事業が1987年から実施された。当社も後代検定に参加し，それまで販売していた種雄牛の成績が次々と判明した。なかでも，1990年10月の種雄牛評価成績公表では「T-5エーフエイアークトレードメリットET」が経済効果全国第4位，乳無脂固形分量，乳蛋白質量全国第1位になった。そして，乳量2万kg，娘牛4頭と当時の日本記録牛を輩出するなど，「トリプルスター」とともに当社の看板種雄牛として活躍した。

当社は後代検定事業開始当時18頭（現在20頭）の検定枠があり，種雄牛評価として用いられていた。経済効果の高い種雄牛の造成を目指して候補種雄牛を選定，後代検定にかけていた。その後，「T-907セルローバーアポロスウイートプリンスET」（第2図）が経済効果全国

第1図　T-1 トリプルスター

第2図　T-907 アポロ

第10位にランキングされ，能力，体型を兼備した種雄牛として，乳量2万kg，娘牛2頭と多くのショーカウを輩出した。

②総合評価値の公表

国内ではしばらくの間，泌乳能力の改良を第一とした，経済効果重視の改良が行なわれてきた。しかし北米をはじめ海外では，体型，能力のバランスの良い改良を行なうために，総合評価値による種雄牛の評価を行なっており，国内でも，多くの酪農家から種雄牛の総合評価値公表への要望が高まりつつあった。そこで当社は1993年，国内の種雄牛評価値を使い，当時のアメリカ合衆国の乳牛種雄牛評価値（TPI）の計算方式に従って，国内種雄牛の総合評価値ランキングを算出し，当社種雄牛案内の裏表紙に掲載を始めた。そして，国内乳用種雄牛総合評価の改正を提唱し，1996年3月に国内種雄牛評価値が国内独自の方式により計算され，今までの経済効果のほかに総合指数（NTP）が乳用種雄牛評価成績として公表されるようになった。

この年に経済効果全国第4位でデビュー，9月の成績公表で経済効果全国第1位になったのが「T-9053ハツピーリバーレボリューションET」で，多くの高泌乳娘牛を輩出している。

その翌年の乳牛種雄牛評価成績公表では，経済効果，総合指数それぞれ全国第1位に当社繋養種雄牛がランキングされた。

その1頭がこの年の2月の公表で経済効果全国第1位にランクされた「T-9074コナントエーカースジエーワイヒツポET」（第3図）で，多くの高泌乳娘牛の輩出に貢献した。また，この「ヒツポ」を用いた計画交配で造成された息牛である，「JP4H51542ドリフトアイスヒツポクリオネ」が純国産種雄牛として，2003年8月にNTP8位でデビューしている。

次にこの年の8月の成績公表では，総合指数全国第1位に「T-9075フユーステッドサウスウインドボーET」（第4図）がランクされ，のちにその多くの娘牛がショーカウとして活躍し，全日本共進会出品牛を輩出している。

2000年2月の乳牛種雄牛評価成績公表では，「T-9143ウイツテルバリーアイガーET」がNTP全国第2位でデビューし，多くのショーカウを輩出し，全日本共進会でも入賞牛を送り出している。

2001年9月のNTP全国第3位でデビューを果たした「JP4H09198ロードビユータイデイビースクリーチET」（第5図）は乳量の改良に

第3図　T-9074 ヒツポ

第4図　T-9075 ボー

第5図　JP4H09198 スクリーチ

秀でた種雄牛で、絶えずNTPの上位にランキングされた。セカンドクロップの娘牛が泌乳を開始しても成績を落とすことなく、2005年5月のNTPで全国第2位となっている。娘牛頭数は702頭522牛群となり、多くの高泌乳娘牛を輩出し、多くの酪農家に貢献した種雄牛である。娘牛としては乳量日本記録牛を、後継牛としてはNTP40位以内に2頭の息牛を送り出している。

③インターブルへの加入と国際評価

2003年3月の乳用牛評価成績で、NTP全国第2位でデビューを果たしたのが「JP4H51368ハツピークロスペイトリアークET」で多くの娘牛を輩出している。セカンドクロップの登録娘牛が非常に多い種雄牛の1頭で、この牛も「スクリーチ」同様セカンドクロップが加わり娘牛頭数639頭486牛群で、2006年5月にNTP第6位に返り咲いている。

この年の8月から日本の種雄牛が、北米や欧州を含めた国々で構成されたインターブルに加入している。今まで各国独自の乳用種雄牛評価成績が公表されていたが、この加入により、データの相互交換を行ない、それぞれの評価成績に置き換えての評価値が算出可能となり、日本の乳用種雄牛の国際評価が初めて公表された。

その後、「JP4H52353ミスターサリーオリー」や「JP4H52558サリーRCAオーシャンET」「JP4H52583CEシャルネスET」などが上位にランキングされて、多くの娘牛を世に送り出しており、セカンドクロップになっても上位にランキングされていた。また、多くの後代検定種雄牛も作出しており、デビューを果たした種雄牛もいる。

④能力と体型のバランスに優れた種雄牛

2009年Ⅱ期のNTP第15位にデビューを果たした「JP4H53351ライブストックモンブラン」は、当社のグループ会社である（有）十勝ライブストックマネージメントの生産種雄牛である。母は当社の「スクリーチ」の娘牛で、計画交配によって作出された。「モンブラン」は非常に泌乳能力に優れ、乳量の改良は全国第1位で、乳代効果も第1位にランクされた。しかも体型の改良にも優れ、高泌乳牛でありながら、乳房の形状に対する改良も優れた非常にバランスのとれた種雄牛だった。長い間多くの酪農家が使用し、高能力娘牛はもとより、多くのショーカウを輩出した。セカンドクロップでもNTP上位に返り咲き、種雄牛はすでに死亡しているが、今なお精液の供給を続けている信頼度の高い種雄牛である。

2010年Ⅰ期のNTP第4位でデビューを果たした「JP4H53508ストレチアミラクルジヤステイスET（ミラクルJ）」は、当時北米はもとより、国内でも注目を集めた"マウイ"ファミリーからの種雄牛である。インデックス・ショーでともに活躍する注目の一頭として販売を開始し、多くの娘牛が生産された。

「ミラクルJ」の娘牛は非常に乳質が良く、体型も中程度でバランスが取れており、とくに後乳頭の配置が正確で、フリーストールやロボット搾乳の酪農家に喜ばれ、今なおセカンドクロップを超えサードクロップになっても活躍している。

2011年8月の乳用牛評価成績が公表となりNTP第3位でデビューを果たした「JP4H54121トップジーンゴールドオアET」（第6図）は、当時の肢蹄＆耐久性成分第1位、決定得点＆乳器第2位、長命連産効果第5位で、能力と体型の改良においてバランスのとれた種雄牛だった。同時にインターブルで、カナダの乳牛評価成績（LPI）において換算したところ当時のカナダの種雄牛の成績を上まわり、LPI第1位相

第6図　JP4H54121　ゴールド　オア

当の種雄牛だった。

しかし、「オア」は成績判明直後に事故により死亡してしまい、在庫のみでの精液配布となった。皮肉にも、その後の成績公表でNTP第1位にランクされた。娘牛は多くのショーカウと、高いインデックスの娘牛を残している。また、後継牛も2018年2月より当社から「4H56292サクランドゴールドプランヒラリー」「4H56348TLMアラモード」の2頭が選抜供給され、ほかにも後代検定待機牛として多くが繋養されている。

2016年8月の乳牛評価成績でNTP第3位でデビューを果たしたのが「4H55951ティーユーレデイスマナージョージア」で、能力と体型のバランスに優れた種雄牛である。能力は乳量・乳成分ともにオールプラスで、体型も農家が求める中程度の大きさで、理想的な肢蹄をもつ。乳器も、近年多く普及しているミルキングパーラーやロボット搾乳機に合う乳頭配置をしている。しかも多頭飼育になり、より管理しやすい形質が求められるなか、「ジョージア」は高い耐久性成分をもった種雄牛である。

その後「ジョージア」は2期連続NTP第1位になり、2018年の春はNTP第2位と常に上位に位置し、当社の主力種雄牛として活躍している。

⑤ゲノミック・ヤングサイアの供給開始

2017年2月から国内でゲノミック・ヤングサイア（乳牛のゲノム解析により、SNP（一塩基多型）情報と血統情報のみから計算されたゲノミック評価値をもつ若い種雄牛）の精液が供給を開始された。当社からもNTPで「ジョージア」を上まわる成績であった「JP4H56400ベイリツチランドスーダンパウエルET」を販売した。その年の8月には娘牛の検定成績を加えた成績が公表され、NTP第5位でデビューを果たした。このとき同じ種雄牛（スーダン）を父にもつ「JP4H56365ティーユーフエイスフアツトボーイ」がNTP第9位でデビューした。この2頭は同じ輸入受精卵によるファミリーで、国内で世代を重ね改良されたオールプラス種雄牛として現在も精液を供給中である。

(2) 造成のねらいと改良目標

当社の種雄牛造成は、国内の改良目的、種雄牛評価成績の変遷に伴い軌道修正をしながら行なってきた。会社設立当時は、個人酪農家が繋養していた種雄牛や、北米から輸入された優秀な雌牛の体内輸入種雄牛や、北米からの輸入種雄牛を後代検定種雄牛として繋養してきた。その後、北米からの輸入受精卵が解禁されてからは、受精卵による候補種雄牛の造成も行なってきた。

日本の総合指数の変更に伴い、体型が良く能力の高い種雄牛造成が求められたが、その後は経済効果のほかに、疾病繁殖成分、長命連産効果、耐久性成分などに優れた種雄牛が求められるようになった。当社は会社設立当時から、国内で優秀な評価成績のあった国内種雄牛と、国内での評価成績の高い雌牛との計画交配での純国産種雄牛の造成を行ない、北米、北欧とは違ったオリジナルな交配による種雄牛造成に取り組んでいる。

現在はゲノミック評価値を利用したなかで、国内の乳用牛評価成績に合う、能力・体型に優れた種雄牛造成を目標としてきた。当社の後代検定枠の75％を占める国内で飼養されているゲノミック評価の高い雌牛を中心に、近交係数の低い優秀な種雄牛を計画交配し、造成繋養している。残りの25％は、海外でのゲノミック評価値の高い雌牛で、国内での交配に対して近交係数が低くなる血統の受精卵導入により種雄牛造成を行なっている。

改良目標としては、「種雄牛の改良によって、より多くの酪農家の方々に使用して頂き、牛群の改良と経営向上を図る」を基本概念として、時代に合った乳牛改良、好体型、高能力を追求している。一方、国内に根づいた系統を用いた乳牛改良によって、国内の飼養管理、環境、気候風土にも合う種雄牛、管理形質でもっとも重要な機能的な体型、肢蹄、乳器をもった、泌乳持続性に優れた収益性の高い乳牛の改良を進めている。

執筆 児玉辰司（（株）十勝家畜人工授精所）

国外からの精液輸入

輸入精液の現状

現在，わが国には北米をはじめ，多くの国々から精液が輸入されており本数も乳用牛を中心に増加してきた。精液の輸入は，国の指導のもとに設立された「家畜精液輸入協議会」で一元的に管理されている。

(1) 家畜精液輸入協議会設立の経緯

1983年5月の「家畜改良増殖法」の改訂により，一定の条件が整えば，海外から精液を輸入できるようになった。

海外精液の輸入は，「わが国の家畜の改良増殖体制を維持発展させ，わが国の家畜改良の促進に寄与するものでなければならない」との趣旨の「家畜改良増殖法改正に伴う国会の付帯決議」にもとづき，国の指導のもと，「海外から輸入される精液の統一的な品質評価を通じ，家畜改良の円滑的な推進をはかる公的な性格を有する機関」として1983年6月に「家畜精液輸入協議会」（LSIC：Livestock Semen Import Council，以下SICとよぶ）が設立された。

当時は（社）北海道家畜改良事業団，（株）ジャパン・ホルスタイン・ブリーディング・サービス，（社）家畜改良事業団の3団体が会員となり，（社）家畜改良事業団が代表と事務局を受け持つことになった。現在も引き続き，社団法人から変更した（一社）家畜改良事業団が，代表と事務局を受け持っている。

(2) おもな業務

SICのおもな業務は，1）輸入精液の受注，日本国内代理店への発注，2）輸入精液の検品，3）農林水産大臣が認定した輸出国内機関が発行添付した精液証明書の記載事項にもとづき日本国内向け精液証明書の作成，添付などである。加えて，SIC内に設置された評議委員会において，NTP評価20位相当以上の輸入精液を国内推奨種雄牛として選定しており，推奨種雄牛の広報もSIC業務の一つとなっている。

またSICでは，日本国内で遺伝的不良形質として指定された遺伝子をもつ種雄牛については，日本に輸入しないように輸入代理店へ協力を呼びかけるとともに，遺伝子検査の結果を公開することとしている。最近では，コレステロール代謝異常症（CD）が新しく遺伝的不良形質として指定されたので，保因牛の精液の輸入自粛と，検査結果の公表について輸入代理店へ協力を要請した。現在情報公開されている遺伝的不良形質は，CDを含め牛白血球粘着性欠如症（BLAD），牛短脊椎症（BY：ブラキスパイナ），牛複合脊椎形成不全症（CVM），ウリジル酸合成酵素欠損症（DUMPS）および単蹄（癒合蹄症）の6種類となっている。

SICでは，必要に応じて会員会議と評議委員会を開催することとしている。

(3) 輸入本数の推移

凍結精液の輸入は1984年度から始まり，その年の12月にアメリカ合衆国から輸入された約1万5,000本が最初である。精液の輸入はその後増加を続け，2007年から2013年度までは70万本台で推移しており，2016年度には過去最高の約81万本となったものの，ほぼ横ばい状態が続いている（第1図）。現在のおもな輸入国は，アメリカ合衆国，カナダ，オランダ，イタリア，ドイツ，ニュージーランドの6か国（第1表）である。また，品種別ではおもに6品種（ホルスタイン・ジャージー・ブラウンスイス・ガンジー・アバディーンアンガス・ヘレフォード種）が輸入されている。

輸入国別ではアメリカ合衆国からの輸入本数

乳牛改良で長命連産　種雄牛の造成

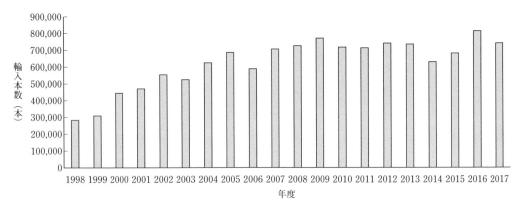

第1図　精液輸入本数の推移

が，2016年度以前は全体の約50％前後で推移していたが，2017年度では全体の70％を占めた。アメリカ合衆国とカナダを合わせると2か国で全体の90％を占めている。また，品種別ではホルスタイン種が全体の98％（2017年度）を占め，次いでジャージー種などとなっている。

(4) 最近の輸入状況

近年，乳用種では雌牛の効率的な生産をめざし，性選別精液の輸入本数が徐々に増加している。2012年度は輸入本数全体に占める性選別精液の割合は12.0％であったものが，2017年度は全体の31.2％になった。併せて，ゲノミック評価の利用が進むにつれ，後代検定成績をもたないゲノミック・ヤングサイアの輸入も増加

第1表　国別・品種別精液輸入本数の推移

	ホルスタイン種									
	アメリカ	カナダ	オランダ	ドイツ	ハンガリー	フランス	イタリア	オーストラリア	ニュージーランド	計
1998年	136,240	88,768	46,941			1,399				273,348
1999年	171,664	83,807	40,923			3,150				299,544
2000年	235,222	114,702	70,493			14,986				435,403
2001年	282,507	176,659								459,166
2002年	318,783	225,733								544,516
2003年	245,907	269,329								515,236
2004年	278,880	311,333	24,762							614,975
2005年	335,204	282,796	54,901							672,901
2006年	305,432	215,847	58,852							580,131
2007年	383,596	215,350	91,709	1,083						691,738
2008年	386,924	202,181	93,378	5,477				21,850		709,810
2009年	441,467	226,872	77,193	1,395				8,300		755,227
2010年	333,837	296,284	62,045	7,459					2,750	702,375
2011年	324,079	301,899	64,132	6,121					2,659	698,890
2012年	387,246	283,410	51,366	1,879					1,273	725,174
2013年	422,959	185,341	107,072					1,999	2,000	719,371
2014年	343,800	189,860	60,703		4,036		5,000	11,995	2,199	617,593
2015年	328,463	282,611	23,435	3,520			27,217		4,093	669,339
2016年	422,675	265,561	31,616	13,181			61,710	5,994		800,737
2017年	514,314	144,911	35,960	6,230			23,345		1,500	726,260

**第2表　家畜精液輸入協議会会員および精液輸
　入代理店一覧**

家畜精液輸入協議会会員
一般社団法人ジェネティクス北海道
一般社団法人家畜改良事業団
株式会社十勝家畜人工授精所
株式会社関家畜人工授精所
アニマルジェネティクスジャパン株式会社鈴鹿ファーム人工授精所
エリートジェネティクス株式会社
オールジャパンブリーダーズサービス株式会社
ST ジャパン株式会社

精液輸入代理店
日本家畜貿易株式会社
株式会社十勝畜産貿易
株式会社関家畜人工授精所
株式会社野澤組
株式会社ホクレン通商
全農畜産サービス株式会社
アニマルジェネティックスジャパン株式会社
アルタジャパン株式会社
エリートジェネティクス株式会社
ファームエイジ株式会社
サージミヤワキ株式会社
ST ジャパン株式会社

傾向にある。

　第2表には現在のSIC会員と精液輸入代理店の一覧を示した。輸入精液は各国の人工授精所から輸出代理店をとおり，日本国内の輸入代理店へと入ってくる。その後，SIC会員へ渡り，各県の窓口団体をはじめ組合など精液需要者に販売される。2018年度のSIC会員は（一社）ジェネティクス北海道，（株）十勝家畜人工授精所，（一社）家畜改良事業団，（株）関家畜人工授精所，オールジャパンブリーダーズサービス（株），アニマルジェネティクスジャパン（株）鈴鹿ファーム人工授精所，エリートジェネティクス（株），STジャパン（株）の8団体となっており，輸入本数の増加とともに会員数も増えてきている。

　執筆　高野みなを（（一社）家畜改良事業団，家畜
　　　精液輸入協議会事務局）

ジャージー種	乳用種 その他	肉用種	兼用種	合　計
8,176	2,141	205	0	283,870
8,351	1,560	17	0	309,472
7,461	1,679	138	0	444,681
8,356	1,962	17	0	469,501
8,312	2,021	65	0	554,914
8,767	2,084	125	0	526,212
7,433	2,596	15	0	625,019
9,055	3,146	35	25	685,162
6,008	3,070	30	0	589,239
8,048	4,989	70	0	704,845
7,772	5,591	124	0	723,297
8,151	6,184	105	20	769,687
8,242	3,771	90	40	714,518
9,568	2,854	116	70	711,498
8,917	5,253	182	20	739,546
7,501	4,258	90	0	731,220
6,845	3,400	140	0	627,978
6,194	2,443	144	0	678,120
6,586	3,640	130	0	811,093
7,013	4,984	74	0	738,331

ABS Global とオールジャパン ブリーダーズ サービス

ABS Global 社は，アメリカ合衆国のウイスコンシン州を本社とし，アメリカン ブリーダーズ サービス（株）（ABS）を前身とする，長い歴史と多くの優れた種雄牛をもち，年間1800万本もの遺伝資源を供給する，世界最大規模を誇る家畜人工授精所である。

2018年4月公表のアメリカ TPI ランキング No.1 種雄牛「ユッカー スーパーサイアー ジョ スーパー ET」も ABS Global 社の所有で，今後の乳牛改良界をリードする種雄牛である。

日本国内においては，オールジャパン ブリーダーズ サービス（株）が ABS Global 社の精液を取り扱っている。

(1) アメリカン ブリーダーズ サービス（株）の沿革

アメリカン ブリーダーズ サービス（株）は，1941年，今から77年前に，イリノイ州バーリントン市の酪農家ロック・プレンティス氏が，ガンジー種の種雄牛3頭を供用し，アメリカン デーリィ ガンジー協会北イリノイ支部を設立したことに端を発する。アメリカ合衆国初の民間人工授精所であった。

1945年，現在もっとも人気の高いホルスタイン種が新たに品種の一つに加えられ，組織名もアメリカン サイエンティフィック ブリーディング研究所と改めた。

1947年に，本拠地をイリノイ州からアメリカ酪農の中心地であるウィスコンシン州マディソン市デフォーレストに移し，組織名も，ウィスコンシン サイエンティフィック ブリーディング研究所に変更した。同時にジャージー種の種雄牛の繋養を開始した。

1948年，プレンティス氏は，E. L. ウィレット博士とともに全米遺伝学研究所を設立し，数年後には，今では一般的になった体外受精卵（IVF）技術を確立し，受精卵移植による産子の作出に初めて成功した。

1950年には，肉牛市場にも参入し，アンガス種の種雄牛の繋養も始めた。

1958年，組織名を現在の ABS Global 社の前身である，アメリカン ブリーダーズ サービス（株）と正式に変更し，それ以来常に世界の乳牛改良界をリードしてきた。

現在は，乳牛だけでなく，肉牛の精液の供給量も大幅に増えている。また，フィリピンに拠点をおく世界最大の豚の人工授精所である PLC，ブラジルに拠点をおく世界シェア No.1 の体外受精卵作製・供給会社 In-Vitro-Brazil（インヴィトロブラジル），アメリカ合衆国イリノイ州にて優秀な雌牛群を所有するデスー牧場とともに立ちあげた Denobo（デノボ）とともに，イギリスの Genus 社（ジーナス社）を中心に巨大な遺伝子供給グループとして成長し続けている。

(2) 技術開発と普及

①凍結精液と保管ボンベ

1953年，北米で初めて凍結精液を使った人工授精による健康な雌牛の作出に成功し，「フロスティー」と名づけられた。当時精液はガラス製のアンプルという容器で凍結されており，その後30年にわたり利用された。現在のようなストローに封入されるようになったのは1982年からである。

1956年，ABS はリンデコーポレーションとの共同研究に77万ドルを投じ，液体窒素による凍結精液保管用ボンベの開発に成功した。初めて凍結精液を輸出した相手国はペルーであった。この開発を機に世界における改良は飛躍的に加速し，60年以上にわたって，変わらず利用されている。

②人工授精師

ABS は毎年人工授精師育成講習会を開催し，人工授精師育成にも力を注いできた。高い技術をもった人工授精師は酪農経営に不可欠である。

現在は繁殖学を特別に学んだ技術者集団がテクニカルサービスを担当し，繁殖検診・繁殖ア

ドバイザーとして世界各国で活躍している。

2012年3月からは日本でもテクニカルサービスを開始している。日本では現在2名の技術者が発情発見，注入技術，プログラム授精の実施方法の指導など，酪農家に密着した活動をしている。

③後代検定

プレンティス氏は，優秀な種雄牛をより効率的に選抜する方法を求め続けていた。公平で正確な後代検定を行なう必要に気づいてから，娘牛の能力検定の精度を高める必要に迫られた。

まず，1960年ABSはメリーランド州の乳牛検定組合に支援金を拠出し，経営を立て直した。その後，ロバートE.ウォルトン博士がプレンティス氏の後任の社長に就任すると，1962年には現在の後代検定の原型となるシステムEstimated Daughter Superiority Measurement（推定娘牛優位性測定法）を導入し，1年に125頭もの候補種雄牛に後代検定を行なった。それが種雄牛の改良の第一歩だった。後代検定で選抜された種雄牛のうち，上位20％のみを供用していった。

「種雄牛が優秀であるほど娘牛の乳量は増え，それに伴って酪農家の利益も増す」というのが今日まで70年以上にわたってABSがもち続ける変わらぬ信念である。「Dairy Profit Power」（酪農収益力）が長年ABSのスローガンとしてあらゆる場面で使われてきた。

④交配相談

優秀な種雄牛の生産と同様，その遺伝子をどのように利用すれば，さらに酪農家の収益性が高まるかを追求し，ABSは新たなサービスを開始した。1968年に始まったGMS（Genetic Mating Service：ジェネティック メイティング サービス，交配相談サービス）がそれで，大規模農場における種雄牛の選抜をサポートし，より優れた娘牛を多く生み出せるようになった。現在はGenetic Management System（ジェネティック マネジメント システム，交配管理システム）と名称を変え，2017年は1年間で世界49か国，1200万頭もの交配を支える巨大なシステムに成長している。これまでの50年間で

8500万頭もの交配のアドバイスをしてきた。

日本でのGMS導入は2004年で，契約している酪農家は700戸，15万頭の交配のお手伝いをしている。改良を進め，近親交配と遺伝による疾患を避け，牛群を一貫性のある状態に保ちながら作業効率を改善できるシステムへの需要は年々高まっている。現在は体型評価員8名と事務員2名による10人態勢で，北は北海道から南は種子島まで年に数回契約農家を回っている。GMSを利用してから乳牛の改良が進み収益性も大きく向上したとの喜びの声を，15年の間に数え切れないほどいただいた。

⑤性選別精液

2006年，ABS Global社も性選別精液の提供を開始した。性選別精液を作製可能な唯一の機器がフローサイトメーターだった。当初は封入精子数が少なく，精子の活力低下も懸念され，受胎率に不安をもつ酪農家や技術者も多くいたが，機器の性能が向上し，利用者側の知識も増し，雌が生まれた場合の収益性がしだいに知られるようになり，今なおその需要は高まり続けている。現在オールジャパン ブリーダーズ サービス（株）が取り扱う全精液のうち30％以上が性選別精液である。今後もその需要は高まると予測している。

ABS Global社が長い年月と莫大な研究費を費やした新技術として，2017年9月からSexcelの販売を開始した（第1図）。従来のフローサイトメーター法による性選別は大別して，染色・整列・検知・分別と4つの工程に分けられる。

Sexcelの場合，整列の技術において，精子へのダメージを軽減している。従来は圧力をかけ精子を整列させていたが，Sexcelでは流動性を利用しているため，精子へのストレスが少ない。

また分別ではなく分割の技術が使われている。分別とは，偏向板からの電極により精子を引っ張って雌雄分別していくが，これは精子へのダメージが大きい。比べてSexcelの分割は，雄精子のみをレーザーで分割し死滅させる。つまり雌精子にストレスは与えていないことになる。

フローサイトメーターに比べ，精子へのダ

メージが小さいSexcelを用いれば，従来の性選別精液より受胎率が高まるものと見込まれる。日本でも2017年12月からSexcelの販売が始まり，受胎率向上が期待されている。

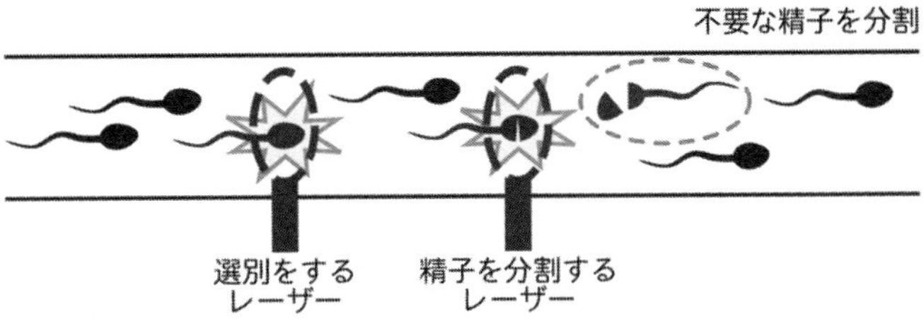

(3) グローバル化

物流とIT技術によって世界は狭くなった。ABSもアメリカ合衆国だけでなく世界中に拠点と販売網を広げていった。1971年フランスでの営業開始を皮切りに，1972年カナダのセントジェイコブス社を買収，1994年にはメキシコでも販売を開始した。1999年イギリスのGenus社と提携して以来さらにグローバル化が進み，2002年オーストラリア，2005年中国，アルゼンチン，ロシア，2006年ドイツ，2016年にはペルーとインドで採精を開始した。

1984年12月に日本に初めて精液が輸入されて以来，ABSは35年近くにわたり乳牛の改良をサポートしている。

現在は，ホルスタイン種，ジャージー種，ブラウンスイス種など，日本でもなじみのある乳用種だけでなく，アンガス種，ヘレフォード種など肉用種の凍結精液の供給にも力を入れている。また，乳用種の交雑種生産プログラムや，混合精液の開発のほか，繁殖成績や受胎率の調査結果も巨大なデータベースにまとめ，世界中の幅広いデータを収集できる仕組みであるリアルワールドデータへの取組みなど，常に革新的な研究にも力を入れている。もちろん純粋種の，凍結受精卵供給組織（IVB）との提携や，デス一牧場と提携しゲノムを利用した優良遺伝資源の確保（De novo）にも力を入れている。牛の遺伝資源だけでなく，現在は豚の凍結精液の供給も行なう（PLC）巨大なグループ企業として，世界中で，優良遺伝資源の供給に尽力している。

現在地球の人口はすでに70億人を突破し，1日20万人ずつ増加していることから，食糧危機も目前に迫っているといわれている。ABS Global社は人間にとって重要な動物性蛋白質を

第1図　Sexcel™による選別技術

より効率的に生産できるよう，優秀な遺伝資源の供給を地球規模で続けている。

(4) 時代をリードしてきた種雄牛たち

ABS Global社には，これまで改良界に大きな影響を与えた種雄牛2頭と，100万本の精液を供給したミリオネアが11頭いる。ABS Global社の種雄牛のうちで，乳牛改良界にもっとも大きな影響を与えたのは，1999年7月，イギリスで生まれた「ピクストン ショツトル ET」で，現在アメリカ合衆国の全ホルスタインの9.53％にその血が受け継がれている。乳用強健性と長寿性に優れた娘牛を多く輩出し，多くの酪農家から高い評価を受けた。父「キヤロル プレリユード エムトト」，祖父「ロニーブルツク プレリュード」，曾祖父「ハノーバーヒル スターバツク」，曾々祖父「ラウンド オーク ラグ アツプル エレベーション」ら，5代にわたってアメリカの乳牛改良に影響を与えた種雄牛の上位に入っており，この父系は多大な影響力をもっている。

「S-W-D バリアント」も1980年代前半，古き良き時代を彩った種雄牛の一頭である（第2図）。「バリアント」の娘は体型，体積にすぐれ，後乳房の幅と高さを改良した。また，「バリアント」は種雄牛の父として数多くの名種雄牛を輩出した。現在アメリカ合衆国の全ホルスタインの9.41％に彼の血が受け継がれている。「バリアント」の父「ポーニー フアーム アーリンダ チーフ」，祖父「ポーニーフアーム リフレクション アドミラル」もアメリカ合衆国の乳牛改良に影響を与えた種雄牛の上位に入っており，その父系の影響力も絶大である。

乳牛改良で長命連産　種雄牛の造成

第2図　S-W-D バリアント

第3図　サンデーバレー ボルトン ET

第4図　コインフアームス ドロシー ET

第1表　輸入本数上位種雄牛

	輸入本数	上位種雄牛
1	108,302	レーガンクレスト ダンディー ET
2	88,182	レデイースマナー シヤウト ET
3	84,645	エンドロード PVF ボリヴアー ET
4	73,355	リツジスター ジヤマー ET
5	66,036	ロイレーン ジヨーダン ET

「サウスウインド ベル オブ バーリー」「ワーデル コンビンサー」「レーガンクレスト ダイハード」「ロイレーン ジヨーダン」「クリニータ ザツク フレデリツク」「エンドロード PVF ボリバー」「ピクストン シヨツトル」「リツジスター ジヤマー」「ペンイングランド ガリスン」「ルツツブルツクビユー バート」「サンデイーバレー ボルトン」の11頭は，精液の生産量と酪農家の需要の高さ両方を兼ね備え，100万本の精液を作製，供給するミリオネアとしてその名を轟かせている。

とくに「サンデイーバレー ボルトン ET」（第3図）は，現在もっとも注目度の高い種雄牛の一頭である，「マントフイールド SSI DCY モーグル ET」の祖父として特別な存在である。「ボルトン」の娘牛の最大の特徴は乳量にある。腹壁にへばりつくような付着の強い乳房から効率的に生産される乳量の多さに，酪農家はおおいに満足した。

「ボルトン」の息子「コインフアームス ドロシー ET」（第4図）は記録には残っていないが，モーグルの父として今日の改良界に多大な貢献をした一頭であることは間違いない。その娘牛は乳量が多く，体細胞数が少なく，生産寿命が長いためドロシーは，もっとも近代的な種雄牛として酪農家に受け入れられた。

そのほかにも，「レーガンクレスト ダンデイー」は ABS Global 社所有の種雄牛として，日本に約10万8,000本輸出された（第1表）。「ダンデイー」の娘は非常に正確な骨格を持ち，乳用強健性に富み，尻の構造や後乳房の高さ，幅に優れた娘牛を多く輩出した。

執筆　竹田秀臣（オールジャパン ブリーダーズ サービス（株））

乳牛改良で長命連産
乳牛の体型，ショー

乳牛の体型の見方

　皆さんは日常的に乳牛に興味をもち，良い乳牛とはどういう牛をいうのか，と考えていることだろう。とくに酪農家の皆さんは，良い乳牛を自分で作出したいと願っていると思う。それでは，ホルスタインにしろジャージーにしろ，良い乳牛とは，どういう牛をいうのだろうか。

　以後，乳牛の代表としてホルスタイン，あるいは単に牛として表現していく。

　私が会社の業務で酪農関係を担当した当初，良い乳牛を知るために酪農家や酪農関係の先輩たちに「良いホルスタインについて教えてください」と質問した。すると，ある程度までは教えてくれたが，それ以上に「なぜ？　その理由は？」と質問すると，「お前はセンスがないから，教えてもわからない」と言われた。たぶん，皆さんのなかにも同じようなことを言われた方がいると思う。私は，自分に美的センスがあるとは思っていないが，牛を知ることはすべてセンスであり，科学的な視点で知ることはできないのか，とも思った。しかし，科学的根拠がなければ牛の改良などできるはずがない。「センスがない」との一言は，質問に答えられないための逃げの言葉ではないのか，とも疑った。

　そこで，乳牛の良し悪しの理由を，誰もが納得できる理論で説明できないものかと思い，自分でまとめてみようと思い立った。思い立ったものの，良い牛について書かれた書物はそれほどない。あったとしても，センスのある人が，センスのある人向けに書いた感覚的な言葉の羅列で，誰もが理解できる科学的に説明された書物はなかった。悩んだすえ，原点に帰れば，との思いに至った。

　「ホルスタインの飼養目的は何か」と考えてみる。ホルスタインの飼養目的は牛乳生産である。つまり，ホルスタインは「経済動物」なのである。「経済」という言葉が付くならば，すべて科学的に説明できるはずだと考え，私が

30年有余にわたって追求してきた良いホルスタインについて，誰もが納得できる理論で説明していこうと思う。

　「牛乳」ではなく「生乳」あるいは「原乳」ではないか，という読者もいるだろうが，「生乳」あるいは「原乳」とは乳の取引きや加工工程上で区別する専門的な言葉であって，一般的に言う場合，牛が出す乳は「牛乳」で間違いはない。

1.　良いホルスタインとは

　良い乳牛とはどういう牛かと考える場合，実は人によって職業によって答えは違うのではないかと思う。たとえば，飼料メーカーにとっては，乳量に関係なくたくさんのえさを食べてくれる牛が良い牛かもしれない。たくさんのえさが売れるからである。

　種雄牛の精液を売っている授精所にとっては，2回から3回の授精で確実に受胎する牛が良い牛かもしれない。1回ですべての牛が受胎したら精液の本数が売れないし，4回以上の授精が必要となれば精液の性状が悪いといわれるだろうから。

　一方，授精師にとっては，1回の授精で確実に受胎する牛が良い牛である。授精に3回も4回も必要となれば，腕が悪いといわれるだろうから。

　このように，良い乳牛の評価は人によって職業によって違っているかもしれない。しかし，飼料メーカーや授精師がこのような考えで仕事をしていることはないので，あくまで冗談としてのたとえ話である。

　それでは真面目に考えて，乳牛を飼養している酪農家にとって良い乳牛とは，どういう牛をいうのだろうか。それは，何乳期にもわたって，たくさんの牛乳を生産する牛であることはいう

までもない。しかし，牛乳の量は実際に搾ってみなければわからない。そこで，ここでいう良い乳牛とは，「何乳期にもわたって，たくさんの牛乳を生産するのに適した体型をもった牛」として話を進めていく。

2. 良いホルスタインの大前提

まずはじめに，良いホルスタインに求められるものは何であろうか。

一つは，当然のことながら「大量の牛乳を生産」することである。次に，大量の牛乳生産も，一乳期だけで終わってしまっては困る。「長命連産」によって何乳期にもわたってたくさんの牛乳（これを「生涯乳量」という）を生産してほしいのである。また，1日に2回か3回の搾乳を毎日，1年365日しなければいけないため，「作業性」のよい体型をもっていなければならない。そして，やはり乳牛は，「乳牛」の言葉を聞いて思い浮かぶ形態としての「乳牛らしさ」をもっていてほしい。

これら四つの大前提を兼ね備えていれば，それはすばらしい乳牛であろう。つまり，良い乳牛に求められる大前提は第1図のようにまとめられる。

ホルスタインに求められる四つの大前提を満足させるためには，どのような条件が揃わなければならないかを考えてみよう。

3. 「大量の牛乳生産」を成り立たせる条件と体型

大量の牛乳を生産するためには，牛は「健康」でなければいけない。

また牛は，栄養の宝庫といわれる牛乳を飲料水からだけでつくっているわけではない。栄養のある牛乳の源は，飼料を食べることによって取り入れている。大量の牛乳を生産するためには，それに見合った「大量の飼料摂取」のできる大きな胃を持っていなければならない。

次に，体内に取り入れた飼料を自分の栄養にするためには，体内に取り入れた飼料を体内で化学変化を起こして，自分で利用できる栄養素に変化させなければならない。化学変化を起こすということは，酸素で燃やすということである。そのために「大量の酸素（空気）」を取り入れられる体でなければならない。

大量の酸素によって体内で化学反応を起こし，自分の栄養素にしたものを，体の隅々にまで送り込むためには，「大量の血流」が必要である。

そして最後に，この大量の血流から，乳房で再度，化学反応を起こして「大量の牛乳生産」をするのである（第2図）。

それでは，どのような体型であれば大量の牛乳生産の各条件を満足させることができるかを，牛の体の各部位につき細かく説明していく。説明を理解するために牛の体の部位の名称については正確に覚えてほしい。約20の部位の名称を覚えておけば，牛について話すことも，ショーでの審査員の講評を理解することもできる。最低限必要となる部位の名称を第3図に示した。太字の部位は必ず覚えてほしい。

はじめに，一つ断わっておきたいことがある。それは，「良いホルスタインとは，たくさんの牛乳を生産するに適した体型をもった牛」と記したように，これから説明することは，すべて牛の体型を外観から判断していくということである。牛を解剖して骨の構造を観察するとか，血液を採取して血液検査をするとかではなく，牛の外観より判断していくことを理解してほしい。

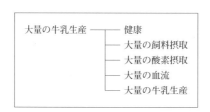

第1図　乳牛に求められる大前提

第2図　「大量の牛乳生産」のための条件

乳牛の体型の見方

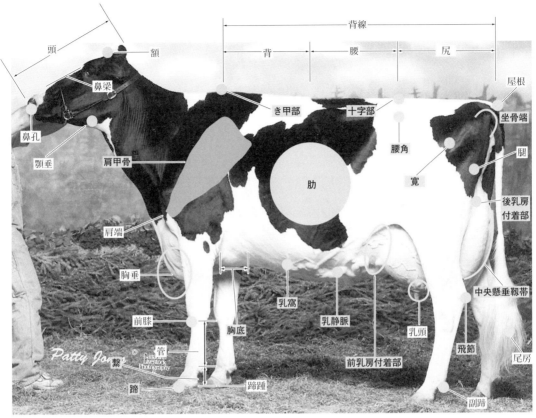

第3図　牛の各部位の名称

(1) 健　康

牛の健康は眼と耳で判断する。

よく「腐った魚の眼」と表現されるが，眼はよどんでいてはいけない。よどんでいる眼は，体のどこかに不具合のあるときの眼である。眼は光り輝いていなければ健康といえない。ホルスタインの雌牛は「私は大量の牛乳を生産する」という強い意志が眼に表われていなければならない。

耳は，少しの音にも機敏に反応しなければならない。音に何の反応もせずに耳をダラッと垂れ下げている牛のようすは，体のどこかに異常のある現われである。

(2) 大量の飼料摂取

①大きな口

牛が最初に体の外部から飼料を取り入れるのは口である。だから，牛の口は大きいほうが効率が良い。1日に10kg以上のえさ（飼料）を，鶏のような小さなくちばしで食べるとしたら，食べるだけでエネルギーを使い，牛乳を生産するエネルギーはなくなってしまうだろう。つまり口の大きい牛は良い牛だということになる。

"おちょぼ口"というのは，少女らしく気取ってすぼめた口つきをいうが，これは大和撫子（やまとなでしこ）の口について言われる言葉であって，牛の場合は口は大きければ大きいほど良いということになる。

なお，上唇が下唇よりも大きく前に出ているものを魚の鮫にたとえて「鮫口（さめくち）」

111

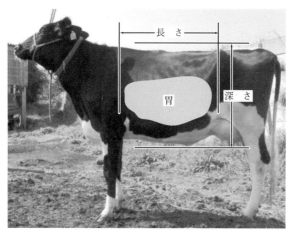
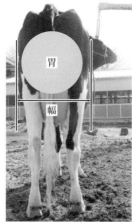

第4図　中躯の長さと深さ（左）と幅（右）

といい，逆に下唇が上唇よりも前に出ているものを「受け口」という。牛の「鮫口」と「受け口」には，生まれながらの先天的なものと，上顎と下顎との成長の差（過成長）による後天的なものとがあるが，いずれにしても欠陥の一つである。

②大きな胃

次に，口から取り入れたえさ（飼料）を蓄えておくのが胃である。牛を横と後ろから見た場合，胃はおおよそ第4図の場所にある。だから，大きな胃のためには中躯（ちゅうく）が重要になる。

中躯を横から見た場合，長さがあって，深さがあり，後ろから見た場合，幅のあることが大切である。これが専門用語でいう，「中躯（ちゅうく）の充実」ということである。

中躯を長く，幅があるようにするためにはどうしたらよいか。中躯は13本の肋骨で成り立っている。そこで，肋骨について分析してみよう。

肋骨は，1）骨自身の「骨幅」と，2）骨と骨との間隔である「骨間幅」，3）骨が下に流れている「方向」，4）後ろから見たときの「開張」，に分析できる（第5図）。

まず，1）骨幅について考える。骨の量がまったく同じであるとすれば，骨は「丸い骨」（専門用語で丸骨（まるぼね）と表現する）よりも，ラグビー・ボールのように押しつぶした「平らな骨」（専門用語で平骨（ひらぼね）と表現する）のほうが骨の幅がとれ，その分，中躯は長くなる。だから，肋骨は平骨

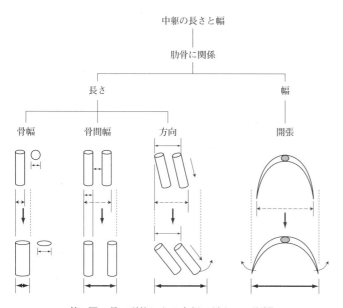

第5図　骨の形状による中躯の長さへの影響

のほうが丸骨よりも良いのである。

次に、2) 骨間幅について考える。平骨にしろ丸骨にしろ、骨の幅が同じであるならば、骨と骨との間、つまり骨間幅が広いほうが中躯は長くなる。だから、肋骨は骨間幅のあるほうが良いのである。

そして、3) 骨が流れている方向であるが、骨の幅と、骨と骨との骨間幅が同一であるならば、骨が縦に流れているよりも、斜めに流れているほうが中躯は長くなる。だから、肋骨は骨が斜めに流れているほうが良いのである。

もし、肋骨が「平骨」で、「骨間幅があって」、その「骨が斜めに流れている」の3条件が揃えば、その牛はすばらしく中躯の長い牛になる。そのような牛が牛群にいたならば、本牛にホルモン処理を施して多排卵をうながし、受精卵移植の技術を活用して、その牛の子孫をたくさん残すべきであると思う。

後ろから見た4) 開張については、開張していればいるほど体の容積は増えるので、肋骨は開張していることに越したことはない。

酪農現場における中躯の見方を説明する。

肋骨の最後の2本である、12番目と13番目の肋骨に手のひらを強く押し当てて左右に動かし、平骨か丸骨かを判断する（第6図）。平骨の場合は骨が平らに感じるし、丸骨の場合は骨が丸く感じる。何頭もの牛をさわって慣れてくれば、ボディー・コンディションが相当にオーバーで肉の付いている牛でない限り、手のひらを肋骨に強く押し当てて、左右に少し動かしたときの感触で、平骨か丸骨かが簡単に判断できる。

次に、12, 13番目の肋骨の間に指を入れてみる（第7図）。一般的なホルスタインでは、12, 13番目の肋骨の間に人差し指と中指の2本の指が入るくらいの間隔がある。そこに、薬指が半分くらい、あるいは薬指も入ってしまう、つまり2本半から3本の指が入るくらいの牛が、骨間幅のあるホルスタインとなる。

そして、12, 13番目の肋骨の間に入れた指を骨の間に沿って下に動かす（第8図）。骨の間に沿って動かした指の行き先が後肢（こう

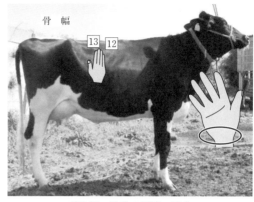

第6図　肋骨の形状の見方

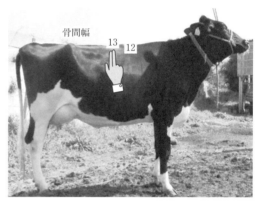

第7図　肋骨の骨間幅の見方

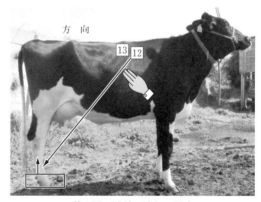

第8図　肋骨の流れの見方

し）の蹄より上に行き着くほどに斜めに骨が流れていれば，肋骨の流れの良い牛となる。

一般的にいって，ホルスタインの体長（乳牛の体長は肩端（けんたん）から坐骨端までの斜体長をいう）は，大人が両手を左右に広げたときの両手の指先の間の距離と同じである（これを一尋（ひとひろ）という）。体長が両手先よりも長い牛が体長のあるホルスタインといえる。

ただし，大きな体をつくるのは遺伝的な改良であるが，大きな体に見合った大きな胃をつくるのは，遺伝的な改良ではなく育成時期の飼料を含めた育成管理の問題である。この点を間違えないでほしい。

とくに第一胃は，初生子牛では小さくほとんど機能していないが，生後1週間くらいから発達しはじめ，3か月齢ころまで急激に発達する。第一胃の発達は給与飼料によって影響されるので，飼養管理者の責任として十分に注意してほしい。

（3）大量の酸素摂取

①大きな鼻

次に，牛は体に取り入れた飼料を自分の栄養にしなければならない。そのために体のなかで化学反応を起こす。つまり，酸素で燃やす。そのためには，大量の酸素が必要になる。大量の酸素，つまり大量の空気が必要である。

空気を体に取り入れる入り口は鼻孔（びこう）である。一回の呼吸で大量の空気を体に取り入れるためには鼻孔が大きいほうが効率的である。だから，牛の鼻孔は大きいほうが良い。

②大きな肺

鼻孔から取り入れた空気を蓄えるのが肺である。肺は牛の横と前から見て，おおよそ第9図のところに位置するので，肺のためには前躯（ぜんく）が大切になってくる。つまり，胸の深さ（胸深（きょうしん））があって，胸底幅（きょうていはば）があることが必要となる。

胸の深さがあり，胸底幅のある牛が，いわゆる「強い牛」である。

（4）大量の血流

①強い心臓

体のなかで，口から取り入れた飼料を，鼻孔から取り入れた酸素によって燃やして化学変化を起こし，自分の栄養素に変えると，今度は，その栄養素を体の隅々にまで送り込まなければならない。そのためには強い心臓が必要となる。心臓は牛の横と前から見ておおよそ第9図のところに位置するので，心臓のためにも前躯が大切になる。つまり，肺のときと同様に，胸の深さ（胸深）があり，胸底幅のあることが，心臓のためにも求められる。

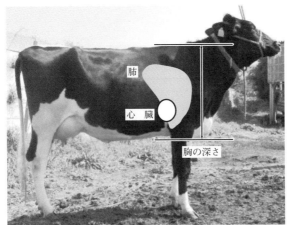

第9図　肺と心臓の位置と胸の深さ（左）と胸底幅（右）

また、前肢（ぜんし）を前から見たときに、前肢が関節のところで寄っている、いわゆるX脚だと、胸を圧迫し、肺と心臓には良くない。そのため、前肢はまっすぐに平行にあることが理想的である。

皆さんは子供のころ、両親から「胸を張って歩け」と言われたことがあると思う。これは、肩をいからして威張って歩け、と言っていたのではない。「胸を張る」とは「肺と心臓に圧迫を加えるな」といっているのである。つまり、「発育段階の子供のころに、心肺機能の発達の阻害となる姿勢を取るな」ということを、むずかしい言葉を理解できない子供にやさしい言葉で言っていたのである。

②血管の発達

心臓の拍動で血液を体の隅々にまで送り届けるのが血管である。牛の血管を観察するのに一番適している場所は、乳房の先にあって外からよく見える血管であることは一目瞭然である。

さて、ここで皆さんに一つ質問をしたいと思う。乳房の先にあって外からよく見える太い血管のなかを血液はどちらの方向に流れているだろうか（第10図）。つまり、乳房から出る方向に流れているのか、あるいは乳房に入る方向に流れているのかである。

答は自分の体で考えてみよう。

血管には「動脈」と「静脈」がある。「動脈」は血液を心臓から体の各部へ運ぶ血管であり、反対に「静脈」は血液を体の各部から心臓に運ぶ血管である。

はたして、自分の体で目に見える血管は動脈だろうか、静脈だろうか。体の表面に見える血管はすべて静脈で、動脈は体の内部を通っていて見ることはできない。だから、乳房の先に見える血管は静脈で、「乳静脈」といい、乳静脈での血液は乳房から出て心臓に戻っているのである。

だから答は「乳房から出る方向に流れている」となる。

ここで、乳静脈の大切な役割について説明しておく。

牛乳は乳房のなかで血液からつくられる。それでは牛乳1lをつくるのに、どのくらいの血液が必要だろうか。

牛乳1lをつくるためには、450～500lの血液が必要だといわれている。だから、大量の牛乳を生産するためには、大量の血液が通過しやすい太い血管のほうが有利であることがわかる。

乳静脈のもう一つの大切な役割は、血液の冷却である。

牛は乳房にある乳腺細胞（にゅうせんさいぼう）で化学反応を起こし、血液から牛乳をつくっている。化学反応には大量の熱が発生する。牛が牛乳を生産し続けるためには、化学反応で発生した熱を常時どこかに逃がしていかなければならない。牛乳生産で発生した熱を逃がさないで温度の高い血液がそのまま心臓に戻ったら、たぶん心臓は破裂してしまうだろう。その熱を逃がす役目をしているのが乳静脈と乳房静脈である。静脈は血液の冷却装置でもある。自動車におけるラジエーターと同じである。だから、体温より低い外気にふれて血液の温度を下げる必要性から、乳房静脈がマスクメロンのよ

第10図　血液の流れ

うに網目状に乳房の表面に広がり，かつ乳静脈が太くて蛇行した長いものをもったホルスタインが，一般的に乳量が多いことが理解できると思う。

肺と心臓は「心肺機能」と一言でいわれるように，体のなかで近い場所にあるため，肺と心臓のために必要となる体型は同じになる（後出の第18図参照）。

(5) 大量の牛乳生産

①大きな乳房

血液で運ばれた栄養から牛乳を生産するのが乳房である。大量の牛乳を生産するためには，乳房は大きいほうが有利である。乳房を考えるためには，容積として考えると簡単である。容積，つまり長さ×幅×高さである。

乳房の長さ　牛の乳房の横の長さは一般的に，腰角（ようかく）と坐骨（ざこつ）の間の長さを示す尻長（きゅうちょう）の長さとほぼ同じである。だから，尻長の長い牛が良い牛だといえる。

なかには前乳房の付着点が腰角から下ろした垂線よりも前にある，すばらしく横の長さのある乳房を持った牛がいるが，こういう乳房がショーでベスト・アダー（乳器賞）を獲得する牛である。

乳房の幅　乳房の幅はどこで見ればよいのだろうか。一般的には，乳房の一番広い部分が乳房の幅と考えがちであるが，それは間違いである（第11図の破線矢印）。乳房の幅は，後乳房（こうにゅうぼう）の付着点の幅で見るのが正しい（第11図矢印）。

それでは後乳房の付着点とはどこか。後乳房の付着点とは，後乳房の皮膚（第11図線）と腿（たい）の内側の皮膚（第11図破線）との付着点で見る（第11図丸）。

付着点は，後乳房と後肢（こうし）の腿との間に手を入れて上に上げていくと，腿の皮膚と乳房の表皮とが付着しているところがある。そこが後乳房の付着点である。

後乳房の付着点を見る場合，腿の中央部分をしっかりと見ると，上からきた毛の流れと下からきた毛の流れがぶつかり，毛が渦を巻いているところがある。その横のところが付着点と見てもそれほど間違いない（第12図）。この渦は子牛の段階からわかるので，子牛の乳器の将来の判断材料の一つにできる。

上から下まで同じ幅をもつ乳房のほうが容積が取れるので，良い乳房といえる。

このことからも，後肢の腿が薄い牛が良いことがわかると思う。とくに，子牛の良し悪しを判断する一つのポイントとなる。後肢の腿の厚い牛は肉牛タイプである。

乳房の高さ　乳房の高さについては，いろいろな表現がある。

一つは乳房の容積の計算式からいう「乳房の高さ」である。計算式での「乳房の高さ」は，後乳房の乳腺組織の最上部（第13図下の丸）と乳房底面との距離をいう（第13図矢印）。二つ目は，「後乳房の付着の高さ」である。「後乳房の付着の高さ」は，後乳房の乳腺組織の最上部（第13図下の丸）と陰門（第13図上の丸）の下部との距離で見る。

乳房の容積の計算式からいうと「乳房の高さ」（第13図矢印）になるが，この長さはあま

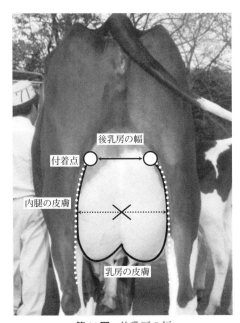

第11図　後乳房の幅

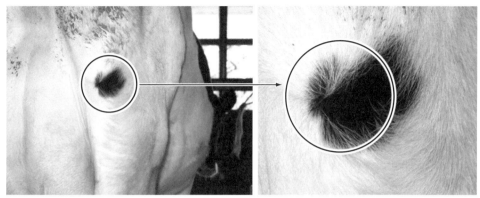

第12図　後肢の毛の渦巻き（左）とその拡大（右）

り気にすることはない。この長さは，産次が進むことによって中央懸垂靱帯（ちゅうおうけんすいじんたい）や前乳房の付着が弱くなってきて乳房が下がってくることにより，必然的に長くなってくるからである。

しかし，どんなに産次が進んで「乳房の高さ」が長くなってきても，搾乳作業の関係から，乳房底面は飛節の上に置きたい。

「乳房の高さ」は，中央懸垂靱帯などが弱ってくることによって必然的に長くなってくるということは，初産から「乳房の高さ」があると，すぐに乳房底面が飛節の下にきてしまうということである。

このことから，「乳房の高さ」は，長ければ乳房の容積が増して良いということではなく，年齢（産次）相応の「乳房の高さ」が求められると，理解してほしい。

産次が進んで乳房底面が下がってきても乳房底面を飛節の上に置くためには，「後乳房の付着の高さ」を高くしておくことが，解決策の一つである（第13図破線矢印）。これからの乳房の改良としては，「後乳房の付着の高さ」を高くすることを心がけてほしい。

なお，ショーの経産牛の審査で，審査員が一次選抜（ファースト・ピック）の順位で並んでいる牛を後ろから観察しているのは，一時選抜のときには牛と牛とが離れていて比較しづらかった各牛の「後乳房の付着の高さ」を比較審査しているのである。最近の審査では，乳房の評

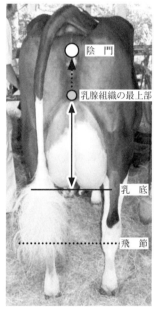

第13図　乳房の高さ

価として「後乳房の付着の高さ」が重要視されているため，体型がよくても「後乳房の付着の高さ」が低い牛は上位に選抜されない。

以上のことから，乳房の容積を大きくするためには，容積というよりも，乳房の底面積を大きくする，つまり乳房の「長さ」と「幅」を長くすることがポイントであることが理解できたと思う（第14図）。

②乳房の形

若い方に「横からみた乳房の形は，どのよう

乳牛改良で長命連産　乳牛の体型，ショー

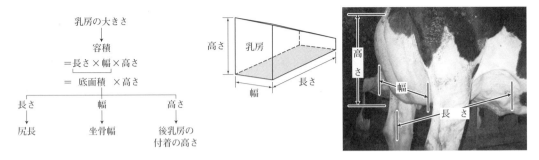

第14図　乳房の大きさ

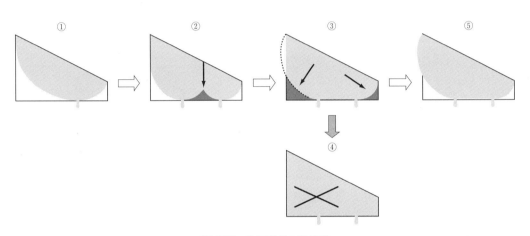

第15図　乳房形状の理想形

な形状がいいか」と質問すると、ほとんどの人が第15図①の形状が良いという。たぶんこれは、若い方が憧れている母の、女性の乳房の形状からきているものと思われる。しかし、この形状は乳頭が一つのときの乳房の形状である。

牛の乳房は前後左右に二つずつ、計四つの分房（ぶんぼう）で構成されている。横から見ると二つの分房に二つの乳頭があるので第15図②の形状が横から見た本来の形状なのである。

しかし経済学では、第15図②の矢印で示した濃い灰色の部分がもったいないと考える。ここでも牛乳をつくることができるし、経済動物として、そのように人間が改良を加えているのだから。つまり、第15図②の矢印の下の濃い灰色の部分にも乳腺細胞を形成した第15図③の形状が、乳房を横から見たときの望ましい形状といえる。つまり、乳房を側望したとき、乳房底面が水平な乳房が良い乳房である。

こう説明すると、それでは第15図③の左右の矢印の濃い灰色の部分にも乳腺細胞を形成して四角の枠全部を使った第15図④のような四角い乳房がもっとも良い乳房ではないのか、と反論する人がいるだろう。それについてはノーベル物理学賞を受賞した湯川秀樹博士が答えている。湯川博士は、随筆「自然と人間」のなかで、「自然は曲線を創り、人間は直線を創る」と書いている。つまり、自然界には直線や直角はない。だから、望ましい乳房は第15図③となるのである。

しかし、第15図③の乳房の左下の灰色の曲線の流れからすると、側面から見た場合、後乳房が外側に少し出っ張っている第15図⑤が自然の曲線の流れであるし、その部分にも乳腺細胞が形成される。つまり、側面から見た場合、

118

乳房底面が水平で，乳房後部が丸くせり出した第15図⑤の形が，理想の乳房の形状となる。

③乳房の質

牛乳は乳房のなかの乳腺細胞によってつくられる。乳房は，これらの乳腺細胞を組織細胞が取り巻いてできている。乳房のなかに乳腺細胞が多いほうが大量の牛乳を生産するのに適していることは自明の理である。

それでは外観から乳房のなかに乳腺細胞が多いか少ないかをどうやって見分けるか。簡単にいうと，牛乳をつくっている乳腺細胞には液体（牛乳）が多く，組織細胞は筋肉である。たとえば，水を入れた風船（乳腺細胞）と牛肉（組織細胞）とを指でつまめばわかるように，水を入れた風船のほうが軟らかく弾力性がある。

だから，乳房をつまんだとき，軟らかく，弾力性のある乳房は乳腺細胞が多く，硬い乳房は組織細胞が多いと判断できる（第16図）。このことから，乳房をつまんだとき，軟らかく，弾力性のある乳房が乳腺細胞の多い良い乳房だといえる。これを専門用語で，「テクスチャーがある」と表現する。

テクスチャーがある牛は，搾乳前には張っていた後乳房の付着部あたりに，搾乳後にはたくさんの縦じわができてくる。また，搾乳前は離れていた左右の乳頭が，搾乳後にはキスをするくらいに近づいてくる（第17図）。

以上のことからわかるように，乳房はそのなかにある乳腺細胞と組織細胞との比率が問題であるため，乳房が大きければ大きいほど乳がたくさんできる，というわけではない。

なお，遺伝的に多く形成されてきた乳腺細胞を乳腺細胞として発現させるためには，乳房に脂肪組織を形成させないことが大切で，育成期間の12か月齢までの栄養管理がきわめて重要となってくる。この期間のエネルギー過多は乳房に脂肪組織を形成させ，乳腺細胞の形成を阻害させてしまう。

「大量の牛乳を生産」するための条件と要因をまとめると，第18図のようになる。

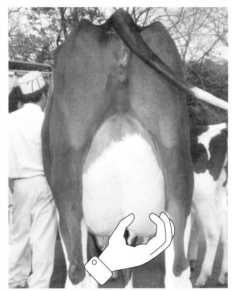

第16図　テクスチャーの見方

4.「長命連産」を成り立たせる条件と体型

長命連産のためには，どのような条件が必要だろうか。

まず，長く牛群にとどまるためには，早期に廃用淘汰されないための「しっかりした乳房」を持ち，「強い肢蹄」をもっていなければならない。そして連産性を保つためには，「繁殖に適した体」をしていなければならない（第19図）。

(1) しっかりした乳房

長命で長く牛群に留まるために必要な乳房とはどういうものだろうか。

乳房底面が落ちてくると，横臥していた牛が起き上がるときに，後肢で乳房や乳頭を傷つけてしまうことがある。また，乳房底面が低いと，搾乳器を付けることが困難となる。これらのことから，乳房底面が下がってくると淘汰の理由となりやすい。そのために，乳房底面は産次が進んでも飛節より上に置きたいのである。

それでは，産次が進んでも乳房底面を飛節よ

乳牛改良で長命連産　乳牛の体型，ショー

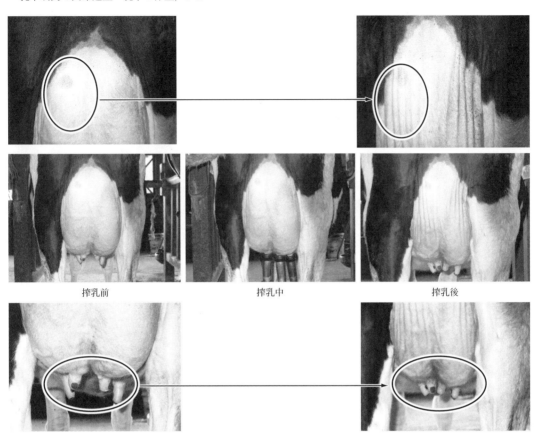

第17図　搾乳による乳房の変化

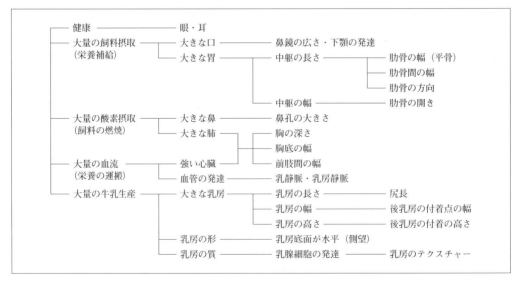

第18図　「大量の牛乳生産」のための条件と要因

第19図 「長命連産」のための条件

りも上に置くためには，どういう乳房であれば良いか。先に，「後乳房の付着の高さ」を高くすることが解決策の一つであると述べたが，そのほかにも次のような解決策がある。

①前乳房の付着の強さ

一つは，「前乳房の付着が強い」ということである。

「前乳房の付着の強さ」というと，乳房の先端の付着部の角度を見る人が多いが，この見方は，間違いとはいわないが簡易的な見方である（第20図の線の部分）。前乳房の付着の強さは正式には，「外側提靭帯（そとがわていじんたい）」の強さを見るのである（第20図の円の部分）。つまり，乳房が付いている腹壁横側の靭帯の強さをいう。正しい見方を頭に入れておいてほしい。

この靭帯が強ければ，産次が進んでも乳房が下がりにくくなる。

前乳房の付着の強さを簡単に見るには，やはり前乳房付着部の角度を見るのがよい。前乳房付着部の角度が水平に近いものを付着が強く，角度のあるものを付着が弱いといってもそれほど間違いはない。

②中央懸垂靭帯

二つ目は「中央懸垂靭帯」である。あの大きな乳房を体に支えているのは，中央懸垂靭帯ただ一本である。乳房と腿との皮膚はただ付着しているだけで，乳房を支えてはいない。

「中央懸垂靭帯」の強さを見る場合，一般的には乳房の後ろで乳房を左右の分房に分けている溝（乳房間溝（にゅうぼうかんこう））のへこみ具合を見るが（第21図），これは簡易的な見方である。この見方では乳房間溝の見えにくい牛もいるし，とくに分娩直後の牛では，乳房にしこりがあるため見えにくくなっている。「中央懸垂靭帯」の正式な見方は，乳房底面の中央懸垂靭帯の強さ（乳房間溝の深さ）で判定することであるから，この見方をする癖をつけてほしい（第21図）。

強い靭帯の場合，乳房底面の乳房間溝には人差し指1本が入る。指には太さがあることから，乳房間溝の上までは入らないので（第22図Aの部分），人差し指1本が入れば約3.5cmの深さがある。

「中央懸垂靭帯」の見方も「前乳房の付着の強さ」と同じで，簡単に見るには，やはり乳房の後ろ側にある乳房間溝の深さを見るのがたやすい。乳房間溝の深いものが強く，浅いものが弱いといっても間違いはない。ただしこの見方は，乳房間溝が見える牛に限る。乳房の後ろ側にある乳房間溝がはっきりしないからといって，即，中央懸垂靭帯が弱いと判断せず，そのような牛は乳房底面の乳房間溝を必ず観察する。

(2) 強い肢蹄

次に長命を支配するのが肢蹄である。肢蹄とは，肢＝足と蹄＝爪である。

①前　肢

前肢側望（前肢を横から見たとき）　肩甲骨（けんこうこつ）上端の中央から垂線を下ろしたとき，その垂線が前肢の膝（ひざ）と管（かん）を通って蹄の後部に至ること（第23図），つまり前肢を側望したとき，前肢がまっすぐなことが大切である。

第20図　前乳房の付着の強さの見方

乳牛改良で長命連産　乳牛の体型，ショー

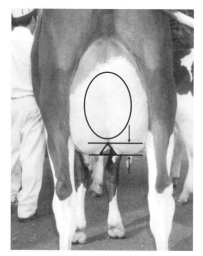

第21図　中央懸垂靱帯

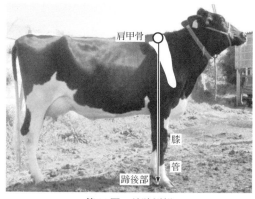

第23図　前肢側望

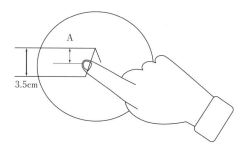

第22図　強い中央懸垂靱帯

側望して曲がっている前肢は，体の重さによって関節がダメージを受け，廃用の原因になる。

前肢前望（前肢を前から見たとき）　肩端（けんたん）から下ろした垂線が前肢の膝を通って蹄に至る，つまり前から見てまっすぐな前肢が良い（第24図左の太矢印）。両前肢が平行にあることが重要である。両前肢が平行にあると，両前肢の間，肢間（しかん）は上から下まで同じ幅になる。

両前肢が平行なとき，蹄の先＝蹄尖（ていせん）は前を向いてくる（第24図左の小矢印）。

前肢がX脚だと，先に述べたとおり，心肺機能として大切な胸を圧迫するとともに関節にダメージを与え，淘汰の一因になる。また，蹄尖は開いてくる（第24図右の小矢印）。

②後　肢

後肢側望（後肢を横から見たとき）　後肢側望（こうしそくぼう）は飛節（ひせつ）の角度となる。

後肢側望つまり飛節の角度は，寛（かん）から下ろした垂線が後肢の蹄にいたる角度がもっとも適している（第25図中）。飛節が曲がりすぎているものを「曲

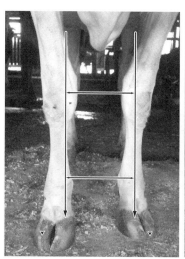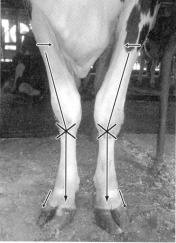

第24図　理想的な前肢（左）とX脚の前肢（右）

乳牛の体型の見方

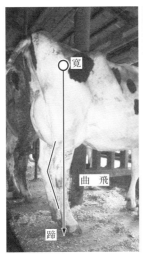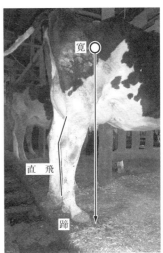

第25図　後肢側望・飛節の角度
左：曲飛，中央：適度，右：直飛

飛（きょくひ）」（第25図左），飛節の曲がりが少ないものを「直飛（ちょくひ）」（第25図右）という。曲飛の場合，寛から下ろした垂線は蹄の後ろにいき，直飛の場合，蹄の前にいく（第25図矢印）。

適度な飛節の角度は150度くらいで，曲飛の場合は140度くらい，直飛の場合は160度くらいである。

曲飛が良くない理由は，後肢が寛より前に出ているために，年齢が進むとともに体重を支えるのに負荷がかかり，後管の腱が伸びてきて歩行が困難となり，淘汰の原因となるからである（管については後述）。

一方，直飛が良くない理由は次のとおりである。飛節は繋（つなぎ）（第34図参照）とともに，着地のときに腰にかかる体重の衝撃を和らげるクッションの機能をもっている。しかし，直飛ではその機能が失われ，着地のときの衝撃が直接関節と腰に伝わり，ダメージを受けて歩行が困難となり，やはり淘汰される原因となるからである。

飛節の角度と乳房保持の関係　飛節の角度は，乳房の垂れ下がりと深い関係がある。乳房の形状は，簡単にいうと球体である。直方体と球体を平面に置くと，直方体は底面全体で平面

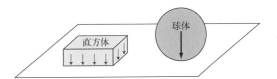

第26図　直方体と球体の重量分散

に接するため，底面全体に重さが分散される。一方，球体は一点で平面と接するため，その一点に重さが集中する（第26図）。この重さの一点への集中が問題となってくる。

ところで，乳房はどのくらいの重量があるだろうか。乳房の重量は本体が約8kgで，それに乳量の重さが加わる。牧場では通常，朝と夜の2回搾乳するので，1日30kgを泌乳する牛では1回約15kgだから（朝夕の搾乳時間の間隔の差によって若干の差がでてくる），合計約23kgとなる。

飼料の紙袋は通常20kg入りだから，紙袋1個以上がぶら下がっていることになる。すごい重さであることが理解できるだろう。

第27図で，飛節の角度と乳房の垂れ下がりとの関係について，天秤（てんびん）の考えによって説明する。

乳房は概略，球形であるから，その重さは一

乳牛改良で長命連産　乳牛の体型，ショー

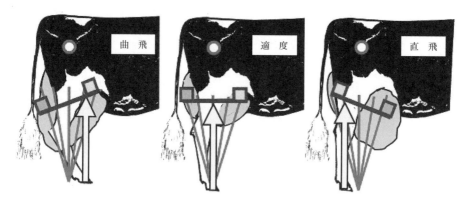

第27図　飛節の角度と乳房の垂れ下がりの関係
左：曲飛，中：適度，右：直飛

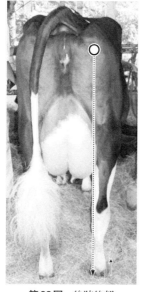

第28図　後肢後望

点に集中する（第27図の5線頂点）。

　飛節の角度が適度な場合，乳房を支える支点となる蹄が乳房の中央（真下）になるため（第27図中央図の矢印），乳房の重さを十分に支えることができる。

　曲飛の場合，乳房を支える支点となる蹄が体の内側に寄るため（第27図左図の矢印），乳房の重さを十分に支えることができずに（第27図左図の天秤），乳房が後ろに下がってくる。

　直飛の場合，乳房を支える支点となる蹄が体の外側に寄るため（第27図右図の矢印），乳房の重さを十分に支えることができずに（第27図右図の天秤），乳房が前に下がってくる。

　しかし乳房が下がる原因は，前乳房の付着の強さ，後乳房の付着の高さ，中央懸垂靱帯の強さなどにも関係するので，曲飛と直飛の牛の乳房が必ず下がるとは言い切れないが，乳房が下がる理由の一つであることに間違いない。

　後肢後望（後肢を後ろから見たとき）　坐骨から下ろした垂線が，飛節と管を通って蹄に至る，つまりまっすぐな後肢が最適である。そして両後肢が平行にあることである。

　前肢前望でも述べた，後肢がまっすぐであれば（第28図大矢印），蹄の先＝蹄尖（ていせん）は前を向いてくる（第28図小矢印）。後肢は若干，内寄りなのが一般的であるが，まっすぐなことがベストであることに間違いはない。

　一方，後肢がX脚だと，乳房に圧迫を加えるとともに，歩行時に腿の内側＝内腿（ないたい）と乳房の皮膚がこすれあい，炎症を起こす一つの要因となるし，飛節にダメージを与え淘汰の一因になる。後肢がX脚のとき，蹄尖は開いてくる。

　③尻

　尻は三つの骨，坐骨（ざこつ）・腰角（ようかく）・寛（かん）で構成されている（第29図）。寛は，正しくは臗の字であるが，ここでは簡単に「寛」で表記する。

乳牛の体型の見方

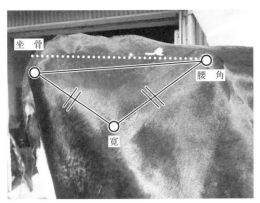

第29図　尻の三つの骨の関係

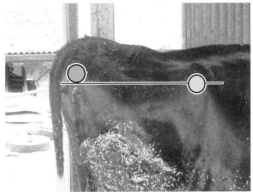

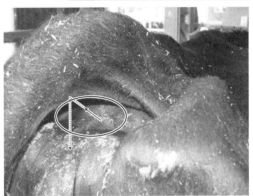

第31図　坐骨が腰角より高いと排糞で膣を汚す

第30図　正確な坐骨の位置では排糞で膣を汚さない

　この三つの骨の位置関係には，二つの重要なポイントがある。一つは寛の位置である。寛のもっとも良い位置は，坐骨と腰角の中央にあることである。つまり，寛を頂点とする三角形が逆二等辺三角形になる位置がベスト・ポジションである（第29図）。二つ目は，腰角と坐骨の位置関係で，坐骨が腰角より若干下にある位置がベスト・ポジションである（第29図破線）。

　坐骨が腰角より上にあるものを「ハイピン（High Pin）」，坐骨が腰角よりかなり下にあるものを「斜尻（しゃじり）」という。

　坐骨が腰角より上にある「ハイピン」は良くない。正確な坐骨の位置として，坐骨が腰角より若干下に位置する場合（第30図上），肛門（こうもん）は膣（ちつ）より少し内側に位置し（第30図下の丸），肛門は真横を向いている（第30図下の矢印）。そのため，牛が尾を上げて排糞すると，排糞のとき直腸が少し外にでてきて，排糞の力で糞が斜め下に落ちる関係で（下痢のときは，排糞の力で真横に飛ぶが），糞は膣を汚さない（第30図下の破線矢印）。

　ハイピンの場合は（第31図上），肛門が内側に引き込まれる（第31図下の丸）と同時に，

125

通常，真横に向いている肛門が斜め上向きとなる（第31図下の矢印）。これによって，排糞したとき，牛が尾を上げても糞は尾根にあたって真下に落ちてしまい（第31図下の破線矢印）膣を汚して，尿膣（にょうちつ）の原因となる。

加えて，通常，産道は円形なのであるが，ハイピンになると産道が上に引き上げられるため扁平になり，分娩に難をきたす。

坐骨は年齢が進むと上がってくる傾向があるので，子牛の段階で斜尻に見えるものは直ってくる期待がもてるが，反対に坐骨が高い子牛は救いようがない。

斜尻について考えてみよう。斜尻の良し悪しを判断することはむずかしい問題である。むずかしいときは，原点に戻るのが思考の基本である。人に飼われている動物の原点は野生動物である。野生動物の坐骨の位置はすべてが著しい斜尻である。ということは，弱肉強食の厳しい自然界においては，無防備の状態となる分娩を早く終えることと，天敵の攻撃からいち早く逃げ去ることが大切で，そのためには斜尻が適しているといえる。人類がつくり上げた動物のなかで最高傑作といわれるサラブレッドの尻が，すごい斜尻であることをみても，斜尻が走ることに向いているものと思われる。野生で生きるためには利点となる斜尻であるが，あまり歩かないうえに分娩介助をされるホルスタインにおいては，著しい斜尻は，見た目に少しかっこ悪いぐらいで，生理的にはまったく問題がない。ショーにおいても，斜尻で順位が下がることはない。

④管

管は飛節から副蹄（ふくてい）までをいう。管の構造を見るために管を切断してみると，第32図のように中趾骨（ちゅうしこつ）と一本の筋肉と二本の腱（深屈腱（しんくつけん）と浅屈腱（せんくつけん））で構成されている。

管の骨の形状にも，肋骨と同じように丸骨と平骨がある。成牛になると700kg以上となる体重を支える管の骨はどのような形状がよいだろうか。

皆さんの家庭にある水道管やガス管を見てほしい。これらはすべて丸い形をしている。水道管やガス管が丸いのは日本だけではなく世界共通である。地中に埋め込まれている水道管やガス管の丸い形が，あらゆる方向から加わる力に対してもっとも強い形であるからである（第32図左・中段）。それゆえ，700kg以上の体重を支える管の骨の形は，丸いことが一番よいことになる。

しかし，最初に断ったように，すべては牛を外観から判断していかなければならない。中趾骨の形が丸いか平らかは管の部分を切断しなければわからない。それを外観から判断するためにはどうするか。

第32図の上段に示してある管の構成をすべて塗りつぶしてみると，第32図の下段の図が，管を外観から目で見たときの形状である。実際には丸い中趾骨をもった第32図の左側の管の

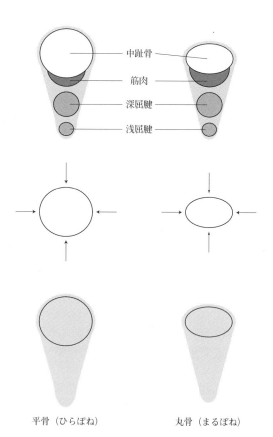

第32図　管の構造と中趾骨の形状による差異

ほうが平らに（平骨），実際には平たい中趾骨をもった第32図の右側の管のほうが丸く（丸骨）見えないだろうか。つまり，管の部分も，外観から見たときに平らに見える平骨のほうが良いことになる。

また，同じ丸い中趾骨をもっていても，肉がまわりに付くことによって外観が丸く見える管（丸骨）もある。一番肉が付きにくい部分である肢の管に肉が付くのは，その牛が，摂取したエネルギーを牛乳にしないで肉にしている働かない乳牛の証拠である。この場合も，外観が平らに見える管（平骨）のほうが良いことがわかると思う。

簡単に管の良し悪しを見る方法を説明しよう。

管の筋肉と深屈腱，深屈腱と浅屈腱との間の余分な肉が落ちて窪んで見えるような管がすばらしい管として評価される。まったく肉の付いていないすばらしい管では，深屈腱と浅屈腱との間の窪みを親指と人差し指ではさむと，左右の皮2枚だけなのが感触でわかる。

このような管を「骨質（こつしつ）がいい」，あるいは「ボーン・クオリティー（Bone Quality）がいい」と表現する。

ここで余談であるが，酪農界の年配の方々，それを真似た一部の若い方々が，「骨質がいい」の言い方を，「骨味（ほねあじ）がいい」と表現する。私は，牛の中趾骨の生の骨をしゃぶったことがないので，生の骨の味はわからないが，この「骨味」を英語に翻訳した場合，よほど日本語と酪農用語に精通した通訳でないかぎり，「ボーン・テイスト（Bone taste）」と訳すと思う。その瞬間に，欧米人は目を丸くし大げさに両手を左右に広げて，「オー」と声を発しながら，会話は途切れてしまうだろう。

皆さんが今後，国際的な酪農界で生きていくためには，国際的に通じる正式な言葉を使うべきだろう。「質」は「Quality」で，「味」は「Taste」である。

⑤繋（つなぎ）

副蹄の下から蹄の付け根までを繋という（第34図の上破線矢印）。

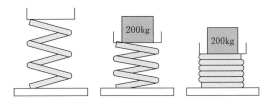

第33図　バネの強弱による負荷の吸収

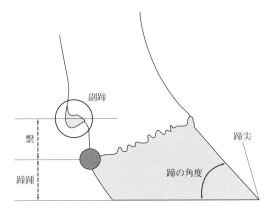

第34図　蹄の各部の名称

繋は牛の歩行時に，体重が直接に関節や腰に伝わるのを防ぐバネの役割をしている。強いバネだと，多少の負荷をかけてもすべての負荷を吸収するが（第33図中央），弱いあるいは弱ってきたバネは，かけられた負荷を吸収できずに圧縮されてしまう（第33図右）。

これと同じで，年齢とともに弱ってきた繋は，蹄が着地し体重がかかると同時に下がり，体重の負荷を直接，飛節や腰に伝えてダメージを与えてしまう。そして，蹄を上げたときに伸びてくる。そのため，歩行時の牛を横から見ていると，腰が上下に波打つ。このような歩行は見苦しいものである。繋はあまり長くなくて，強いほうが良い。

⑥蹄（てい）

蹄は，蹄の角度・蹄踵（ていしょう）の厚さ・蹄の開き・蹄の質・蹄の大きさが重要である。

蹄の角度　蹄は角度があることが理想である（45度が最適，第34図矢印）。蹄の角度が大きすぎると，必然的に蹄の底面が小さくなってし

まい，よくない。

蹄踵の厚さ　蹄踵とは蹄の後ろ側をいい，厚さが重要である（第34図の下破線矢印）。蹄踵が薄いと，蹄の後ろの付け根（第34図の黒丸）が傷つき，そこから細菌が侵入して関節がやられ，歩行困難となり，廃用の一因となる。蹄の角度がないと，必然的に蹄踵も薄くなる。

蹄の開き　牛は偶蹄類のため，蹄が外蹄（がいてい）と内蹄（ないてい）に分かれているが，外蹄と内蹄があまり離れていないことが大切である。外蹄と内蹄が大きく離れていると，外蹄と内蹄の付け根が傷つき，そこから細菌が侵入してやはり関節がやられ，歩行困難となって，これも廃用の一因となる。

蹄の質　蹄は硬いことが重要である。軟らかい蹄は白く，硬い蹄は色が黒ずんでいる。削蹄師にとっては，蹄が軟らかいほうが削蹄しやすいが，削蹄師泣かせの硬い蹄がホルスタインの長命には有利である。

なお，牛床（ぎゅうしょう）が常に湿っていたり濡れていたりすると，蹄は軟らかくなってくるので，牛床は乾燥させておくように心がける。

蹄の大きさ　最近のホルスタインを見ると，昔よりも蹄が小さくなっているように感じる。成牛になると700kgを超す体重を支える四つの肢の蹄は大きいほうが良いはずである。

蹄が小さくなってきていることは，私には断言できないが，ひょっとしたら改良が進むなかでの負の面が現われてきているのかもしれない。蹄の大きさの問題はホルスタインの改良に関して，今後の検討課題ではないだろうか。

大相撲を例に説明する。最近の力士の体型を見ると，栄養のある大量の食事をして体重を増やしているため上体が大きくなっている。そのためか，相手に少し引き技をかけられると，上体を支えられずにすぐに転んでしまいけがをする。また，足の関節にサポーターをしている力士も目につく。上体の体重が増えても足の大きさが変わらないことに原因があるのではないだろうか。

その他　フリー・ストールやルーズ・バーンでは牛は自由に歩行するので，蹄の管理が重要な問題となってくる。将来，現在の繋ぎ飼いからフリー・ストールやルーズ・バーンへの移行を考えている牧場では，今から蹄の改良に取りかかっておくことを勧める。

囲いの中に牛を集団で放し飼いにして，列状に配置したストールがある牛舎をフリー・ストールという。また，同じく囲いの中で放し飼いにしながら列状に配置したストールのない牛舎を，日本ではフリー・ストールの影響からか，フリー・バーンという人が多いし，専門家が執筆している書物にもフリー・バーンと多々書かれている。しかし，フリー・バーンは和製英語で，正式には「ルーズ・バーン」というので，覚えておいてほしい。欧米の人にフリー・バーンといっても，まったく通じない。

蹄は日常の管理が大切で，牛の長命に関係する。蹄を正常な状態に保つための削蹄の間隔は，牛床の材質やマットの使用などによって違ってくるので，削蹄師と相談して，定期的な削蹄を心がけてほしい。

蹄は伸びてくると蹄の先端である蹄尖部（ていせんぶ）が浮き上がってくるため，蹄底全体で体を支えるのではなく，蹄の後部である蹄踵部（ていしょうぶ）だけで着地し支えるようになる。そのため，蹄踵部に負荷がかかり蹄底潰瘍（ていていかいよう）などを起こす原因となる。

削蹄には費用がかかるが，蹄が伸びて起立や歩行のストレスからくる泌乳減少による収入減のほうが，たぶん大きくなるだろう。たとえば，削蹄費用を1頭3,500円とすると，生乳単価を100円/lとして35l多く搾ればよいのである。35lは，搾乳期間を365日（2016年全国平均（家畜改良事業団資料））として，1日当たり96ccである。摂取したエネルギーをストレス対策に向けずにすべて泌乳に向ければ，1日当たり96ccは多く出るだろうから削蹄費用は相殺される。

このように，費用（支出）ばかりを気にせず，何事も費用対効果を考えて行動してほしい。

また，欧米で課題となっている牛の快適さ

(カウ・コンフォート(Cow Comfort))が,将来,日本でも課題になる可能性があるので,今から目を向けておくことを勧める。

(3) 繁殖性

①寛幅

牛の胎児は,牛を横から見たときにはおおよそ第35図左の位置に,後ろから見たときには第35図右の位置に存在する。

第35図　胎児の位置

牛の則尺では,尻の3骨のうち腰角幅(ようかくはば)を測定しているが,胎児の存在する位置から見て,胎児の発育のためには,腰角幅よりも寛幅(第35図右)のほうが重要であることが理解できると思う。

カナダでは,寛が腰角よりも外側に広く出ていることを「腰の強さ」として,種雄牛の体型形質において評価している。

②坐骨幅

坐骨幅とは,両坐骨の一番外側にでっぱっているところの距離をいう(第36図)。坐骨幅は分娩の難易に関係する重要な部位である。坐骨幅が狭いと難産となる。

日本では,初産に黒毛和種を交配するF1が多用されているが,これは初産時の分娩を容易にするために,ホルスタインよりも体格の小さな黒毛和種を交配しているのである。一方,欧米ではホルスタインにF1は行なわれていない(もちろん,欧米には黒毛和種はいないが)。この違いは,日本においてF1が肉用として重宝されていることもあるが,日本のホルスタインの坐骨幅が狭いことに一因があることは事実である。

最近の黒毛和種は肉量を増やすために大型化している。F1といえども想像以上に大きな胎児となり,思わぬ難産を招くことがあるので気をつけてほしい。容易な分娩のためには坐骨幅

第36図　坐骨幅

が広いことが絶対に必要である。

初産分娩を心配しないですむ最大の解決策は,F1に安易に逃げるのではなく,日本のホルスタインの改良でもっとも遅れていると思われる坐骨幅を広くする改良をはかるべきである。

ここで一言付け加えておきたい。

雌牛がその血液(能力)をこの世に最初に伝えるのは,その雌牛の第一子であることは紛れもない事実である。もちろん,その第一子が必ず雌であるとか,その第一子が能力のもっとも優れた子孫であるとはいわないが,その第一子を乳牛としては使いものにならないF1にすることは,日本のホルスタインの,そして皆さん

乳牛改良で長命連産　乳牛の体型，ショー

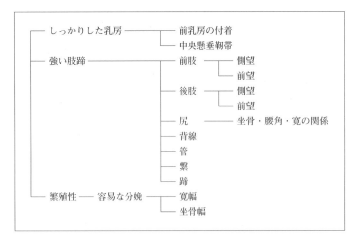

第37図　「長命連産」のための条件と要因

第38図　作業性のための条件

の牛群改良の大きな遅れにつながると思わないだろうか。初産に黒毛和種を交配して第一子をF1にしている限り，ホルスタインの改良において永久に欧米に追いつくことはできない。もちろん，F1を止めろとはいわない。F1をやるのならば，牛群のなかで能力が低く，後継牛を残す必要のない雌牛に行なうべきだ，といいたいのである。

初産の分娩が心配だ，というのであれば，分娩難度の低い（アメリカ合衆国），あるいは安産度の高い（日本・カナダ）種雄牛を交配すればいいのである。そのために，皆さんが協力している種雄牛の後代検定によって分娩難易が調査され，「種雄牛案内（ブル・ブック）」にそのデータが記載されている。どうか，皆さんの牧場においては，初産のF1について再考していただきたい。

「長命連産」のための条件と要因をまとめると第37図のようになる。

5.「作業性」を成り立たせる条件と体型

作業性においては，1日に2回から3回行なう「搾乳管理」がしやすい乳器をもち，「飼養管理」がしやすいおとなしい性格が求められる（第38図）。

(1) 搾乳管理

①乳頭の配置

乳頭は，四つの各分房の一番下にまっすぐに下に向いて付いていること（これを「中央に垂下している」と表現する）が理想で，中央より外側についているものを「外付き」，中央より内側に付いているものを「内付き」（第39図）という。

乳頭が各分房の中央にまっすぐ下に向いて付いている状態が，搾乳器を装着するのにもっとも適している。

外付きでは，横臥していた牛が起き上がるときに，後肢の蹄で乳頭の先端を踏み，傷つけるおそれがある。

乳房は産次が進むにしたがって変化していく（第40図）。つまり，初産時に乳頭が分房の中央に付いていても（第41図左上），産次が進むに伴い，中央懸垂靱帯などが弱って乳房が下に落ちるとともに乳房間溝の溝が浅くなっていく。しかし，乳房間溝の中央と乳頭の距離は変わらないので，乳房間溝が浅くなってくるとともに，乳頭の配置はだんだんと外側にずれていく（第41図左下）。だから，産次が進んでも乳頭を中央付近に置くためには（第41図右下），初産のときは若干内付きの乳頭のほうが良い（第41図右上）と思われる。

②乳頭の長さ

乳頭はその配置・方向とともに長さが重要である。乳頭の長さとは，乳頭が乳房に付いている基部から乳頭の先端までをいう。

乳頭の長さが短いと，搾乳器を着けることがむずかしいとともに，搾乳器が空気を吸ってしまい，うまく作動しないことが起こる。逆に乳頭が長すぎると，中央懸垂靱帯が弱って乳底が

乳牛の体型の見方

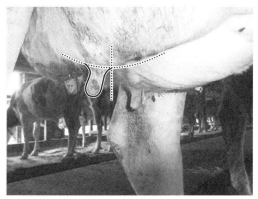 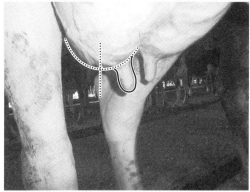

第39図　外付きの乳頭（左）と内付きの乳頭（右）

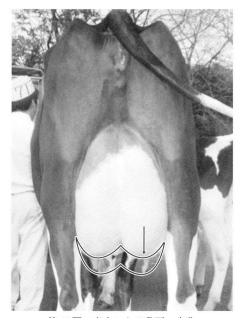

第40図　産次による乳房の変化

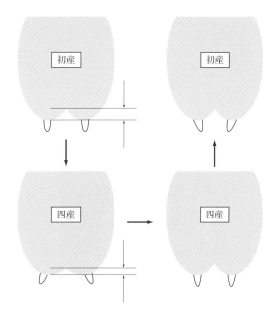

第41図　初産時の理想的な乳頭の位置

下がってくると，横臥していた牛が起き上がるときに，後肢の蹄で乳頭の先端を踏み，傷つけるおそれがある。

乳頭の長さは，5.5cmから6cmが理想的である。

③高い乳房底面

皆さんは，搾乳で使用する搾乳器の長さ（ティートカップライナーの上からミルククローの下まで）がどのくらいあるか知っているだろうか。搾乳器の長さはおおよそ40cmである（第42図）。もちろん，メーカーやゴム管の摩耗度合いによって多少の差はある。

それでは次に，ホルスタイン経産牛の飛節から地面までの距離はどのくらいあるだろうか。もちろん，個体差や年齢によって違ってくるが，日本のホルスタインでおおよそ48±2cmの距離である（第43図）。

搾乳器は乳房の底面（乳底（にゅうてい））についている乳頭に装着するわけだから，乳房底面が地面に近いと，搾乳器を着けづらくなる

乳牛改良で長命連産　乳牛の体型，ショー

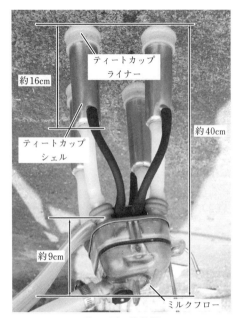

第42図　搾乳器

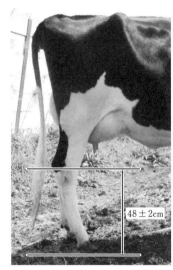

第43図　飛節と地面との距離

ことは当然のことである。先に述べた，産次が進んでも乳房底面を飛節より上に保ちたい理由がここにある。産次が進んでも乳房底面を飛節の上に保つ。そのために，中央懸垂靭帯と前乳房の付着を強くし，後乳房の付着の高さを高くする。その理由がはっきりと理解できたと思

う。

(2) 飼養管理

ホルスタインは，人間が人間のために改良に改良を重ねてきた動物である。そのため，人間が管理しやすいおとなしい性格，これを「温順な性格」と表現するが，温順な性格がホルスタインの一つの品種特性である。気性の荒い牛はホルスタインではない。

「作業性」のための条件と要因をまとめると第44図のようになる。

6.「乳牛らしさ」を成り立たせる条件と体型

よく「首の長い牛」は乳を出すといわれるが，キリンみたいに首の長い牛がいたらどうだろうか。違和感を感じないだろうか。やはり，乳牛には乳牛という言葉から頭に浮かぶ，乳牛としての体の各部の「バランス」と，乳牛としての「乳用性」が求められる（第45図）。

(1) バランス

①年齢相応の発育

ホルスタインには，動物として年齢相応の発育が求められる。

第1表は日本ホルスタイン登録協会が発表している，日本のホルスタインの標準発育値である。ただし，この数値は1995年に発表されたものであるため，その基礎となったデータの収集期間から考えると，今から約27～28年前の標準であると推察される。そのため，その後の改良の進展を加えた現在のホルスタインの大きさからみると，少し小さく，現状を正確に反映していないかもしれない。しかし，公式の標準発育値がこれしかないとすると，この数値を基準にするしかない。

ホルスタインの体高を異常に高くすることを求めるわけではないが，（約28年間の改良の進展をみると）現在のホルスタインには，発表されている標準発育値よりも体高があることが求められると思う。

乳牛の体型の見方

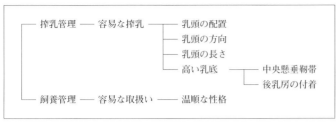

第44図　「作業性」のための条件と要因

参考までに，2015年に北海道で開催された第14回全日本ホルスタイン共進会に出品された出品牛の体高を，標準発育値の月齢に合わせてグラフ化してみると，第46図のようになり，各月齢とも標準発育値よりも15cm以上高くなっている。

これは，出品牛が各県の代表牛という特別な牛であることにもよるだろうが，日本のホルスタインの平均的な体高が確実に伸びていることを示すものとも考えられる。早く，新しい標準発育値の発表を日本ホルスタイン登録協会に望みたい。

②体高と体長のバランス

乳牛を横から見たとき，胸底の上と下との比率が55：45のときが一番美しくバランスが取れているといわれる。しかし，これは成牛になったときの比率で，未経産牛は足のほうが長いのがふつうである。バランスというものは年齢とともに変化してくるので，各年齢でのおおよそのバランスを頭に描いておくことが大切である。

ここで，第1表に示した日本のホルスタインの標準発育値を加工してみよう。加工目的は，生涯成長に対して各月齢までにどの程度の成長割合を示すかをみるためである。たとえば，ホルスタインは体高75.1cmで生まれ，成牛で144cmとなるため，生涯に68.9cmの成長をする。この生涯成長の68.9cmに対して，各月齢までにどのくらいの割合の成長をするかをみるのである。

ホルスタインの体高・尻長・腰角幅について，各月齢までに示す成長割合をグラフ化したのが第47図である。一般的に育成期間とさ

第1表　標準発育値
（日本ホルスタイン登録協会）

月齢	体高(cm)	尻長(cm)	腰角幅(cm)	胸囲(cm)	体重(kg)
0	75.1	23.0	17.1	78.9	40.0
6	104.5	35.1	29.8	128.3	172.4
12	122.4	43.6	39.7	161.5	327.5
18	132.5	48.8	46.4	181.3	458.0
24	137.7	51.8	50.6	191.9	540.3
36	141.6	54.7	54.5	203.0	609.4
48	143.2	56.2	56.8	207.5	651.2
60	144.0	56.5	58.0	208.5	680.0

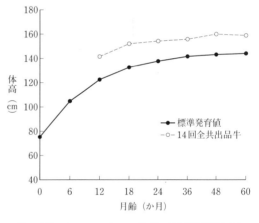

第46図　ホルスタインの体高の標準発育値と第14回全共出品牛の体高

れる生後24か月で，体高は137.7cm，尻長は51.8cm，腰角幅は50.6cmとなり，それぞれ生涯成長のじつに90.9％，86.0％，81.9％に達する。

このことから，育成期間の管理がいかに重要であるかが理解できる。育種改良によって高い

133

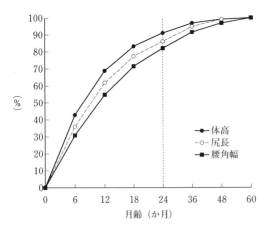

第47図　生涯成長に対する各月齢での成長割合
（体高・尻長・腰角幅，%）

潜在能力をもって生まれた牛の能力を，顕在能力として引き出すには，育成期の栄養管理が重要であることを十分に認識してほしい。育成期間の飼養管理が，皆さんが想像していた以上に重要なことが，実感として理解できたと思う。

また，第47図を見ると，生涯生長の90％に達する時期は，体高がおおよそ24か月，尻長がおおよそ30か月，腰角幅がおおよそ36か月であることからわかるように，牛の成長は高さ（体高），長さ（尻長），幅（腰角幅）の順であることが理解できる。

もし未経産牛が，成牛と同じようなバランスであったならば，その牛は成牛になったとき，その後の成長によって「ズングリ」とした形になり，期待したほどの体型を保たず，乳量を出さない牛になる可能性がある。

乳房の付いていない未経産牛の評価をすることはむずかしいが，未経産牛を評価する部位の一つが体高である。月齢相応の発育をしているかを基礎に，月齢にあった高さ・長さ・幅のバランスを頭に入れておいて，未経産牛を評価してほしい。

このことは，ショーにおける未経産牛の審査にもあてはまるのではないだろうか。

未経産牛のチャンピオンが，経産牛になったときになかなかチャンピオンになれない，あるいは出品もされなくなっているのが現実である。それは，成長過程にある未経産牛の高さ・長さ・幅のバランスが成牛と違うことを理解しないで，成牛と同じバランスで未経産牛を評価するために，その後の成長で経産牛としてのバランスを崩してしまう，と推察することに無理があるだろうか。

もちろん，経産牛には未経産牛とは違った「乳房」という大きな要素があるため，乳房のでき方が経産牛の評価に大きく影響することは当然理解している。しかし，未経産牛の評価を再考する一つの要因として取り上げてもよいのではないかと思う。まさか，「未経産牛のチャンピオンには，良い乳房が形成されない」などのジンクスはないだろうから。

③頭（顔）

頭の長さは，首・背・腰・肢・尻などの各部の長さと比例するので，頭は長いほうが良い牛であるといえる。なお，頭の長さとは，首の後ろから鼻の先端までをいう。

また，頭の額（ひたい）は広いほうが良いといえる。

鼻梁（びりょう）はまっすぐな鼻がふつうであるが，ときとして，盛り上がっている牛がいる。この鼻の形をローマン・ノース（Roman Nose）（人間でいう「わし鼻」で，ローマ人に多い鼻の形からきている）といい，泌乳能力には関係ないが，牛の品位としては悪くなる。

顔にはホルスタインの品位が表われる。とくに子牛では，顔がかわいい牛が良い牛といえる。かわいいとか憎らしいとかは感情の問題と思われがちであるが，実際にたくさんの子牛の顔を見れば，その差異がわかる。かわいい顔をした子牛が将来，期待した牛乳を生産する牛になることは，酪農界の先人たちの経験則（後述）によって確かめられていることであり，間違いはない。これも子牛の良し悪しを判断する一つの手段である。

（2）乳用性

「この牛は乳用性がある」との言葉は，ショーでの審査員の講評でも，牧場で牛を見ている

乳牛の体型の見方

人々の会話でもたびたび出てくる。しかし「乳用性」の意味を本当に理解している人はそれほど多くはないと思われる。私は三十数年にわたってホルスタインを学問で追求してきたが、そこから得た乳用性についての私なりの結論を示す。

「乳用性」は、英語の「デイリー・キャラクター（Dairy Character）」の日本語訳で、「乳牛として用いるに適した特性」の意味だと思う。それでは、「乳牛として用いるに適した特性」とは、どのような特性であろうか。

ホルスタインは世界の酪農家の先輩たちが苦労に苦労を、失敗に失敗を重ねて、その経験の積み重ねから、良いホルスタインとはどのような特性をもった牛かを、各酪農家個人個人が判断してきた。これを「経験則」という。

一方、ホルスタインは人間の食生活にとってきわめて重要な栄養である「牛乳」の生産動物として、世界の酪農界で日夜、科学的に研究され、いろいろなことが論理的に解明されてきた。これを「論理則」という。

しかし、論理則ではいまだに説明できない、経験則からきている「乳牛として用いるに適した特性」が「乳用性」だと思う（第48図）。簡単にいえば、外から取り入れたえさ（飼料）を効率的に乳に変換する能力ともいえるだろう。

そのため、今後の科学の進歩や研究の進展によって、経験則のなかのある特性が論理的に説明できたときには、その項目は乳用性から外されて論理則に移行する。すべての経験則が論理的に説明されて論理則に移行したときには、「乳用性」の言葉が酪農界から消えてしまうかもしれない。

理論だけでは説明できない経験則としての「乳用性」の部位について説明していく。

① 鋭角性

鋭角性はホルスタインにとって重要な形質である。

昔、乳牛は、横から見て、前から見て、上か

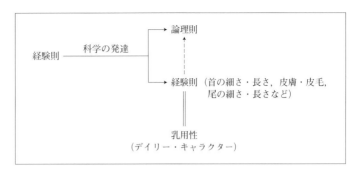

第48図 乳用性（経験則と論理則）

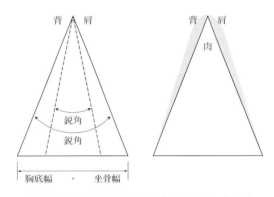

第49図 乳牛の鋭角性とは角度でなく、丸みを帯びていないこと

ら見て、三つの楔形（くさびがた）で成り立っているといわれていたが、現在は心肺機能の保護が重要となり、横から見た鋭角性を求める必要はない。したがって、鋭角性には二つある。一つは牛を前から見たときの鋭角性であり、もう一つは牛を上から見たときの鋭角性である。

ここでまずは、鋭角の言葉に惑わされないように、と強調しておきたい。鋭角と聞いて思い描くのは、たぶん鋭くとがった「槍の先」だろう。鋭角の反対は鈍角（どんかく）であるが、数学的には、90度よりも小さい角が鋭角で、90度より大きく180度より小さい角が鈍角である。したがって、牛の体型はすべて鋭角である。

前から見た場合、鋭角の底辺は胸底幅に相当する（第49図左）。鋭角性を言葉だけで追求していくと、心肺機能を圧迫する胸底幅の狭い、弱い牛ができてしまう。現在、産乳性の観点か

ら求められているのは, 胸底幅のある強い牛である.

上から見た場合, 鋭角の底辺は坐骨幅に相当する（第49図左). 鋭角性を追求していくと, 坐骨幅の狭い難産傾向の牛ができてしまう. 現在, 分娩から求められているのは, 坐骨幅のある牛である.

このことから, 鋭角性とは角度をいっているのではないことが理解できると思う.

鋭角性とは, 角度ではなく, 丸みを帯びていない, と理解すべきである. 丸みを帯びているとは, 背や肩に余分な肉が付いている, ということになる（第49図右). 余分な肉が付いている牛とは, 摂取したエネルギーを牛乳にしないで肉にしている牛, つまり働きの悪い乳牛となる. 乳牛は乳牛であって, 肉牛ではないのである.

背に肉が付いていなければ, 背骨の突起（棘突起（きょくとっき））が見えてくる. ただし注意してほしいのは, 牛の肉付き（ボディー・コンディション・スコア（Body Condition Score））は, 泌乳ステージや妊娠ステージによって大きく異なってくることであり, これを念頭において牛を観察してほしい.

一方, ショーでの部類分けは月齢や年齢によってなされており, 泌乳ステージや妊娠ステージによって部類分けされてはいない. そのため, 「この牛は, 妊娠後期のためボディー・コンディションが多少オーバーであり, 乳房が十分に張っていないことを考慮して審査してほしい」などの言い訳は一切通用しない.

ショーで上位に入りたいがゆえに, ラウンダーで牛を引き回し強引にボディー・コンディションを落として胎児に影響がでる, あるいは, 乳房を張らすために搾乳時間を長くして乳房炎を起こしたとしたら, その責任は自ら取らなければならない.

②首

ホルスタインの乳用性で重要視される部位が首である. ホルスタインの首は, 細くて（第50図白矢印）長いこと（第50図矢印）が大切である.

細くて長い首を持っている牛が, たくさんの牛乳を生産することは事実である. なぜ細くて長い首を持っている牛が, たくさんの牛乳を生産するかは, いまだに科学的に解明されていないが, 歴史における経験則において事実なのである.

むずかしい子牛の良し悪しの判断では, 子牛の首（細くて長いこと）を評価することも, 酪農家の先人たちの経験による間違いのない事実である. 太くて短い首は, 肉牛タイプの首である.

また, 首の皮膚には縦にたくさんのしわがあり, 指でつまめるだけでなく手で握れるほどのゆとりのある皮膚を持っている牛も, 経験則によって大量の牛乳を生産することがわかっている.

③皮膚・被毛

肋（ろく）の皮膚は薄くて, 指でつまむことができ（すばらしく乳用性のある, 皮膚が薄くてゆとりのある牛の皮膚は, 指でつまむだけではなく手で握れる）, つかんで放すと, すぐに元に戻る弾力性のある皮膚であることが大切である.

また, 皮膚に手を当てたとき, しっとりとしていてビロードのようになめらかなこと, 被毛については, 細い毛が密に生えていることが乳

第50図　細く長い首

牛として大切なことである。
　肋の皮膚が厚くて硬く、ざらざらしていて、被毛が太くて粗に生えているのは肉牛タイプである。
　④尾
　ホルスタインの尾は細くて長いことが大切で、これも経験則である。太くて短い尾は肉牛タイプの尾である。
　「乳牛らしさ」のための条件と要因をまとめると第51図のようになる。

7. 観察と記録の経営を

　皆さんは牛の体型の良し悪しを科学的根拠によって理解したことで、牛の観察がますます楽しくなることだろう。ただし、科学的な根拠を理解しただけに、最初はついつい牛の体の各部位を細かく観察してしまうため、今までよりも判断がおそくなると思われる。しかし、たくさんの体型の良い牛を見ることによって、観察に慣れ判断が早くなれば、センスのある人に勝るとも劣らない観察眼がつくはずである。
　「あいつはいいセンスをもっていたのに、最近は少し変わってきたな」と言ったりするように、センスは時によって変わる可能性がある。一方、科学的な見方は、ホルスタインの飼養目的が、乳用から肉用へと変わらない限り、常に同じである。ホルスタインの飼養目的は永久に乳用だろうから、自信をもってほしい。
　乳牛を飼養している酪農家にとって、良い牛とは乳をたくさん出す牛である。それも一乳期でなくて何乳期にもわたって。しかし、人間は欲が深いから、もっと乳を出さないか、と考える。そのために何が必要か。そのときに、もっと牛が大きければえさをより多く食べられるので乳を出すはずだ、と考える。
　それゆえ、まず第一に産乳性のために乳用性、第二に長命連産のために体型、第三に大きさがあるのである。
　しかし最近のショーでは、大きい牛がもてはやされ、上位にくるものだから、皆さんは誤解して、大きい牛がよいと思っていないだろう

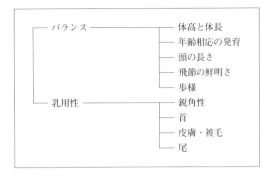

第51図　「乳牛らしさ」のための条件と要因

か。大きい牛であっても、乳用性がなく、体型がよくなければ、決して良い乳牛ではない。そのような牛は、むだなえさを食べ、飼料メーカーを喜ばす牛であって、簡単にいえば、その牛は肉牛である。このことを誤解しないで改良を進めてほしい。
　牛の改良とは、牛のもつ潜在的な能力を高めることである。しかし、潜在的な能力を実際の顕在的な能力として引き出すのは、育成管理から始まる飼養管理を行なう酪農家の努力である。改良によって潜在的な能力がいかに高まっても、その能力が顕在化しなければ、それは宝の持ち腐れである。能力の高い種雄牛を交配しただけで満足していたらいけないのである。
　酪農は、1日2回から3回の搾乳を1年365日毎日続けなければいけない厳しい仕事である。この厳しい仕事をしている酪農家が儲けない手はないのである。もちろん、儲けるためには努力が必要である。その努力とは何か。
　この記事によって皆さんは科学的な視点から牛を見ることを学んだ。科学とは、観察と記録である。この観察と記録を皆さんの酪農業に取り入れてほしい。センスと勘の経営ではなく、観察と記録の経営によって、失敗を繰り返さないようにしてほしい。観察と記録をすることは面倒くさいかもしれない。しかし、それが努力することなのである。観察と記録という努力を積み重ね、毎日毎日、一年一年進歩してほしい。
　継続した努力によって進歩し、利益をあげて、「酪農」を「楽農」にしなければならない。

決して「落農」にしてはいけない。

最後に，酪農家の皆さんは，種雄牛の後代検定事業に協力していることと思う。現在では，世界各国で後代検定事業が実施され，種雄牛の遺伝能力が詳細に公表されている。酪農家の皆さんは，自分たちが協力した後代検定事業で公表された種雄牛のデータを検討し，交配する種雄牛を選定することによって，自分の牧場の雌牛の改良を進めてほしい。種雄牛を選定することによって生まれてくる雌牛の潜在能力を高め，かつ，栄養と飼養管理のさらなる見直しによって潜在能力を顕在能力として発揮させ，すべての結果として利益をあげ，「酪農」を「楽農」として生活されることを願っている。

執筆　荻原　勲（元協同飼料株式会社）

ショーでのリード・テクニックとマナー

1. 消費者にも喜ばれるショーを

　日本では，春に，おもにホルスタイン改良同志会が主催して開催される「ブラック・アンド・ホワイト・ショー（通称，BWショー）」と，秋に，おもに行政が主催して開催される「ホルスタイン共進会（通称，共進会）」の二つのショーがある。

　通常，BWショーは改良同志会支部単位の，共進会は市町村単位の予選会を経て，各都道府県全体での本戦で争われる。

　また，地方によってはより広域な範囲で行なわれているところもある。

　加えて，5年に一度，全国規模の全日本ホルスタイン共進会（通称，全共）と全日本ブラック・アンド・ホワイト・ショー（通称，全ブラ）が開催されている。

　以下，ブラック・アンド・ホワイト・ショーとホルスタイン共進会とを総称して「ショー」と記載する。

　ホルスタイン・ショーはじつにすばらしい。牧場では見られないほど真剣な顔をして牛をリードする若者。リード・パーソンの指示で歩き，静止する，調教されて，毛を刈られた美しい牛。指の動きだけでリード・パーソンに指示する審査員。決して悪いことは言わずに，良い点だけを評価する審査講評。

　牛をリードする人を一般的にリードマンと称するが，正式にはリード・マン（男性）とリード・ウーマン（女性）がいる。本文では，両者を総称してリード・パーソン（人）と表記する。また，リード・パーソンと同じ意味でショー・パーソンともいうことがある。

　これほどすばらしいショーであるが，その出品技術とマナーをみると，まだまだ修正すべき点があるように思われる。それは，日本では，農業高校あるいは先輩から，ショー出品への心構えや，牛のリード技術の指導がうまくなされていないことに起因していると思われる。

　最近のショーを観戦していると，酪農家が，自分たちだけの世界で戦っているように感じられる。そのために，観客が酪農関係者だけになっているのではないだろうか。ショーを戦いの場ではなく，仲間との親睦の場であり，かつ酪農業の宣伝の場所であると見直し，業界全体で盛り上げていくべきだと，筆者は考える。

　そのためには，観戦にきた牛乳の消費者である一般の観客が喜び，「また観戦したい」と思うショーにしていかなければならない。観客が喜ぶすばらしいショーにするには，リード・パーソンの皆さんの責任が重大である。

　これから，牛乳の消費者である一般の観客が感心し喜ぶショーでのマナーと，ショーで勝つための出品技術を説明していく。

2. 頭　絡

　まず頭絡について説明していく。

(1) 頭絡の構成

　頭絡は6個の部品から成り立っている。その各部の名前と役割を，第1図の上のほうの部品から説明する。

　一番上の皮製のベルトは，「アジャスタブル・ポール・ストラップ」といい，牛の頭を固定する役割をもっており，長さを調節できるように，いくつかの穴があいている。

　二番目にある金具が「バックル」で，アジャスタブル・ポール・ストラップの長さを牛の頭の大きさに合わせて調整する役割がある。

　三番目にある金具が「リング」で，チェーン・ストラップを右側のリングを通して左側のリングに固定することによって，チェーン・ストラ

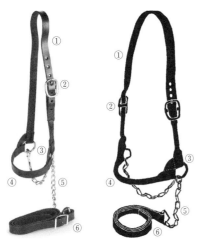

第1図 頭絡の各部の名称
左：フラット・ストラップ
右：ラウンド・ストラップ
①アジャスタブル・ポール・ストラップ
②バックル
③リング
④本体
⑤チェーン・ストラップ
⑥リード・ストラップ

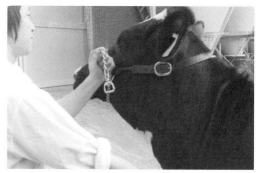

第2図 チェーン・ストラップだけでのリードは危険

ップを自由に動かすことが可能になる。

四番目の牛の頬と鼻梁に当てる部分が頭絡の「本体」である（本体にはバックルとリングが含まれる）。

五番目の金属製のチェーンを「チェーン・ストラップ」といい，片側が固定されたこのチェーンを強く引くことによって牛の顎に痛さを与え，人間の力を牛に示して命令に従わせる役目がある。

六番目の皮製の長い紐は「リード・ストラップ」といい，この端を握ることによって暴れる牛を制御（コントロール）する役目をもっている。

なお，頭絡の「本体」が丸くなっているものを「ラウンド・ストラップ」，平らなものを「フラット・ストラップ」という。ラウンド・ストラップにはバックルが必ず二つ付いている。ラウンド・ストラップのほうが牛が美しく見えるため，ショー・リングでリードするときは，通常，ラウンド・ストラップが使われる。

最近，「おれの牛はおとなしい，完全に調教してある」と自負しているのか，あるいは，「格好が良い」と思っているのかわからないが，皮製のリード・ストラップを着けないでチェーン・ストラップだけでリードしている人を見かける（第2図）。これは牛の本当の怖さを知らない者がやることである。一流のリード・パーソンを目指す皆さんは，リード・ストラップを必ず着けるように心がけてほしい。

なぜならば，リード・ストラップは最後の保身具だからである。使わないに越したことはないが，最後の保身具を装備しておくのが出品者のマナーであると認識してほしい。

（2）頭絡の大きさ

頭絡の装着は，牛を美しく見せる基本である。牛の頭の大きさにピッタリと合った頭絡を着けてほしい。牛の頭の大きさに合っていない頭絡を着けて歩くと牛が品悪く見える。ショーの日までせっかく育て，毛を洗い，毛刈りして準備してきた牛を，頭絡の装着の仕方ひとつで台なしにすることはあまりにも残念である。

また，大きすぎる頭絡を着けると，牛が暴れて急に頭を下げたとき頭絡が頭からはずれ，牛が暴走する危険がある。

それでは頭に合った頭絡の装着とはどの位置か。簡単にいえば，頭絡に付いている金具のリングが牛の目の下か少し前で，鼻梁と顎との中間にくるくらいが適切な位置と思われる（第3図）。

第3図 頭絡の大きさと位置

(3) 頭絡の持ち方

ショーでリード・パーソンを見ていると，リード・ストラップを下に垂らしたり，肩に掛けたりしている姿がたびたび見受けられる。本人は格好いいと思っているのだろうが，非常に見苦しい。ショーは牛の美しさを競う場であって，リード・ストラップの長さを競う場ではない。一流を目指すリード・パーソンは，観客が見苦しいと思う態度はとってはいけない。

リード・ストラップは最後の保身具である。最近の世相は物騒なので，保身具を持ち歩く女性や子供は多いが，これみよがしに見せている人はいない。保身具は，人から見えないように保持する。しかし，いざというときに使えるように持つことが重要である。

リード・ストラップは，手の大きさに合うように折りたたみ，チェーン・ストラップとともに持つのが正しい持ち方である（第4図）。

(4) リード・パーソンの立ち位置

ホルスタイン・ショーの主役は牛である。リード・パーソンは，あくまでも脇役である。脇役であるリード・パーソンは，「私を見て」と，主役である牛の前に出てはいけない。脇役は，主役である牛の鼻面より下がってリードしてほしい。

(5) 牛との距離

牛とリード・パーソンが密着すると，牛の行動が制限されるし，審査員が牛を観察しづらくなる。逆に，手を伸ばしてしまうと，牛をコントロールしづらくなる。

牛との適度な距離は，腕を自然にV字形にしたときの位置である（第5図）。

(6) 牛の体高とリード・パーソンの身長

右腕を自然にV字形にしたとき，手のひらがチェーン・ストラップを握れる位置にくるのが，牛の体高とリード・パーソンの身長がマッチした関係となる。この関係がリードしていて一番疲れない。

自分の牛を自分でリードしたい，という気持ちは十分に理解できるが，背の低いリード・パーソンが，目いっぱい手を上に伸ばしてリードしても，疲れるだけで，決して牛は美しくは見

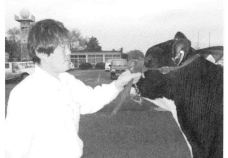

第4図 リード・ストラップの正しい持ち方
左・中：下に垂らしたり，肩に掛けたりするのは避ける
右：手の大きさに合うように折りたたみ，チェーン・ストラップとともに持つ

乳牛改良で長命連産　乳牛の体型，ショー

第5図　牛とリード・パーソンとの距離
左：牛と密着すると牛の行動が制限される
中：手が伸びると牛をコントロールしにくい
右：腕を自然にV字形にしたときの位置が適度な距離

第6図　チェーン・ストラップを牛の頭の上にしてはならない

第1表　牛をリードするときのリード・パーソンの姿勢

頭絡の持ち手	右手，左手
体の向き	前向き，後ろ向き
歩き方	静止，ゆっくり歩く，速く歩く
頭絡を持たない側の手	牛の首，牛の肩端，フリー

えない。体高のある牛のリードは，身長のある人に依頼するべきだろう。

逆に，身長の高いリード・パーソンが体高のない未経産牛をリードする場合，チェーン・ストラップを牛の頭の上にしていることがあるが，これは絶対にやってはいけない（第6図）。

3.　リードの姿勢

牛をリードするときのリード・パーソンの姿勢を分析すると第1表のように分類できる。

頭絡を持つ手・体の向き・歩く速度などは状況によって違うが，その組合わせは場面によって決まっている（第7図）。牧場での歩行練習は，リングでの状況を想定しながら行なう。

(1) 頭絡の持ち手が右手の場合

頭絡の持ち手が右手の場合，以下のようになる。

1) 体の向き・前向き
2) 歩き方・ゆっくり，または速く
3) 左手はフリー

①ゆっくり歩く

一つの入場口から出品番号順に入場するときである。審査はすでに始まっていると認識し，背線の延長線上に牛の顎を保持して，真剣にリードする。

②速く歩く

審査に関係のないときで，次の三つの場面がある。1) 複数の入場口から入場するとき，2)

第7図 頭絡を持つ手・歩く速度・体の向きなどは状況によって異なる

審査中に選抜されてラインに向かうとき，3）退場するとき。このとき，審査員は牛を見ていないので，ショーのスムーズな運営に協力するために前を向いて速く歩く。

どの歩き方でも，あいている左手は下にして，ズボンのポケットに入れてはならない。

(2) 頭絡の持ち手が左手の場合

頭絡の持ち手が左手の場合，以下のようになる。

1) 体の向き・後ろ
2) 歩き方・ゆっくり，または静止

①ゆっくり歩く

右手は牛の首の皮膚をつかむ。

ショーでのリード・テクニックとマナー

リング周回中の体勢である。牛の首の皮膚を右手でつかみ，持ち上げて細く見せ，頭を審査員側に少し傾けて首に縦じわをつくり，牛を美しく品良く見せるため，歩幅を狭くしてゆっくりと歩く。

後ろ向きに歩くので，横向きに歩くカニ歩きをしてはいけない。

②静 止

1) リング周回中の個体審査での審査員の指示による静止。牛の前肢は並べて立たせ，審査員の動きにあわせて，牛を審査員にアピールする姿勢で微調整する。背の丸みとゆるみ・尾の状態に注意する。

2) 入賞ライン上での静止。牛の前肢をライン上に並べ，後肢も並べて立たせ，背の丸みとゆるみ・尾の状態に注意する。

頭絡を左手に持ち，牛が静止しているときの右手は，牛の肩端に置く（第8図）。牛の静止時は，牛を美しく見せるため，牛の微妙な動きをコントロールしなければならない。

頭絡を左手で持った場合は，右手は必ず牛の体に置く。右手を遊ばせておく，あるいはズボンのポケットに入れることは見苦しいので絶対にやってはいけない。

(3) 牧場での練習

牧場の歩行練習ではこれらすべてを練習する。右手で牛の首の皮膚をつかんで歩く練習の

第8図 頭絡の持ち手が左手の場合，右手は必ず牛の体に置く
左：右手は牛の首，右：右手は牛の肩端

ときは，実際に右手で牛の首の皮膚をつかんで歩いてほしい。牛の首をつかむのはショーのときだけでいい，という考えは止めてほしい。頭絡を着けられて人にリードされて歩くときは首をつかまれる，という感覚を牛に覚えさせておくことが重要である。牧場での歩行練習のときに首をつかまれていなかった牛が，ショー・リングで突然に首の皮膚をつかまれたら，牛は驚き，不快感から首を振り，以後の指示に従わなくなってしまう。

牧場での歩行練習は，牛を歩かせることだけではない。審査員の指示に従って急に静止することも練習しなければならない。牛の静止には三つの姿勢がある。

一つ目は，後肢を平行に揃えて立つ姿勢。

二つ目は，後肢の右足を前に，左足を後ろにして立つ姿勢。

三つ目は，二つ目の逆で後肢の右足を後ろに，左足を前にして立つ姿勢

後肢がどの姿勢で静止しても，前肢は常に揃えて立たせる。

牛は訓練によってリード・パーソンの指示に従ってすぐに静止するようになるが，どの後肢の姿勢で静止するかは理解していない。どの後肢の姿勢で牛を静止させるかを決めるのはリード・パーソンの仕事である。だから，いったん静止させ，半歩あるいは一歩の動きによって，牛を思いどおりの姿勢に静止させることは，日常の歩行練習のときにリード・パーソンの意識を交えながら徹底的に練習しておくべきである。

つまり，歩行練習をするときは，必ずショー・リングで牛をリードするときと同じ意識をもって同じ方法で行なうということがきわめて大切である。

4. 牛をアピールする姿勢

(1) 頭の位置

牛を美しく見せる姿勢の基本は，頭の位置である。牛をショー・リングで一目見たとき，牛

の頭の位置によって見栄えが違ってくる。

頭が高すぎると牛は喉が伸びて苦しそうに見えるうえ，背を緩めてしまう。頭が低すぎるのは「負けました。すみません」と，うな垂れているようで品がなくなる。

牛が一番美しく見える頭の位置は，牛の背線の延長線が下顎にくる高さがよい（第9図）。リングに入場してから審査が終わるまで，頭をこの位置に保持する。

(2) 静止時の肢の位置

牛には静止したときに自分をアピールする姿勢がある。それはどういう姿勢だろうか。

経産牛では，当然のことながら，体型審査で40点の配点を占める乳房がポイントとなる。一方，乳房の付いていない未経産牛においては，牛を雄大に見せることにアピール性があるため，体長がポイントとなる。

そのアピールするポイントを，審査員の目の錯覚を利用することによって自分に有利に活用できないか，と考えることも一つの手段である。

ここで，皆さんの目の感覚を見てみよう。第10図に示した上下の直線はどちらが長く見えるだろうか。必ず自分の判断をくだしてから，次へと読み進めてほしい。

ほとんどの人は下の図形の直線が長く見えると思う。しかし実際には，上の直線も下の直線も同じ長さなのである。定規をあてて確認してほしい。これは，「ミュラー・リヤーの錯視図形」といって，目の錯覚によるものなのである。

未経産牛においては，牛を雄大に見せるため，体長を長く見せることがポイントとなるが，それではどのようにして同じ牛を長く見せるのか。

第11図の2枚の写真を見てほしい。同じ未経産牛である。どの姿勢が長く見えるだろうか。同じ牛が，後肢の位置を違えているだけである。同じ牛だから，体長は同じはずなのに，見る人側の後肢を後ろにした姿勢のほうが体長があるように見えないだろうか。これが目の錯覚なのである。だから，未経産牛は審査員側の後

ショーでのリード・テクニックとマナー

第9図　牛を美しく見せる姿勢の基本は頭の位置
上左：頭が高すぎると牛は喉が伸びて苦しそうに見える
上右：頭が低すぎるとうな垂れているように見える
下左：頭の位置は，牛の背線の延長線が下顎にくる高さがよい

肢が後ろになる状態で静止させることが上手なリード・テクニックといえる。

この写真は違いを示すために足の位置を極端にしているが，後肢をあまりにも後ろにしすぎると，牛が間抜けに見えるので気をつけてほしい。このとき，前肢はまっすぐ平行に揃えておく。

経産牛は乳房がポイントだから，乳房を審査員に見せるため，未経産牛とは反対に審査員側の後肢が前になる状態で静止させ，後乳房が見えるようにする。このとき，前肢はまっすぐ平行に揃えておく（第12図）。

皆さんが雑誌やパンフレットで見ている乳牛の写真は，未経産牛でも経産牛でも，必ず前述した姿勢で撮影されている。この姿が一番アピール度が高いからである。

(3) 乳用性の見せ方

乳牛にとっては，産乳性に関係する乳用性がきわめて大切である。では，乳用性はどこに現われるか。乳用性は，首の細さ・長さ，尻尾

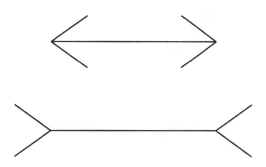

第10図　ミュラー・リヤーの錯視図形

の細さ・長さ，皮膚の薄さ・ゆとり，被毛の細さ・密生に現われる。

この乳用性をリード・テクニックで，どうやって表現するか。首の細さと皮膚のゆとりは，リード・テクニックで，ある程度表現できる。とくに，未経産牛にとっては重要なテクニックである。

首を細く見せるためには，右手でつかんだ牛の首の皮膚を上に持ち上げる。若干，首が細く見える（第13図）。

第11図　未経産牛は審査員側の後肢が後ろになる状態で静止

2枚の写真は同じ未経産牛で、後肢の位置を変えているだけ。体長は同じなのに見る人側の後肢を後ろにした姿勢のほうが体長があるように見える

第12図　経産牛では乳房の見え方がポイント

後乳房が審査員に見えるように、左写真のように未経産牛とは反対に審査員側の後肢が前になる状態で静止させる

　皮膚のゆとりを見せるためには、牛の首を少し審査員側に向ける。首に縦じわができて、皮膚にゆとりがあるように見える（第14図）。

　この二つは、リードにおいて重要なテクニックなので、自然にできるようにぜひとも修得してほしい。

5. 牛の姿勢の修正

　歩行中でも静止中でも、牛が姿勢を崩したら、リード・パーソンはすぐに姿勢を修正して、牛を美しく見せる努力をしなければならない（第15図）。

・背を丸めたら、背骨をつかんで押す。
・背をゆるめたら、腹をつまんで刺激する。
・肢を前に出したら、蹄の前を刺激する。
・肢を下げたら、副蹄を持ち上げる。
・尾を上げたら、尾根を刺激する。

6. ショー・リングでのマナー

　ショー・リングで牛をリードするためには、リード・テクニックを修得するとともに、観客を魅了するショー・パーソン・シップとしてのマナーをもつことが大切である。

(1) 服　装

　リード・パーソンは、色・文字・ロゴ・ラベルの付いていない白いシャツとズボンを着用しなければいけない。

ショーでのリード・テクニックとマナー

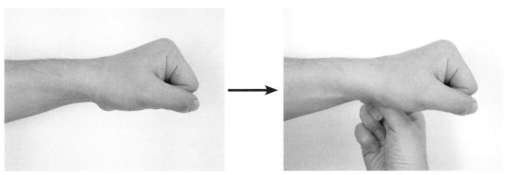

第13図　牛の首を細く見せるためには、右手でつかんだ首の皮膚を上に持ち上げる

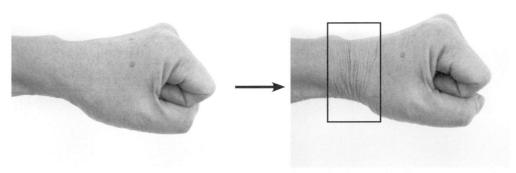

第14図　牛の皮膚のゆとりを見せるためには、首を少し審査員側に向ける。首に縦じわができて、皮膚にゆとりがあるように見える

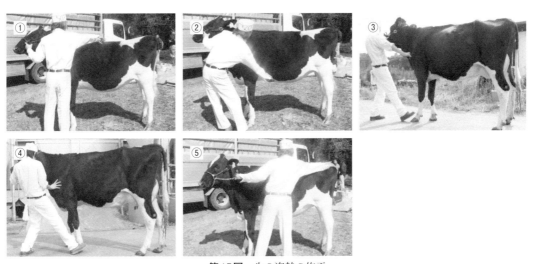

第15図　牛の姿勢の修正
①背を丸めたら背骨をつかんで押す、②背をゆるめたら腹をつまんで刺激する、③肢を前に出したら蹄の前を刺激する、④肢を下げたら副蹄を持ち上げる、⑤尾を上げたら尾根を刺激する

乳牛改良で長命連産　乳牛の体型，ショー

シャツに文字やラベルが付いていると，審査員に何らかの精神的な影響を与えないとも限らない。どんなに審査員が厳正中立な立場で審査をして，出品者および観客の大多数が「すばらしい審査であった」と評価しても，「シャツの背中に付いていた名前によって，あの牛が一番になった」という中傷・不満が一部から必ず出てくるのがショーの宿命なのである。力と力のぶつかり合いの勝負ならば，勝敗ははっきりとしているが，人間の感覚によって差のつく勝負は常に不満がつきまとう。審査員が複数いるフィギュア・スケートにしても体操にしても，審査員による採点競技はトラブルが絶えない。まして，乳牛のショーは審査員が一人なのだから。

以上のことから，ショーの主催者は，ショーの「開催要領」あるいは「出品規定」などに，「審査場にて牛をリードする者は，文字やラベルの付いていない白いズボンとシャツを着用しなければいけない」などの一項目を明記することが，審査員への精神的影響を排除し，トラブルをなくす手段であろう。また，素晴らしいショーとして酪農業の一端を，牛乳の消費者である一般の人々に広報する手段だと思う。

ただし，繋留場などで仲間同士の団結と意識統一のために同じカラー・シャツや文字の入ったシャツを着ることは，まったく別のことであり問題はない。

なお，ショーでいうシャツは，襟の付いているYシャツである。襟の付いていないシャツはTシャツあるいはトレーナーである。間違わずに，必ず襟の付いたYシャツを着用する。袖は長袖でも半袖でも，どちらでもかまわない。

白いズボンに白いYシャツを着用するのは，日本の酪農は北米の影響が強いからである。フランスではまったく趣が違ってくる。フランス最大のホルスタイン・ショーであるスペース・ショーでは，黒いズボンに白いYシャツを着用し，Yシャツの背中と胸には「SPACE」の文字が緑色で印刷されている（第16図）。そのうえ，さすがファッションの国，緑色のネクタイも締めている。ただし，リード・パーソン全員が

第16図　フランスのホルスタイン・ショー
リード・パーソンは黒いズボンに白いYシャツを着用し，背中と胸には「SPACE」の文字が緑色で印刷されている

同じ服装なので，これも審査員への影響を排除する思想が根底にあることは間違いない。

さらに，白いYシャツとズボンを着用してさえいればよいというものでもない。着用の仕方にもいくつかの基本がある（第17図）。

・Yシャツの襟を立ててはいけない。
・Yシャツの裾は必ずズボンのなかに入れること。
・ズボンには必ずベルトを通すこと。
・ズボンの裾は，靴の上までしっかりと下ろすこと。

ショー・リングは公式の場所である。公式の場所での服装は，流行を追うのではなく，あくまでも服装の基本に従うことである。

(2) 着　帽

多くのショーでは，リード・パーソンに出品番号が印字された紙帽子（ペーパー・キャップ）が配布される。紙帽子は水平に着帽すること。アンチャン風に帽子の前を上げて浅くかぶる，ヤクザ風に帽子の前を目深にかぶるなどは止めること。牛乳の消費者である観客に，不快感を与えてはいけない。

また，牛は突然に暴れだすことがあるが，暴れだした牛を制御するときに，浅くかぶった帽子はすぐに脱落してしまう。帽子は水平にやや深めに着帽するのがマナーである（第18図）。

ショーでのリード・テクニックとマナー

第17図　リード・パーソンの基本的な服装
①シャツの襟は立てない、②シャツは出さない、③ベルトは締める、④ズボンの裾は真っすぐ

第18図　紙帽子は水平に着用する

(3) 靴

皆さんの牛がどんなに調教されていたとしても、絶対に暴れない、という保証はない。牛が暴れずにショーが終わったとしても、それは「たまたま暴れなかった」と認識すべきである。牛がいつなんどき暴れだすかは予測がつかない。

牛の体重は、大きくなると700kgを超す。牛は四肢だから、足を踏まれた場合、175kg以上の重さが一瞬に自分の足先にかかるのである。そうしたらどうなるか。たぶん、踏まれた足の甲と指の骨は粉々に砕けるだろう。この悲惨な事故を防ぐためにも、足先を金具で保護した安全靴を必ず履くようにする。

ショー・リングで牛に足を踏まれたら、皆さんは痛さでその場にうずくまり、動けなくなる。そんな惨めな姿を観客に見せたくはないと思う。たとえ、足を踏まれた痛さに耐えてうずくまらなくとも、その後は踏まれた足を引いてリードすることになる。ショーが終わったあとで、人は言うだろう。「痛いのに、よくがんばったな」ではなく、「安全靴を履いてないなんて」と。

(4) 態　度

一次選抜で、対抗心を燃やしている相手の牛よりも下の順位に置かれたため、ときとして、怒ったり、ふてくされた態度をとるリード・パーソンがいるが、見ていて非常に見苦しいものである。絶対に止めるべきである。

一次選抜は最終決定ではない。もし、審査員が何かを見落としていたとすれば、二次選抜で何頭抜きかで上位にこないとも限らない。そこで、「ニコッ」としたのでは人間性が疑われる。

また、最終選抜で、最後の最後に順位が入れ替わり、順位が落ちたとしても、リード・パーソンは顔色を変えたり、不服そうな態度をとってはいけない。あなたが悔しいことは観客誰もが理解するが、あくまで審査の結果なのである。ここで人生耐えることを学んでほしい。

(5) リードする牛の情報

リードに慣れてくると、先輩や後輩にリードを頼まれることがある。

審査員は、リングではほとんど口をきかないが、3歳以上の経産牛のクラスでは、リード・パーソンに「何産していますか」と、聞くことがある。牛は年齢にあった産歴を求められるからである。そのとき、皆の前で所有者に「オーイ、これ何産している」と聞くのはみっともない態度である。リードする前に、必ず産歴と当産の分娩月を確認しておく。

149

(6) ガム・携帯電話

ショー・リングは公式の場である。タバコを吸い、ビールを手にしながら牛をリードするリード・パーソンはいないだろうが、ガムを噛んだり、携帯電話を所持することもいけない。

(7) ショー運営への協力

ショーは各クラスの審査予定時間割があらかじめ決められており、出品者はその出品時間に合わせて出品牛の腹づくりや乳房調整を行なっている。リード・パーソンのダラダラした行動は審査時間が延びる原因となり、後続のクラスの出品者に迷惑をかけることになる。リード・パーソンはきびきびした行動によって、ショーのスムーズな運営に協力しなければならない。

7. 審査員の手による指示

審査員は、リード・パーソンに対するすべての指示を、口をきかずに手と指の動きによって行なう。そのため審査中は、いつ指示がだされても対応できるように常に審査員を注視していなければならない。

また、審査員の手と指の動きが何を指示しているかを理解していないと、思わぬ失敗をし、恥をかくことになる。

(1) 手を縦にして止めたとき

指示内容 一次審査で個体審査をするときと、二次や最終審査で序列の接近した数頭の牛を比較するために、牛の静止を命じる指示である（第19図）。

対処方法 指示されたリード・パーソンは速やかに牛を静止させる。ただし、前肢を平行に、後肢を前述した位置にすることを忘れてはいけない。

(2) 指または手で、牛またはリード・パーソンを指すとき

指示内容 一次選抜での順位の決定を示す（第20図）。

対処方法 指を差されたリード・パーソンは、頭絡を右手に持ち替えて牛を一次選抜ラインまで移動させ、指定の順位で牛をライン上に静止させる。

(3) 手を水平にして左から右に動かすとき

手を水平にして左から右に動かす指示には二つの意味がある。審査員がどちらの指示をしているかは、手の動きの違いや状況によってわかるので、二つの意味を理解していれば心配ない。

指示内容① 歩けという指示である（第21図）。歩けの指示の場合、審査員は、この動作を身体の前で、胸幅くらいの小さな動きで2〜3回繰り返す。

対処方法① この指示がなされるときは、審査員が牛の歩様を観察できるように、リード・パーソンは歩幅を狭くゆっくりと牛を歩かせる。

指示内容② 最終審査が終わったので順位ラインに行け、という指示である（第22図）。ラインに行けの指示の場合、審査員は、手の右への動きを大きくとるのが普通で、この指示は繰り返しても2回までである。

対処方法② この指示は、最終の比較審査で牛が歩いているときに出される。この指示が出た場合、リード・パーソンは頭絡を右手に持ち替えて、牛をスムーズに順位ラインまで移動させる。

第19図 審査員が牛の静止を命じる指示

ショーでのリード・テクニックとマナー

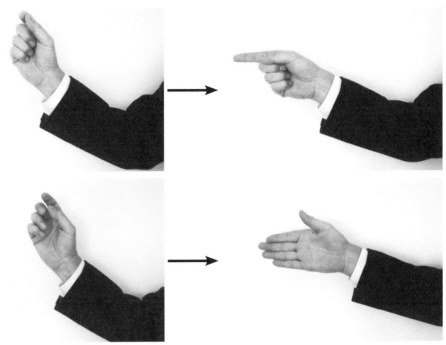

第20図　審査員は指または手で，牛またはリード・パーソンを指す
一次選抜での順位の決定を示す

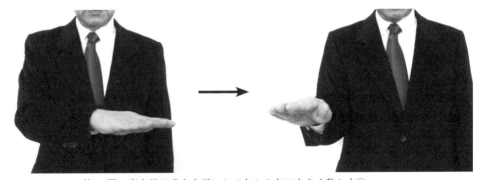

第21図　審査員は手を水平にして左から右に小さく動かす①
歩けの指示

(4) 選抜ラインに並んでいる牛の尻を手のひらで押すか，リード・パーソンに手で指示するとき

指示内容　一次（二次）選抜ラインに並んでいる牛の順位を修正しながら，二次（最終）の比較審査の順位に選抜するときの動作である（第23図）。

対処方法　リード・パーソンは，指示された順位で牛をゆっくりと引き出し，二次（最終）選抜の比較審査を待つ。

乳牛改良で長命連産　乳牛の体型，ショー

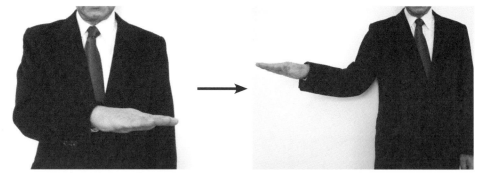

第22図　審査員は手を水平にして左から右に大きく動かす②
順位ラインに行けの指示

第23図　審査員は牛の尻を手のひらで押すか，リード・パーソンに手で指示して二次（最終）選抜の順位を決めていく

(5) 牛を差した指を左から右に動かして，その牛の入る場所を示すとき

指示内容　二次か最終比較審査で，歩行中の順位の入れ替えを示す（第24図）。

対処方法　指を差されたリード・パーソンは，順位が上がったのだから，審査員が指で指示した場所まで牛を移動させる（通常，1頭前）。

　　　　　　　　＊

ホルスタイン・ショーは，出品者は審査員を，審査員は出品者を尊敬することで成り立っている。だから，順位を下げるから後ろに行け，という出品者を侮辱する指示（差した指を右から左に移動する動作）は絶対にない。

(6) 手のひらで牛の尻をたたくか，審査員が握手を求めたとき

指示内容　グランド・チャンピオンとリザーブ・グランド・チャンピオンの決定である（第25図）。

対処方法　出品牛の尻をたたかれたリード・パーソンは，素直に喜びを表現したい。

8. ショー・リングでのリード

リングへの入場口に来たら，ガムを噛んでいたら紙に包み，携帯電話とともに仲間に預け，そして入場する。

その前にもう一つ，知っておきたいことがある。

皆さんはショー・リングで勝ちたいはずである。そして勝ちたいと思えば思うほど，審査員の行動を分析することが必要となってくる。

審査員は審査中にどういう動きをしているか。そして，自分が審査員になったら，その動きで牛のどこを見るか。審査員となった自分が見るであろうポイントを，自分がリード・パーソンのときは，逆にアピールして見せる。それが，上手なリード・パーソンになる秘訣である。

ショーの審査には，数学のように絶対的な答えが一つあるわけではない。ましてや，審査員も人間である。リード・パーソンのちょっとし

ショーでのリード・テクニックとマナー

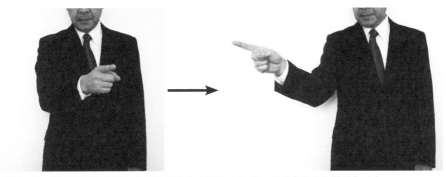

第24図　審査員は牛を指した指を左から右に動かして，その牛の入る場所を示す

第25図　審査員が手のひらで牛の尻をたたくか，審査員がリード・パーソンに握手を求めて決定を伝える

たテクニックが，ときには審査に対して有利に影響することも有り得ることを頭に入れておいてほしい。

ショーは，おおよそ次の順序で行なわれている。

1) ショー・リングへの入場
2) 個体審査
3) 一次選抜（ファースト・ピック）
4) 二次選抜（セカンド・ピック）
5) 最終選抜（ファイナル・ピック）
6) 順位決定
7) 褒賞授与
8) 審査講評
9) 退場
10) 写真撮影

それでは，各順序での審査員の動きをさらに細かく分析し，審査員はそこで牛のどこを見て，何を考えているか，それに対してリード・パーソンとしてどう対処していくか，を考えながら審査に臨んでいこう。

(1) ショー・リングへの入場

リングへの入場の方法は二通りある。一つは入場口が一つのときで，この場合，通常，牛は出品番号順に入場する。大きなショーでは，ほとんどこの入場方法がとられる。もう一つは入場口が二つ以上あるときで，この場合，それぞれの入場口から出品番号に関係なく牛は入場し，リング内で出品番号順に整列する。県単位以下のショーでは，ほとんどがこの方法である。

入場口が一つの場合，審査員は最初からリングのなかにいて，腕組みでもしながら，入場するすべての牛を見ているときがある。

入場口が一つの場合でも二つ以上ある場合でも，すべての牛が整列すると，事務局のところにいた審査員はリングの中央に戻り，小回りに回りながらすべての出品牛を一度か二度見る。すべての牛をひととおり見てから，おもむろに個体審査に入る。最初に出品牛全体を見ないで，すぐに個体審査に入る審査員はいない。

審査員の見方 すでに気持ちのうえでは審査は始まっている。すばらしい成長で月齢以上の体高と体長があって，かつそれらのバランスがとれた牛や，首が細くて長い乳用性のある牛は，アピール度が高いために一目見ただけで引き付けられ，気になる（第26図）。

対処方法 一つの入場口からショー・リングに入るときは，右手で頭絡を持ち，入場口であいている左手で紙帽子を取り，軽く一礼することを勧める。

審査員がリングの中央にいる場合は，右手で持った頭絡で，牛の背線の延長線上に牛の顎がくる位置で保持し，ゆっくりと進む。審査はすでに始まっている。第一印象が勝負である。全頭がリングに入り出品番号順に並んだら，前の牛との間に適度な間隔をとって頭絡を左手に持ち替え，右手を牛の首に置く。牧場で練習してきた歩幅で，ゆっくりと慎重にリードする。牛の顎を背線の延長線上に保持し，右手でつかんだ首の皮膚を上に持ち上げ，頭を少し審査員側に向けて乳用性をアピールすることを忘れてはいけない。

第26図 入場と同時に審査は始まっており第一印象が勝負である

「一目惚れ」について 皆さんが女性であれ男性であれ，異性の集団に入ったとき，異性の全員の顔を一度見た瞬間に，そのなかで自分の気に入った人が目に入らないだろうか。そしてそのあと，その人が気になって，何気なくチラチラとその人を見ることはないだろうか。そのとき，皆さんはその人のそばまで行ってじっくりとその人を見ているわけでもないし，その人に身長や趣味や職業など何も聞いているわけでもない。自分の好みに合うものや，何かアピール性のあるものは一瞬にして目に入り気に入るのである。

これが「一目惚れ」というものである。

審査員が牛を見るのも同じであると考えたらどうなるか。審査員が初めて牛を見る入場の瞬間か，あるいは出品牛が揃ってリングの中央から全出品牛を見回した瞬間に，すばらしい乳用性や成長度合いで審査員の目を引き付け，脳裏に焼きつく牛がいるはずである。その牛が審査員好みや，アピール度のある牛として上位入賞候補牛となる，と推察することに無理があるだろうか。

「それが審査か」という人もいるだろうが，一頭だけの個体審査と違い出品牛間での比較審査では，これが現実だと納得するしかない。

皆さんは観客席から出品牛を見ていて「あれが1位で，あれが2位だ」と友達と話をしていると思うが，そのとき，皆さんは審査員と違って，出品牛個々の細かい点など何も見ずに，全体を見ただけで判断しているし，その判断がそれほど違ってはいないのである。そういう牛が，ショーでのアピール度のある牛である。

だから，リード・パーソンとしては，審査員が自分の牛を最初に見る瞬間に，全力を傾けて牛をアピールすることがいかに大切であるか，が納得できたと思う。

(2) 個体審査

1）審査員は1頭の牛をリングの中央から見る。

審査員の見方 審査員は，牛を遠くからみて，（月齢に見合った）体高・体長とそのバラ

ンス，乳用性，歩様ならびに胸の深さ，飛節の角度，坐骨の位置などを見る。

対処方法　リード・パーソンは，ここで自分の牛に乳用性があることをアピールしなければならない。そのため，右手で牛の首の皮膚を横につかみ，上に引き上げて首を細く見せる努力をするとともに，牛の頭を少し審査員側に向けて首に縦じわをつくり，乳用性をアピールする。

2）審査員は牛に近寄っていき，右手を垂直に出して牛を静止させるように指示する。

審査員の見方　審査員は，牛の個体審査に入る。

対処方法　牛を静止させるように，との指示がでたら，すぐに静止させなければいけないが，1〜2歩進むことは許される。そこで，この歩数の範囲で，先に述べた，牛をアピールする姿勢で静止させる。つまり，前肢を揃えて平行にし，審査員側の後肢を，未経産牛では後ろに，経産牛では前にする。牛が静止しているときの右手は，牛の肩端に置く。以後，個体審査が終わるまで，右手は牛の肩端に置いておく。牛の頭を背線の延長線上に顎がくる位置に保持し，首に乳用性を見せるために，牛の頭を審査員側に少し傾ける。

個体審査中，リード・パーソンは，牛の姿勢の乱れを気にしながらも，審査員を注視する。

3）審査員は牛に近づいてきて，牛の体の一部に手を触れるか指で皮膚をつかむときがある。

審査員の見方　審査員は，皮膚を触ることによって，牛の乳用性を確認したり，坐骨や腰角を触ってボディー・コンディションを確認する。

対処方法　対処方法はない。突然，審査員が皮膚を触ったときに牛が驚き暴れださないように，牧場での歩行練習中に，誰かに牛の皮膚や尻尾を触ってもらい，牛が驚かないようにする訓練を積んでおく。

4）審査員は頭のほうに回り，牛の顔・胸底幅・前肢を見る。

審査員の見方　審査員は，牛の目に健康を，顔にホルスタインとしての特性ならびに品位を，胸底幅に強さをみる。また，前肢の平行度合いを観察する。

対処方法　審査員が牛の前に移動している間に，牛を半歩前に引き後肢を平行に揃えるとともに，少し横を向いていた牛の頭をまっすぐにする。前肢は揃えておく。ホルスタインとしての特性と品位は顔に表われるので，審査員が牛の顔をよく観察できるようにする。

5）審査員は牛の左側面に回って観察する。

審査員の見方　リング内で，牛は時計回りにリングを周回する。審査員はリングの中央にいるので，牛の右側面をおもに見ていることになる。そこで，牛の左側面に欠点がないかどうかを確認するため，牛の左側からも観察する。左右の違いが表われる部位の一つである飛節の状態（腫れていないかどうか）もよく観察する。

経産牛においては，前乳房の付着状態や乳房形状が左右で違う牛がいるので，審査員は注意深く観察する。

対処方法　牛の頭はまっすぐにしておく。

6）続いて審査員は牛を後ろから観察する。

審査員の見方　審査員は後ろから，背線のまっすぐさに表われる背骨の強さと，後肢の平行度合い，ならびに腹の開張度合いや坐骨幅を観察する。未経産牛については，内腿の薄さを見る。経産牛については，とくに，後乳房の付着の高さと乳房の幅，ならびに乳底の高さと中央懸垂靱帯の強さを観察する。

対処方法　牛の頭をまっすぐにして，頭から尻尾までを一直線に保ったこの瞬間に，時間をかけ精魂傾けてつくり上げたトップ・ラインの美しさが生きてくる。

また，後ろ姿を観察するときは，後肢が揃っているときが一番きれいに見える。

牛をアピールする姿勢への動き　牛が静止している状態から，半歩あるいは一歩動かすことによって牛の美しさを審査員にアピールできる姿勢で静止させる。言葉で説明することは簡単であるが，これは一朝一夕にできることではない。皆さんが牧場で，日々苦労し努力してきたリードの練習の成果が，この一瞬に花咲き，練

習を怠ったリード・パーソンとの差がでてくるのである。

7）経産牛では，牛を後ろから見るとき，審査員は尻尾を持ったり，腰をかがめたりして，乳房を細かく観察するときがある。

審査員の見方　審査員は，乳頭の配置と長さ，ならびに乳房の左右分房のバランスを観察する。

対処方法　対処方法はない。もし，乳頭の配置や長さ，または乳房の左右分房のバランスに多少の欠点がある場合は，早く審査員が立ち去ることを願うのみである。

8）牛を後ろから見ているときに，牛を前に歩かせるように指示する審査員もいる。

審査員の見方　審査員は，牛の歩様を後ろから観察する。

対処方法　牛を歩かせるときは，牛の肩端に置いていた右手を牛の首に移して，皮膚を横につかむ。審査員は後ろから見ているので，背線の美しさを保つため，牛の頭はまっすぐに保持したままにしておく。

歩様は後ろから見るともっとも欠点が見やすくなるから，牛の歩幅を狭くしてゆっくりと歩かせる。牛はリード・パーソンの歩幅にあわせて動くので，ここで牛を美しく見せるのはリード・パーソンの腕の見せどころである。大股に歩かせることは尻を振る原因となるし，繋の弱い牛に歩幅を広くとって歩かせるとギクシャクとした上下動のある歩様となって，審査員にマイナスの評価を与えてしまう。

9）審査員は1頭の牛の全体を見ながら，リングの中央に戻る。

審査員の見方　再度，牛のバランスを観察する。

対処方法　美しい後ろ姿を見せるために後肢を揃えて立たせていた牛を半歩前に動かし，未経産牛については審査員側の後肢を後ろにして体長をアピールし，経産牛については審査員側の後肢を前にして，後乳房をアピールする。

同時に，牛の首に乳用性を示すために，まっすぐにしていた牛の頭を少し審査員側（右側）に傾ける。

10）審査員は戻る途中で，右手を水平に動かして，牛を歩かせるように指示する。

審査員の見方　審査員は，牛を歩かせることによって，歩様とバランスを再度，観察する。

対処方法　個体審査の最終段階である。審査員から牛を歩かせるように指示されたら，牛の肩端に置いていた右手を首に移し，皮膚を横につかんで首を細く見せる努力をするとともに，牛の頭を少し審査員側に向けて首に縦じわをつくり，乳用性を見せつつ歩幅を狭くゆっくりと歩く。

11）審査員はリングの中央に戻りながら，あるいは中央に戻ってから，今，個体審査した牛と，それまでに個体審査をした牛の双方に視線を移し比較判断する。

審査員の見方　審査員は，今，個体審査した牛と，それまでに個体審査した牛とを比較して順位を決めている。

対処方法　個体審査が終わり，ほかの牛との比較審査の段階だから，ほかの牛より少しでも乳用性をみせるため，首を細く保ち，頭を少し審査員側に傾けて首に縦じわをつくって乳用性をみせつつ，歩幅を狭くしてゆっくりと真剣にリードする。

審査員の視線　ときに，まだ個体審査の終わっていない牛をチラチラと見る審査員がいるが，これは瞬間的にものすごく気に入った牛に視線を移しているのである（一目惚れ）。個体審査が終わっていないのに視線を注がれた牛はほぼ上位入賞が確実なので，その牛のリード・パーソンはそれこそ真剣にリードすべきである。

審査員は1）から11）までを，全出品牛に対して繰り返す。

個体審査と比較審査　個体審査が審査だと誤解して，審査員が自分の牛のそばにいる個体審査のときだけ真剣にリードしているリード・パーソンがいるが，これは間違いである。

審査員はおもに牛の右側面を見ている。一方，観客は牛の左側面を見ている。審査員として，左側面にある欠点を見逃したら致命傷になる。致命傷を回避するために個体審査で左側面

を見るだけだ，と解釈してほしい。

ショーの審査は，個体審査はするものの，あくまでも比較審査が原則である。比較するときは，最初に与える印象が非常に大切である。つまり，審査員が最初に牛を見る入場のときに，いかに自分の牛をアピールするかである。また，比較審査だから常に牛同士が比較されている。比較するために，審査員がいつ自分の牛に視線を移すかわからない。

つまり，ショーにおいては，審査員の最終判断が下るまでは，リード・パーソンは一瞬たりとも気を抜かず，常に審査員を注視しながら真剣に牛をリードしなければいけないのである。

また，審査員の視線が数多く注がれる牛が，上位にランクされる可能性が高いこともわかると思う。審査員が自分の牛を何度も見ると感じたら，絶対に気を抜いてはいけない。

現状審査　ショーは，牛のその時点での状態を比較する審査（これを「現状審査」という）が原則であるため，妊娠月数や泌乳ステージなどは考慮されない。体型審査と比較審査の違いのため，体格得点でベリーグッド88点の牛が，エクセレント91点の牛に勝つときがある。だからショーはおもしろいのである。もし，ショーが体格得点のみで争われるならば，ショーなどやる必要はない。やる前から結果がわかっているのだから。

(3) 一次選抜（ファースト・ピック）

1）審査員は，自分の気になる牛を見比べながらリングを周回する。

審査員の見方　審査員の頭のなかでは，視線を移動させた先の牛たちの比較が行なわれている。

対処方法　一次選抜の最終だから，牛の姿勢をよく保つように注意しながら，いつ審査員に指を差されても気づくように，審査員の行動を注視していなければならない。とくに，審査員が頻繁に自分の牛に目をやるときは，審査員が比較で迷っているときだから，真剣に熱意ある目をもって審査員を見る。審査員が迷っているときの，リード・パーソンの一瞬の気の緩み

は，即，牛の姿勢の乱れとなって現われ，順位の降下につながる。

2）審査員は，右手の指あるいは手を前に差し出すことによって牛を指定する。審査員に指定された時点で一次選抜の順位が決定する。

審査員の見方　審査員が一応の決断をしたときである。

対処方法　審査員に指定されたら，すぐに頭絡を右手に持ち替えて，一次選抜の順位ラインの指定の位置まで足早に牛を移動させる。頭絡を右手に持って一次選抜の順位ラインに到着したら，すぐに頭絡を左手に持ち替える。頭絡を左手に持ち替えたら右手を牛の肩端に置く。牛の前肢はライン上に揃えて，後肢も平行にまっすぐ立つように姿勢を調整する。

一次審査では審査員をとくに注視していること　一次審査の順位付けのときに，審査員を見ていないがために，審査員に指を差されても気づかないリード・パーソンがいるが，これはマナーに欠けた行為である。出品頭数の少ないクラスでは，リード・パーソンが気づくまで指または手を差し続けて待ってくれる審査員もいるが，出品頭数が多いクラスでは，審査時間の関係から，審査員は順位を手早く指示していくので，リード・パーソンが気づく気づかないに関係なく，審査は進行していってしまう。

1）～2）を繰り返して，全頭の一次選抜の順位が決定する。

(4) 二次選抜（セカンド・ピック）

1）全頭が一次選抜の順位ライン上に整列すると，審査員は牛の前と後ろを行き来して，牛を比較しながら再考する。

審査員の見方　審査員は，一次選抜のときに，印象に残っていなかったために下位にした牛がいないかどうか，思わぬ見落とし（良い部位も悪い部位も）をして，間違った順位に置いていないかどうかなどを，短い間隔で横に並ばせた牛を比較して観察する。

審査員は，一列に並んだ牛の前を歩いて，牛の頭の長さや，顔に表われる品位や，首に表われる乳用性と胸底幅で強さを比較する。

157

また，後ろを歩いて，後肢の飛節の寄り，腿の厚さ，坐骨の幅，腹の開張度合いなどを比較する。

経産牛においては，出品番号順に周回していたために離れていて比較しにくかった後乳房の幅，後乳房の付着の高さ，ならびに乳底の高さを，とくに比較する。

対処方法 左手に頭絡を持ち，右手を牛の肩端に置いて，前肢・後肢とも平行に揃えた状態で前肢をライン上に揃えて牛を静止させ，審査員の動きを注視する。

ライン上での牛の頭の位置はまっすぐに保持する。頭をまっすぐにすることによって，頭から尾までが一直線になり，背線の強さ（トップ・ラインの美しさ）をアピールすることができる。

牛が姿勢を乱したときは，そのつど姿勢の修正を行なうが，そればかりに気を取られて，二次選抜の指示をする審査員の動きから目を離してはいけない。

2）審査員は，二次選抜の比較審査をするために，一次選抜順位に変更を加えながら（もちろん，変更のないときもある），二次選抜の順位によって，牛の尻を押すか，手を前に動かすことによって，リード・パーソンに牛を引き出すように指示する。

審査員の見方 審査員は一次選抜順位の修正を行ないながら，二次選抜の順位を決めていく。

対処方法 審査員から牛を引き出すように指示されたら（第27図），牛の肩端に置いていた右手を首に置き替え，歩幅を狭くしてゆっくりと牛を列から引き出し，指定の順位につける。

これから順位の接近した数頭ずつの比較審査に移る。歩幅を狭くして，ゆっくりと真剣に牛をリードする。

3）審査員は，ピックアップした数頭の牛を観察して比較審査する。審査員が順位を変更する場合は，右手の指か手で牛を指定し，それを右に動かして，指定した牛が入る順位を指示する。

審査員に順位の変更を指示された場合は，牛をゆっくりと，審査員の指示した順位に移動する。喜んで，足早に移動してはいけない。

4）審査員が指か手の動きによって順位の変更を指示したあと（順位に変更がないときもある），そのまま行くように指示したら二次選抜の順位となる。

審査員の見方 審査員は二次選抜の順位を決定した。

対処方法 審査員に指示されたら，一次選抜ラインと二次選抜ラインはそれほど離れていないので，そのままゆっくりと二次選抜ラインまで進む。二次選抜の順位ラインに到着したら，右手を牛の肩端に置く。

牛の前肢はライン上に揃えて，後肢も平行にまっすぐ立つように姿勢を調整する。

1）〜4）を繰り返して，全頭の二次選抜の順位が決定する。

(5) 最終選抜（ファイナル・ピック）

1）全頭が二次選抜の順位ライン上に整列すると，審査員は牛の前と後ろを行き来して再考する（二次選抜のときと同じ）。

審査員の見方 審査員は，二次選抜の順位が，乳用性や強さなど自分の強調する見方に統一され，かつ順位に整合性があるかどうかを確認する。

対処方法 左手に頭絡を持ち，右手を牛の肩端に置いて，平行に揃えて立たせた後肢があまり後ろ踏み（前のめり）にならないように調整

第27図 審査員は一次選抜順位の修正を行ないながら二次選抜の順位を決める

し，牛の姿勢が乱れたらすぐに修正しながら，審査員の動きを注視する（二次選抜のときと同じ）。

2）審査員は，最終決定の比較審査をするために，順位の接近した候補牛数頭を，牛の尻を押すか，手を前に動かすことによって，リード・パーソンに牛を引き出すように指示する。

審査員の見方　審査員は，二次選抜順位の修正を行なうとともに，審査講評を考え順位と講評との整合性を頭のなかでチェックしている。

対処方法　審査員から牛を引き出すように指示されたら，牛の肩端に置いていた右手を首に置き替え，ゆっくりと牛を列から引き出し，指定の順位につける。これから順位の接近した数頭ずつの最終比較審査に移る。歩幅を狭くしてゆっくりと真剣に牛をリードする。

左回りの審査　あまりにも順位が接近しているため，審査員が判断に迷うときは，牛の左側面の容姿を比較するために通常とは逆の左回り（時計とは逆回り）の歩様を指示するときがある。この場合は，審査員の指示に従って，決してあわてずにゆっくりと左回りに牛を歩かせる。

これは，順位を決定する最後の最後の審査である。左回りを指示されたどの牛が上位にきてもおかしくない。今まで以上にゆっくりと，牛の歩様を乱さないように注力して歩く。

3）審査員は，ピックアップした数頭の牛を観察して，順位を変更する場合は右手の指か手で牛を指定し，それを右に動かして，指定した牛が入る順位を指示する。

審査員の見方　審査員は頭のなかで，順位と審査講評との整合性がとれているかを判断し，場合によっては最終的な順位を変更する。

対処方法　審査の最終段階である。審査員を真剣な眼で注視し，牛をゆっくりと動かす。もちろん，牛の顎を背線の延長線上に保持し，乳用性のアピールとして，牛の頭を少し審査員側に向け，右手で首の皮膚を横に持って持ち上げることを忘れてはいけない。

ここで牛が暴れたり歩様が乱れることは致命傷になる。あせらず，歩幅を狭くしてゆっくりと牛を動かす。

審査員に順位の変更を指示された場合は，牛をゆっくりと，審査員の指示した順位に移動する。喜んで，足早に移動したりしてはいけない。

4）審査員が指か手の動きによって順位の変更を指示したあと（変更がないときがほとんど），そのまま行くように指示したら最終の順位決定となる。

審査員の見方　審査員は最終的に順位を決定した。

対処方法　審査員に指示されたら，すぐに頭絡を右手に持ち替えて，最終選抜の順位ラインの指定の位置まで足早に牛を移動させる。

最終選抜の順位ラインに到着したら，すぐに頭絡を左手に持ち替える。右手は牛の肩端に置く。

牛の前肢をライン上に揃えて，後肢も平行にまっすぐ立つように姿勢を調整する。牛の前肢がラインより下がったら頭絡を前に引き，前肢がラインから出たら肩端を押して後退させ，両方の前肢が常にライン上にあるように姿勢を修正する。後肢の状態も確認しておき，そのつど修正する。

ライン上での牛の頭の位置はまっすぐに保持する。頭をまっすぐにすることによって，頭から尾までが一直線になり，美しさをアピールすることができる（二次選抜のときと同じ）。

順位が確定したからと気を抜いてはいけない。観客はジッと上位に入賞した牛の素晴らしさを見ている。

1）～ 4）を繰り返して，全頭の順位が決定する。

(6) 褒賞授与

事務局から，上位入賞者に褒賞が授与される。みごとに上位入賞して褒章授与されるときは，笑みをもって帽子を取り一礼する。

上位入賞者にはトロフィーなどが授与される場合があるが，上位入賞者は，引き続いて行なわれる審査員からの審査講評時に牛をリードしなければならない。すぐに仲間が授与されたトロフィーなどを受け取りに行くようにする。

(7) 審査講評

審査員から，順位決定についての理由を含めた審査講評が行なわれる。

審査員は，上位5頭くらい（出品頭数や開催規則によって違い，開催事務局から審査員に指示される）について審査講評を行なうので，指定された順位までに入賞した場合は，頭絡を左手に，右手で牛の首の皮膚を持って順位に従って牛を引き出し，歩幅を狭くしてゆっくりと歩く。クラス審査の締めくくりで，観客は注視しているから，上位入賞した牛の勇姿を観客に見せるため真剣にリードする。

ショーでの審査講評　牛は皆さんの牧場の財産であり，ときには家族の一員ともいえるほどに大切なものである。皆さんの大切なものを評価されるとき，けなされるよりも褒められたほうが気持ちがいいはずである。だから，ショーの審査講評では褒める言葉使いが基本であることを覚えてほしい。

たとえば，1位と2位の差を述べるとき，「1位の牛は○○の点で2位の牛より優れている」と表現しても，「2位の牛は△△の点で1位の牛より劣っている」と表現しても，順位については同じことをいっているのである。

しかし，ショーでは褒める言葉が基本であるから，「1位の牛は○○の点で2位の牛より優れている」，あるいは「2位の牛は□□の点で3位の牛より優位である」という表現を使うべきであることを覚えておいてほしい。

(8) 退　場

審査員の審査講評が終わったら，クラスの審査は完全に終了である。頭絡を右手に持ち替えて，退場口からスムーズに退場する。

リード・パーソンは退場口で，リングに向かって一礼することが最後のマナーであるが，出品牛が多い場合，多数の牛とリード・パーソンが狭い退場口に殺到するので危険が伴う。臨機応変に対処してほしい。

退場口でのリード・パーソンの出迎え　リード・パーソンの仲間だったら，退場口でリード・パーソンを出迎え，入賞した場合は「おめでとう」と手を差し出し握手して喜びを伝え，惜しくも入賞を逃した場合は「お疲れさま」などの声をかけて，リード・パーソンから頭絡を引き継ぎ，繋留場へ牛を引いていくことが，緊張して牛をリードしてきた仲間へのいたわりであると思う。

(9) 写真撮影

各クラスの上位入賞牛の数頭については（頭数はショーによって違う），写真撮影が行なわれることがある。

牛の撮影は，牛の四肢のポーズをつくるために人手が要る。仲間であったら，積極的に写真撮影に協力してほしい（第28図）。仲間同士の助け合いである。

9. ベスト・アダー，ベスト・プロダクション

ベスト・アダー（乳器賞）は，経産牛の各クラスのなかで，もっともすばらしい乳器をもった牛に与えられる賞である。

ベスト・プロダクションは，経産の部の3歳以上の各クラスの出品牛のなかで，産乳量のもっとも多い牛に与えられる賞である。ただし，ベスト・プロダクションはすべてのショーで設定されているわけではないので，事務局に確認する必要がある。

*

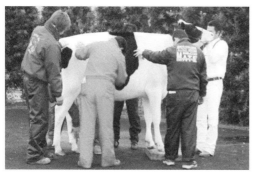

第28図　写真撮影には仲間も積極的に協力する

ベスト・プロダクションは，ただ産乳量が多ければ受賞できるものではなく，一般的には次のような条件が付いているのが普通である。

・出品牛を，ベスト・プロダクションの選定対象とするかどうかは出品者の自由で，強制ではない。

・出品牛がベスト・プロダクション選定に参加する場合は，出品者が書類を事前に事務局に提出しなければいけない。

・提出する書類は，「検定成績証明書の写し」または「検定終了通知書の写し」である。

・産乳成績は前産の成績が基本となるため，3歳以上のクラスが対象となる。

・産乳成績は，3歳クラスが初産，4歳クラスが2産，5歳以上のクラスは前産の成績が対象となる。

・ベスト・プロダクション参加牛のなかで，ショーの成績で1等賞以上（通常，出品牛の約50％）に入賞したもののなかから，SCM換算305日乳量（SCM換算305日に満たない場合は，その搾乳日数の乳量）のもっとも多い牛が選定される。

10. チャンピオン戦

今までの審査は，月齢や年齢によって区分けされた各クラスでの審査だった。最後に，年齢の枠を超えた全出品牛のなかで，もっともすばらしい牛を決めるのがチャンピオン戦である。チャンピオン戦には，審査の終了した各クラスの1位の牛（大会によっては2位の牛も）が出品される。

チャンピオンの名称　一般的に，クラス審査での各1位をチャンピオン，2位をリザーブ・チャンピオンと称する。

年齢の枠を超えた全出品牛のなかでの，真の1位と2位の名称については，グランド・チャンピオンとリザーブ・グランド・チャンピオン，あるいは名誉賞と準名誉賞，または最高位と準最高位，などの呼び方がそれぞれの大会で決められている（ここではグランド・チャンピオンならびにリザーブ・グランド・チャンピオ

ンと記載する）。

チャンピオン戦への出場牛　グランド・チャンピオンのみを選出する大会では各クラスのチャンピオン（1位）のみ。リザーブ・グランド・チャンピオンも選出する大会では，各クラスのチャンピオン（1位）とリザーブ・チャンピオン（2位）の出品となる。

リザーブ・グランド・チャンピオンを選出する場合でも各クラスのチャンピオンだけでいいのでは，と考える人もいるだろう。しかし，リザーブ・グランド・チャンピオンを選出する場合，同じクラスからグランド・チャンピオンとリザーブ・グランド・チャンピオンが選出されることが有り得るため，リザーブ・グランド・チャンピオンを選出する場合は，各クラスの1位と2位の牛が出品されるのが本来の姿である。

グランド・チャンピオン　日本のショーでは，未経産の部と経産の部があるのが一般的で，未経産を「ジュニア」，経産を「シニア」と称している（ヨーロッパでは，「乳を出しているのが乳牛だ」との考え方からか，未経産の部のない国がある）。

ホルスタインであれジャージーであれ，乳牛のショーでは，やはり乳房が付いているほうが有利であるため，未経産がグランド・チャンピオンになるのはなかなかむずかしいのが現実である。

そこで，グランド・チャンピオンを決める前に，未経産の部での1位と2位を決め，ジュニア・チャンピオンならびにリザーブ・ジュニア・チャンピオンとし，同じく経産の部の1位と2位をシニア・チャンピオンならびにリザーブ・シニア・チャンピオンとして表彰するのが普通である。

また経産の部は年齢の上限はない。年齢の幅が大きいと，年齢を重ねてもすばらしい体型と乳器を維持している年齢の高いクラスの牛の評価が高くなり，シニアの部のチャンピオンになる確率が高くなる。つまり，年齢の若い経産牛はシニアの部のチャンピオンになかなかなりにくいのである。そこで，大会によっては，経産

乳牛改良で長命連産　乳牛の体型，ショー

第2表　チャンピオン戦の年齢区分・表彰区分（例）

部別		年齢区分	表彰区分				
第1部	未経産	8か月以上12か月未満	ジュニア	ジュニア・チャンピオン　リザーブ・ジュニア・チャンピオン			グランド・チャンピオン　リザーブ・グランド・チャンピオン
第2部	未経産	12か月以上15か月未満					
第3部	未経産	15か月以上18か月未満					
第4部	未経産	18か月以上21か月未満					
第5部	未経産	21か月以上25か月未満					
第6部	経産	2歳6か月未満　2歳ジュニア	シニア	シニア・チャンピオン　リザーブ・シニア・チャンピオン	インターミディエイト	インターミディエイト・チャンピオン　リザーブ・インターミディエイト・チャンピオン	
第7部	経産	2歳6か月以上3歳未満　2歳シニア					
第8部	経産	3歳以上3歳6か月未満　3歳ジュニア					
第9部	経産	3歳6か月以上4歳未満　3歳シニア			シニア	シニア・チャンピオン　リザーブ・シニア・チャンピオン	
第10部	経産	4歳以上5歳未満　4歳					
第11部	経産	5歳以上　成年					

の部を二つに分けてチャンピオンを決めるときがある。

経産の部を二つに分けるときは，3歳6か月を境として，3歳6か月未満を「インターミディエイト」，3歳6か月以上を「シニア」と称するのが一般的である（経産の部を細かく分け，5歳の部を独立させて，6歳以上を成年クラスとするショーでは，インターミディエイトを4歳未満とするときもある）。

チャンピオン戦では，ジュニアの部・インターミディエイトの部（ある場合は）・シニアの部でそれぞれ1位と2位を決め，それぞれをジュニア（インターミディエイト・シニア）・チャンピオン，リザーブ・ジュニア（インターミディエイト・シニア）・チャンピオンとする。

そして最後に，ジュニア（インターミディエイト・シニア）・チャンピオン，リザーブ・ジュニア（インターミディエイト・シニア）・チャンピオンの6頭（インターミディエイトのないときは4頭）のなかから，全出品牛のなかでの真の1位と2位であるグランド・チャンピオンとリザーブ・グランド・チャンピオンを決定する（第2表）。

グランド・チャンピオン決定戦は，おおよそ

次の順序から成り立っている。

1) ショー・リングへの入場
2) 審査
3) 整列
4) 一次選抜（ファースト・ピック）
5) 審査員のお礼の挨拶
6) 各部のチャンピオン決定
7) 審査講評
8) 褒賞授与
9) グランド・チャンピオン決定
10) 審査講評
11) 褒賞授与
12) 退場

(1) ショー・リングへの入場

牛は若いクラスからチャンピオン（1位），リザーブ・チャンピオン（2位）の順に入場する。

(2) 審　査

審査員はリングの中央から，リングを周回している各クラスのチャンピオンならびにリザーブ・チャンピオンを観察する。審査員は，各クラスの審査ですでにチャンピオン戦出場牛を細かく見ているので，チャンピオン戦では，全出

品牛に対する個体審査は行なわない。

審査員の見方　審査員は牛を遠くからみて，月齢や年齢にあった体高・体長とそのバランス，乳用性，歩様などを比較する。

対処方法　チャンピオン戦のため，リード・パーソンの緊張は尋常ではないだろうが，緊張のなかにも落ち着いて自分の牛に乳用性があることをアピールしなければならない。そのため，牛の顎が背線の延長線上にくる高さに保持し，右手で牛の首の皮膚を横につかみ，上に引き上げて首を細く見せる努力をするとともに，牛の頭を少し審査員側に向けて首に縦じわをつくって乳用性をアピールし，歩幅を狭くしてゆっくりと歩く。

(3) 整　列

1）審査員は，周回している出場牛をある程度観察すると，場内係員に出場牛を整列させるように指示する。

審査員の見方　審査員は，出場牛が全頭整列するまで，審査の眼で牛を見ている。

対処方法　審査員の指示を受けた場内係員から整列するように言われたら，若いクラスから指定のラインに整列する。

全頭が整列し終わるまで，審査員は歩いている牛を見ているので，ラインに到達するまでは牛に乳用性があることをアピールしなければならない。ラインに到達したら，牛の首の皮膚を持っていた右手を牛の肩端に置き，前肢をライン上に置いて前肢・後肢ともまっすぐ平行になるように立たせる。牛の頭をまっすぐに保持して，頭から尾までを一直線にする。

2）全頭が整列すると，審査員は列の前と後ろを行き来する。

審査員の見方　審査員は，整列した牛の前と後ろを行き来して比較審査する。

対処方法　最後の比較審査である。この場にいるリード・パーソンは各クラスの代表として，素質のある牛を，すばらしいリーディングをもってアピールしてほしい（二次審査のライン上と同じ）。

(4) 一次選抜（ファースト・ピック）

1）審査員はジュニアの部の3頭（通常）のリード・パーソンに牛を前に引き出すように指示する（グランド・チャンピオンのみを選出するショーでは，通常2頭）。

審査員の見方　審査員は，ジュニアの部の出品牛のなかから，チャンピオンならびにリザーブ・チャンピオンを決定した。

対処方法　前に引き出すように指示されたリード・パーソンは，右手を牛の首に置き換えて，ゆっくりと引き出す。ここで，絶対に牛を暴れさせてはいけない。慎重に。

2）審査員は引き出された牛を観察する。

審査員の見方　ここで，順位決定にまだ迷っている審査員はいないと考えてよい。順位を考えるよりも，審査講評を考えているはずである。

対処方法　ラインに到達したら，牛の首の皮膚を持っていた右手を牛の肩端に置き，前肢・後肢ともまっすぐ平行になるように立たせる。牛の頭をまっすぐに保持して，頭から尾までを一直線にする。

引き出された牛の順位はすでに決まっているといったが，その順位は審査員の心中にしかない。引き出した牛のリード・パーソンは，期待に胸を膨らませて，審査員の顔を眼で追いながら真剣にリードしてほしい。

3）審査員はジュニア・チャンピオンを決めたことを事務局に知らせる。事務局は，チャンピオンが決まったことをアナウンスし，マイクを審査員に渡す。

(5) 審査員のお礼の挨拶

マイクを持った審査員は，ジュニアの部のチャンピオン発表に先立ち，本日のショーに審査員として招かれたこと，ならびに出品者や事務局の協力のもとにショーがスムーズに進んだことなど，感謝の言葉を述べる。

観客の皆さんは，審査員の感謝の言葉が終わったら，温かい拍手をもって審査員の労をねぎらってほしい。

(6) ジュニア・チャンピオンの決定

審査員は一次選抜で引き出された数頭のなかから1頭の牛に近寄り，牛の尻をたたくか，リード・パーソンに握手を求める。これで，ジュニア・チャンピオンの決定である。

リザーブ・ジュニア・チャンピオンを選出する場合は，審査員は別の1頭に近寄り，同じ動作をする。これで，リザーブ・ジュニア・チャンピオンの決定である。

牛の尻をたたかれたり，握手を求められたリード・パーソンは，審査員に対して一礼し，素直に喜びを表わしてほしい。

チャンピオン戦で牛をリードしているリード・パーソンならびに観客の方々は，拍手をもってジュニア・チャンピオンとリザーブ・ジュニア・チャンピオンを祝福してほしい。

チャンピオン戦における演出の例 チャンピオンを決定する場合，牛の尻をたたいて決定を伝えるやり方が一般的だったが，最近では，牛の尻を叩くのは虐待行為だ，という動物愛護の観点から，リード・パーソンに握手を求めることが多くなった。審査員から握手を求められたリード・パーソンは，慌てずに手を差し出して握手してほしい（第29図）。

第29図 チャンピオンを決定する場合，動物愛護の観点からリード・パーソンに握手を求め決定を伝えることが多くなった

(7) 審査講評

審査員から，ジュニア・チャンピオンとリザーブ・ジュニア・チャンピオンを決定した理由が説明される。

今までの各クラスの審査では，審査員の審査講評時に牛を引き出して歩かせたが，チャンピオン戦では歩かせる必要はない。その位置で講評を聞く。

(8) 褒賞授与

事務局から褒章が授与される。先ほど，素直に喜びを表わすようにと記したが，喜びの表現もここまで。まだ審査は続くので，元の冷静さに戻りグランド・チャンピオンの審査を待つ。

*

以上の(4)と(6)～(8)を繰り返して，インターミディエイトならびにシニアのチャンピオンとリザーブ・チャンピオンが決定される。

(9) グランド・チャンピオン決定

選出されたジュニア・インターミディエト・シニアの各チャンピオンとリザーブ・チャンピオンのなかから，開催されたショーでの真の1位と2位であるグランド・チャンピオンならびにリザーブ・グランド・チャンピオンが決定される。すなわち審査員が牛の尻をたたくか，リード・パーソンに握手を求める。

ショーの最後の最後の審査であるグランド・チャンピオンである。尻をたたかれたり，握手を求められたリード・パーソンは，審査員に対して一礼し，素直に喜びを表わしてほしい。チャンピオン戦で牛をリードしているリード・パーソンならびに観客の方々は盛大な拍手をもってグランド・チャンピオンとリザーブ・グランド・チャンピオンを祝福してほしい。

(10) 審査講評

審査員から，グランド・チャンピオンとリザーブ・グランド・チャンピオンを決定した理由が説明される。

審査員の審査講評時に牛を引き出して歩かせる必要はない。観客にグランド・チャンピオンとリザーブ・グランド・チャンピオンを受賞した牛の勇姿を見せるため、牛の頭を上げ、自信をもって最後のリードをしてほしい。

(11) 褒賞授与・退場

事務局から褒賞が授与される。

審査員の審査講評が終わったら、ショーの審査は完全に終了である。頭絡を右手に持ち替えて、退場口からスムーズに退場する。

グランド・チャンピオンの記念写真 グランド・チャンピオン牛は、その場で記念写真を取ることがある。仲間であったら、恥ずかしがらずに笑顔をもって記念の集合写真に加わり、思い出とすることを勧める。

11. 楽しいショー運営のポイント

最後に、楽しいショーの運営について述べる。

ショーを構成しているのは、牛、審査員そしてリード・パーソンだけではない。忘れてはいけないもう一つの重要な構成員が観客である。

観客が一人もいないショー・リングで、あなたは牛をリードする気持ちになるだろうか。観客が多ければ多いほど、「よし、見せてやる」と、気持ちが高揚してこないだろうか。

観客は何を見に来ているのだろうか。答えは牛である。それでは、会場に牛さえいれば観客は満足するのだろうか。そうではない。観客は、楽しい雰囲気で牛を見たいのである。牛を見にきた観客の楽しい雰囲気を壊すのは何だろうか。

その一つはリード・パーソンの態度である。そしてもう一つは、牛の排泄物である「糞」である。ショーには、家畜を飼っていない人もたくさん来る。家畜を飼っている、飼っていないにかかわらず、糞はないほうがいいのである。つまり、ショー・リングから糞をなくしてしまえばいい。糞をなくせ、といっても牛は糞をする。

この矛盾をどうやって解決するか。牛が糞をしたら、すぐに取り去ってしまえばいいのである（第30図）。これらのことを考え、事務局は糞を取り去る係として「会場整備員（糞取り要員）」を準備している。しかし、日本の糞取り要員はあまり機能していないのが実情である。

ショーを見に来た一般の観客は酪農業の生産物である牛乳の消費者、つまり、皆さんのお客さんなのである。そのお客さんに「牛のショーはすばらしい。牛があれほどきれいだとは知らなかったし、非常に訓練されている。牛が糞をするまもなくサッと取り去られ何の臭いもしない。また、見に行こう」と思ってもらうことである。

また、市町村によっては、地域の農業祭にあわせてホルスタイン共進会が行なわれる場合があり、幼稚園や保育園の子供たちが集団で見にくる。初めて牛を見にきた子供たちが家に帰って「お母さん、今日、幼稚園で牛を見に行ってきたよ。牛は床屋さんに行ったみたいにきれいだし、牛を引いているお兄ちゃんたちはみんな白いズボンとシャツを着てかっこういいんだ。牛はとってもたくさんのうんちをするけれど、すぐにもっていっちゃうからうんちの臭いがしないんだよ。ボク、牛が好きになっちゃった。次はお母さんも一緒に見に行こうよ」と感じさせるのが、最高のショーだと思う。

糞取り係は、審査員を審査に、リード・パーソンをリードに集中させ、観客を気持ちよく観戦させる、ショー運営にあたってきわめて重要

第30図 牛の糞がちらばったリング

乳牛改良で長命連産　乳牛の体型，ショー

な役割である。どうか，誇りをもって任務を遂
行してほしい。

＊

　皆さん，楽しく意欲をもってショーに参加
し，ショーを通して仲間を増やし，体型の良い
牛を見て自分の牧場の改良に役立てるようにし
てほしい。そして，牛乳の消費者である観客に，
素晴らしい酪農業の一部を見せてほしい。
　執筆　荻原　勲（元協同飼料株式会社）

最新技術情報
酪　農

子牛の顔を見て体調を知るカウシグナル

（1）現場で求められる簡易な健康診断法

ベテランの酪農家であれば子牛の顔を見て，「あれ？　今朝この牛は調子が悪くないか？」とか，「今日は皆元気だ！」と，いとも簡単に子牛の体調を瞬時に判断している。それは経験がなせる業である。そのもとは何年も，毎日牛と付き合い対話してきた経験からきている。

現在日本の酪農家は1戸当たり飼養頭数が増え，北海道平均は123.5頭（2017年）と100頭を優に超えて，都府県平均（53.8頭）の倍以上である（農林水産省畜産統計調査，2017）。頭数が増えた牛群を支える，更新牛となる子牛たちをいかに健康に育てるかが酪農家の腕にかかっている。乳代が入らず飼料代や飼養管理代がかかる，経済的持出し期間の育成牛時代において，健康な子牛を育成することが一つの戦略となる。健康であれば，薬代や獣医療代も不要，特別なケアや手間も不要，また発育阻害が起きにくいため，早く成長して性成熟も早まり，人工授精することが可能となり，妊娠も早まる。無事に初産を早く迎えることができれば，毎日乳を売って乳代が得られる，経済的プラス期間に早く到達する。

少子高齢化は酪農家にも影響を与え，搾乳者も子牛を飼養管理する人の数も減ってきている。その状況下で，多くの外国人や農業経験のない初心者が，搾乳作業を請け負ったり，子牛の飼養管理の現場で働き始めている。規模が拡大した酪農家のための更新牛を育てる，子牛専門の育成牧場も大規模になった。人手不足から酪農外出身の初心者が働き始めている昨今，子牛の体調を正しく知ることは，重要な課題である。早期に体調不良を見つけ，重篤な疾病になる前に必要な治療を開始することで，子牛を素早く健康状態に回復させられる。薬代や人件費が削減できることは，重要な点である。多頭数飼育現場において，素早く適切に子牛の体調を知るカウシグナルが求められている。

カウシグナルとは，牛の外見や行動などから，健康状態や環境の快適性を判定する指標のことである。従来のカウシグナルシステム（CSと略す）は，観察項目数が多く体温計など道具も使い，臨床兆候も細分化されていて，手間と時間がかかり，実際の現場では使用しにくいという欠点があった。また保定しないと測定できないことや測定に時間がかかる。そのうえ直接子牛に触れる観察項目もあるため，評価者が子牛に感染症を伝播させるおそれもあり，さらに人に不慣れな子牛にはストレスを与える可能性がある。

今回，従来のカウシグナルと比較して，測定機器を使わずに子牛の顔を見て，早期に体の不具合を見つける新しい顔カウシグナル（FCSと略す）を提案し，そのもととなるデータとともに，顔のどこを見ればよいかを解説する。

（2）CSとFCSの評価項目およびスコア値の違い

この実験は，国立大学法人帯広畜産大学の動物実験委員会による審査を受け，「動物愛護および管理に関する法律」などを遵守し，承認を受けて実施したものである。また同大学家畜生産ユニット4年次学生の卒業研究により得られた結果をもとにしている。

①供試子牛と観察期間

2014年7月末から10月初旬にかけて出生した雌子牛で，気性が荒いなどの測定が困難な子牛ではなく，健康上の問題がみられない，離乳後の6頭を選び実験を行なった。

前述の離乳後の6頭を用いて，5か月間にわたり，それぞれ20回スコアリングを行ない，総計120回のスコアリングを実施した。

②二つのカウシグナルのスコア値による評価法の違い

従来のカウシグナル法（CS）　CS（Hulsen, 2013）のうち，以下の7項目を1頭ごとに観察，測定してスコア値（第1表）を記録した。

1）外貌：毛のつや

最新技術情報　酪農

第1表　子牛の健康評価に用いる従来のカウシグナル（CS）のスコア表

観察項目	レベル	スコア値[1]
外貌	毛につやがある	0
	つやがない	1
首皮膚の脱水程度	首皮膚を引っ張ると5秒以内に元に戻る	0
	元に戻るのに5秒以上かかる	1
直腸温度（℃）	38.0～39.3未満	0
	39.3～40.0未満	1
	＜38.0，≧40.0	2
平均呼吸数（分/回）	～50	0
	51～90	1
	91～	2
下痢の有無	なし	0
	あり	1
一般的態度	活発	0
	無気力	1
	起立困難	2
咳，鼻汁などの症状	なし	0
	いずれか1つ症状がある	1
	2つ以上症状がある	2

注　1）スコア値：0＝臨床的に正常，1＝軽症，2＝重症

第2表　顔のデータを用いた新しいカウシグナル（FCS）のスコア表

観察項目	レベル	スコア値[1]
鼻鏡の乾き	粒度の細かい水滴がみられ，ひんやりとしている	0
	乾燥，熱をもっている	1
白目の色の変化	なし	0
	充血	1
	黄疸	2
下まぶたのくぼみ	目の周囲の皮膚に張りがあり，下まぶたのくぼみはみられない	0
	下まぶたのくぼみが明瞭であり，目の周囲の皮膚に張りがなく，しわが多い	1
鼻汁の色	なし	0
	水溶性で透明な色	1
	粘液膿性で黄色系	2

注　1）スコア値：0＝臨床的に正常，1＝軽症，2＝重症

2）首皮膚の脱水程度

3）直腸温度（℃）。2回測定した平均値を記録

4）平均呼吸数（回/分）。2回測定した平均値を記録

5）下痢の有無

6）一般的態度（活発，無気力，抑うつ＝起立困難）

7）咳，鼻水の有無

　直腸温度は，電子体温計（CT422，シチズン・システムズ株式会社，東京都）を用いて，測定した。呼吸数は，子牛の胸部あるいは腹壁の動き，または鼻腔の開閉あるいは呼気の水蒸気の噴出によって計測し，30秒を2回測定し，それぞれ2倍した値を平均して，1分当たりの平均呼吸数（回/分）とした。

顔のデータを用いる新しい顔カウシグナル（FCS）　顔を用いる新しい顔カウシグナル（FCS）では，以下の4項目（Hulsen and Swormink, 2010）を用いそれぞれのスコア値を定義してスコア表（第2表，第1図）を作成し，それを使用して観察を行ない，スコア値を記録した。

8）鼻鏡の乾き

9）白目の充血と色

10）下まぶたのくぼみ

11）鼻汁の色

（School of Veterinary Medicine, University of Wisconsin-Madison, Calf Health Scoring Criteria）

　今回鼻鏡の乾き度合いを観察するときに同時に数値でも表わすために，鼻鏡の粘液量を求めた。濾紙（11.6cm²）を鼻鏡に3秒間押し当てて粘液を採取し，鼻鏡に当てる前後の濾紙重量で，粘液量を測定した。

③第三者によるスコアリング

　実験当事者以外の第三者によるCSおよびFCSスコア表を用いたスコアリング評価を，学生7名で，7～10回/人，実施した。7名は，独自に各自でスコア値を記入した。子牛の負担を考慮して直腸温度の測定のみは，1名が各牛

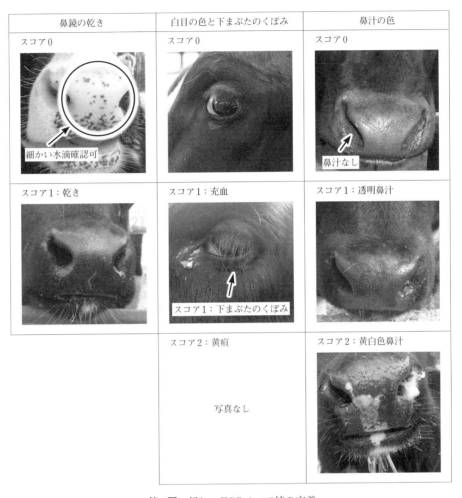

第1図 新しいFCSスコア値の定義
正常：スコア0，軽症スコア1，重症スコア2

1日1回のみ実施した。子牛と評価者の組合わせはランダムに行なった。スコアリング評価後にアンケート調査を行ない，FCSの利用しやすさについて，3項目（スコア表の見やすさ，説明文のわかりやすさ，スコアリングの簡単さ）に対し，5段階評価を実施した。5段階評価は，数字が大きいほど良い評価とし，5を最良評価，1を最低評価とした。評価者の子牛の飼養管理の経験度については，4つのレベル（実家が牧場，搾乳アルバイト，授業で牛を見る程度，まったく牛を見ない）に分類した。最後にCSとFCSスコア表を使用した感想を自由に記述してもらった。

(3) 従来法と顔カウシグナル法による評価の差異

①両カウシグナルCSとFCSによる子牛の健康評価の一致率

両カウシグナルで120回（6頭×20回）評価した結果，CSとFCSの判定例を比較すると，健康牛が104例対89例，注意牛は10例対29例，要注意牛では6例対2例であった（第2図）。CSとFCS両者の健康評価の一致率は82.5％であり，実際の一致率と偶然の一致率の差から求めた κ（Kappa）係数は0.48と中程度であった。κ 係数はある現象を二つの方法で観察した場

最新技術情報　酪農

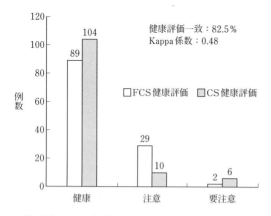

第2図　CSおよびFCSスコア表の健康評価の一致率

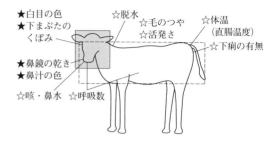

第3図　従来のCSスコアと今回のFCSスコアによる観察範囲の比較

第3表　両スコアのスコア合計点による健康評価の分類

健康評価のレベル	健　康	注　意	要注意
CSスコア合計点	≦3	4	5≦
FCSスコア合計点	≦1	2〜3	4≦

第4表　実験期間中にCSスコアによって症状が確認された症例数

症状名	症例数（頭）
脱　水	12
発　熱	31
下　痢	21
咳	25
鼻　水	11

合，結果がどの程度一致しているかを表わし，0〜1の値を示し，1に近いほど一致度が高いと解釈できる。

観察ポイントが7項目あるCSスコア表と比較して，FCSスコア表は観察ポイントが4項目と少ないため，CSスコア表よりも1項目ごとのスコアの重みが大きくなった（第3表）。そのため，FCSは，より悪い評価をしてしまう傾向がみられた。しかし，第3図に示すように，子牛の体全体の7項目を，観察し保定して測定しなくてはならない従来のCSに対し，今回のFCSは顔の鼻と目の部位のみの4項目の観察であるにもかかわらず，8割以上の一致率を示すことができた。

②FCSと各症状との関係について

今回の実験で，体調が悪い症状は，CSで評価した脱水，発熱（39.3℃以上），下痢，咳，鼻水の5つが観察された。第4表に示すように，39.3℃以上の発熱がもっとも多く，31例みられた。次いで咳が25例と下痢が21例みられ，脱水症状と鼻水は同程度の12例と11例であった。

顔の症状の評価であるFCSと，CSの5つの症状との関係を調べた。FCSの3項目である，鼻鏡の乾き，白目の色の変化（充血），下まぶたのくぼみは，それぞれ28例，44例，26例観察された。3項目それぞれとCSの5つの症状との関係を第4図に示した。

鼻鏡の乾きは，脱水（58.3％）と発熱（58.1％）の症状があるときに観察されることが多かった（第4図A）。ほかの3症状はいずれも30％以下で観察例が少なかった。今回の実験中，白目の色の変化では黄疸（スコア2）は観察されず，充血（スコア1）のみが観察された（44例）。白目の充血は，脱水，発熱，下痢の発症時に多くみられ，それぞれ75.0％，54.8％，57.1％であった（第4図B）。下まぶたのくぼみは一番多い脱水症状で50％であり，発熱症状では38.7％で，他の3症状は30％以下の低い値であった（第4図C）。

白目の充血と下まぶたのくぼみの両方が同時に発症していた場合，発熱症状は50％みられ（第4図D），さらに鼻鏡の乾きと白目の色の変

子牛の顔を見て体調を知るカウシグナル

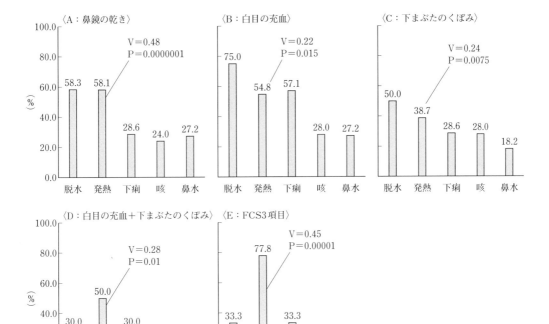

第4図 脱水，発熱，下痢，咳，鼻水という症状が確認された子牛で，FCS評価が1以上の割合
FCSスコアが1以上を示した，A：鼻鏡が乾いている，B：白目の充血，C：下まぶたがくぼんでいる，D：白目の充血＋下まぶたのくぼみ，E：鼻鏡の乾き＋白目の充血＋下まぶたのくぼみ（FCS3項目）がみられた子牛の症状割合

化（充血）と下まぶたのくぼみの3項目を合わせた場合（FCS3項目），発熱症状は77.8％と高い割合を示した（第4図E）。これらの結果からFCSは脱水，発熱，下痢の3症状と関係があると考えられた。

FCSと3症状（発熱，脱水，下痢）との関係性を分析したところ，発熱症状は，とくに鼻鏡の乾きとの間に有意で高いクラメール連関係数（$V=0.48$, $\chi^2=28.2$, $P=0.0000001$, 第4図A）が得られた。さらに発熱と脱水症状を合わせたときに，鼻鏡の乾きとの間にもっとも高い有意なクラメール連関係数（$V=0.54$, $\chi^2=35.4$, $P<0.0000001$）が得られた。FCSの3項目を合わせると（鼻鏡の乾き＋白目の充血＋下まぶたのくぼみ），発熱症状との間に有意で高い関係がみられた（$V=0.45$, $\chi^2=24.3$, $P=0.00001$, 第4図E）。今回用いたクラメール連関係数（V）は2つのカテゴリー間の関連性を表わし，0.3以下では関連性がなく，0.3～0.5では関連性が認められ，0.5以上では2つのカテゴリー間に強い関連性があることを示している。χ^2（カイ2乗）検定は，互いに何らかの関係性があるかどうかを調べるものであり，データ値と互いに関係がない独立状態の期待度数との差を求め，χ^2値を算出する。χ^2値から求めたP値が0.05より小さい場合は，統計的に有意に関連性があると判定される。

白目の色の変化（充血）は発熱症状との関係が小さく（$V=0.22$, $\chi^2=5.9$, $P=0.015$, 第4図B），鼻鏡の乾きより弱い関係であった。下まぶたのくぼみは5つの症状の発症割合が50％以下であったため，白目の色の変化よりさらに関係が弱かった（第4図C）。白目の色の変化と下まぶたのくぼみと合わせて分析した結果，

173

最新技術情報　酪農

下まぶたのくぼみ単独の発症時よりは発熱は幾分高い関係がみられた（V＝0.28，χ^2＝9.1，P＝0.01，第4図D）。

脱水症状とFCS3項目を合わせたときの関係性は，発熱症状より低い関係性であった（V＝0.35，χ^2＝14.5，P＝0.0007）。脱水とFCSの他の項目との関係性はV＝0.24～0.31であった。発熱と脱水が同時に発症した症例（n＝4）では，鼻鏡の乾きは全症例で観察された（V＝0.54，χ^2＝35.4，P＜0.0000001）。これらのことから，発熱に伴って脱水症状が起きた場合は，鼻鏡の乾きが起きやすいと考えられる。

発熱や脱水症状と比べて，下痢の症状下ではFCS3項目との関係性は弱く（V＝0.22，χ^2＝5.7，P＝0.06），白目の充血はさらに関係性が弱く（V＝0.20，χ^2＝4.6，P＝0.03），白目の充血と下まぶたのくぼみを合わせると関係性はなかった。

③発熱時と鼻の乾き度合い（鼻鏡粘液量の分泌量）との関係

子牛を保定して体温計を使って測る，直腸温度ともっとも関連性が強い顔の部位の症状は，鼻鏡の乾きであった。犬や猫などの伴侶動物を飼育している人が，具合が悪いときの健康チェックの第一番目に，鼻鏡の乾きをみることは一般的である。正常な動物は適度に鼻鏡が湿り，鼻水もないか，あっても無色透明であり，体調不良で熱がある動物では，鼻が乾く傾向にあることはよく知られている。牛においても鼻鏡を観察して，乾いている場合は発熱を疑うなど，何らかの体調不良を示す指標として利用する生産者もみられる。そこで乳用子牛の鼻の乾きが，発熱などの異常を発見する指標として用いることができるかどうかを調べた。

今回調べた6頭の120回測定した直腸温度の平均は39.0℃であり，いままで提唱されているCSの基準値38.0～39.3℃未満の範囲内にあった（第1表）。そこで39.3℃以上を発熱群，39.3℃未満を非発熱群として2群に分け，両群間の子牛の鼻鏡の粘液量を測定し，比較した。6頭120回の鼻鏡の平均粘液量は0.044g/11.6cm^{2}であった。またFCSの鼻鏡の乾きスコアが1，つまり乾いていると判定したときの鼻鏡粘液量の最大値は0.0300g/11.6cm^{2}であり，この値を症例対照の閾値として用いた。

直腸温度が39.3℃以上の発熱群（n＝31）の鼻鏡粘液量の中央値は0.0289gで，乾いていると判定した鼻鏡粘液量の最大値の閾値を下回った（第5表）。非発熱群（n＝89）での鼻鏡粘液量の中央値は0.0510gで閾値を超えていた（第5表）。両群の鼻鏡粘液量には，有意な差がみられた（P＜0.01，第5図）。さらに直腸温度が39.3℃未満の子牛では，鼻鏡粘液量の値は広範囲に分布していたが，39.3℃以上を示した子牛の鼻鏡粘液量の値のバラツキは狭く，閾値0.030gを下回る症例数が増加していた。

データ全体では，直腸温度と鼻鏡粘液量の間には有意ではない弱い負の相関がみられ，直腸温度が上がるにつれて鼻鏡粘液量が減っていっ

第5表　発熱群と非発熱群の鼻鏡粘液量
（単位：g/11.6cm^2）

値	発熱群 39.3℃以上	非発熱群 39.3℃未満
最大値	0.1541	0.2466
中央値	0.0289	0.0510
最小値	0.0042	0.0038

注　スコア1の最大値＝0.0300g/11.6cm^2

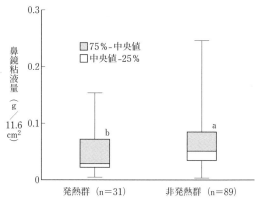

第5図　発熱群と非発熱群の子牛の鼻鏡粘着量の差

発熱群と非発熱群の中央値間に有意差あり（a，b：P＜0.01）

て乾く傾向が観察された。とくに40.0℃を超える高温の子牛8例では，全頭で鼻鏡粘液量が減少して乾いた鼻鏡症状を示した。

これらのことから，鼻鏡の乾きと発熱症状との間には関係性があると考えられた。伴侶動物で知られているように，何らかの症状があるか発熱時に鼻が乾く傾向があることを利用して，直腸温度の測定が必要な子牛を見つける，スクリーニングの手段として利用できる可能性がある。顔を見て判断できるこの方法をより正確度を高めて，発熱を知ることができるようになれば，多頭数飼育の現場で子牛を全頭捕獲して直腸温度を測る手間がかからず，個体管理の省力化につながる。しかし鼻鏡の乾きは正常な子牛でも観察され，鼻鏡の乾きだけで発熱と判定することは，擬陽性率を高め35.7%であった（第6図左）。体温測定の必要な子牛を見つけるスクリーニングの手段として，さらに正確度を高めるためには，白目の色や下まぶたのくぼみの2項目を鼻鏡の乾きに追加して同時に判断基準に加えることで，擬陽性率が下がり，22.2%になった（第6図右）。

④**外部環境要因によるFCSスコアへの影響**

今回の実験時にスコア評価を行なうさいに，実験15分前から実験直後までの畜舎内気温と相対湿度を，1分ごとに連続して測定を行なった。そして環境要因の影響を調べるために，暑熱ストレスの指標である温湿度指数（THI）を算出し，鼻鏡の乾きと呼吸数への影響を調べるために，それぞれ相関分析を行なった。

今回鼻鏡の乾きとTHIとの間には相関はみられなかった（スペアマン順位相関係数Rs＝－0.26, P＜0.26）。しかし呼吸数とTHIとの間には，有意で強い正の相関がみられた（Rs＝0.88, P＜0.0001）。今回の結果から，呼吸数をカウシグナルとして使用する場合は，環境要因の影響を考慮すべきである。しかし鼻鏡の乾きは環境要因の影響を受けにくかったため，環境変化をあまり考慮しないで，体調の把握には鼻鏡スコアが利用できると考えられた。

⑤**第三者によるFCSスコアリング**

実験者以外の第三者（7名）による，CSとFCSの両スコア表を用いた子牛の健康評価を行なった。7名による両スコア表の子牛の健康評価の一致率は，10回評価した2名が66.7%，7回評価した2名が85.7%と3名が100%であった。評価者のなかには子牛の個体管理の経験のない者もいたが，実験者の一致率82.5%に近い値であった。このためこのFCSスコア表は，初心者でも使用可能であろう。

スコアリング後にFCSスコア表について，アンケート調査を行なった。FCSスコア表の見やすさ，説明文のわかりやすさ，スコアリングの簡単さを5段階で評価してもらった。7名による見やすさ，わかりやすさ，簡単さの平均評価値は，それぞれ4.3, 4.1, 4.7で高い評価であった。しかし，初めて見たスコア表だったため，見やすさとわかりやすさの点ではもう少し理解しやすくする工夫がいることと，白目が見えにくい子牛ではスコアリングが困難であったという意見があった。

従来のCSスコアリングでは，じっとしていない子牛の場合，時計が必要な呼吸数の測定が困難であり，評価者による振れ幅が一番大きく23回の誤差がみられ，測定の手間がかかるという意見があった。CSの外貌の毛のつやについても，評価者による毛の光沢の有無の判定基準がぶれて客観性がなく，スコアリングの信頼度が低下すると考えられる。またFCSスコ

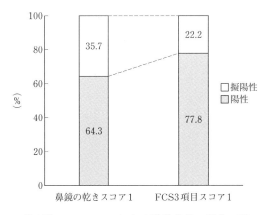

第6図 FCSスコアによる発熱症状の判定の正確性

最新技術情報　酪農

アリングの下まぶたのくぼみも主観的判断基準が入り込み客観性が損なわれる可能性があるため，もう少し判断方法を客観的にする何らかの工夫が必要であろう。

(4) 子牛の個体管理の省力に役立つ FCS

今回顔部位に限定して観察する，顔カウシグナルFCSを検討し，鼻鏡の乾き，白目の色の変化，下まぶたのくぼみの3項目が，子牛の健康状態を示すカウシグナルであると考えられた。これら3項目のスコアの上昇は，発熱症状と強く関連したことから，直腸温度を測定する必要のある子牛のスクリーニングの手段としても有望で，子牛の個体管理の省力化が可能だと考えられる。

現在，赤外線カメラによる発熱症状の自動判定が開発され，酪農の飼養管理の現場では実用化されつつある。しかし高価な測定道具を使わず肉眼で，そして保定を必要とせず，また触らないで，まず顔を見て測定が必要な子牛を見つけるスクリーニング手段として，今回の子牛の

顔を見て判断するFCSは利用価値がある方法だと考える。たとえばえさの給与時に鼻を突き出しているところを観察するなどは，簡単に観察できる方法だといえる。今回の新しいFCS判定表を使うことで，子牛育成農家，とくに多頭数飼育農家での，疾病の早期発見や防止に役立つことが望まれる。

　執筆　古村圭子・塚本夢乃（帯広畜産大学）

参 考 文 献

Hulsen. J. and B. K. Swormink. 2010. Cow signals: From calf to heifer. 日本語版乳牛の育成管理のための実践ガイド. 第1章. 生まれて最初の数日間. 中田健・及川伸監訳. デーリィマン社. 北海道.

農林水産省畜産統計調査. 2017. http://www.maff. go.jp/j/tokei/kouhyou/tikusan/（確報畜産統計平成29年Excel:e-Stat）

School of Veterinary Medicine, University of Wisconsin-Madison, Calf Health Scoring Criteria. http://www. vetmed.wisc.edu/dms/fapm/fapmtools/8calf/calf_ health_scoring_chart.pdf

野生動物の牧場への侵入の実態と特徴

1. 畜産環境への野生動物の侵入事例

　近年，野生鳥獣による農林業被害額は年間200億円前後で推移しており，農業経営上大きな課題となっている（農林水産省，2018）。代表的なものに，シカの食害による山林の裸地化やイノシシによる農作物被害があり，電気柵の設置や爆音による追い払いなどさまざまな対策がとられているが，ハンターの育成やジビエとして利用するための解体処理場の整備などよりいっそうの対策が求められている。

　一方で，農業被害はこれ以外の野生鳥獣によっても引き起こされている。北海道では稲の幼苗に加え，埋没貯蔵中のジャガイモやニンジンが（芳賀，1995），宮古島ではサトウキビがネズミ類によって食害を受けている（清水，2013）。このほかにも，ブロッコリーやジャガイモ，チンゲンサイ，レタスなどは，鳥類による食害が報告されている（外間・村上，1999）。

　野生動物による農業被害は畜産現場でも深刻な課題である。ウィンドレス豚舎では，ネズミ類が飼料を盗食するだけでなく，えさ袋，送風ダクト配管，電気・電話・コンピューターなどの配線などをかじって損壊する（市川，2013）。さらに，ラップサイレージのカビ汚染も引き起こす（蔡，2004）。イノシシやタヌキによる濃厚飼料の盗食（塚田ら，2008），放牧地や採草地でのシカによる食害（塚田，2009）も報告されている。

　さらに，畜産環境に侵入する野生動物は防疫上のリスク因子になる。すなわち，野生鳥獣類はダニやノミなどの外部寄生虫による吸血などを通して病原体を体内に保有し，その後しばらくの間，病原体の発育や増殖を担ったのち，ほかの動物個体へ感染症を媒介する媒介者（ベク

ター）や，細菌や病原体を畜舎内や家畜へ運搬する伝搬者（キャリアー）になり得る。したがって畜産環境では，畜舎に侵入し家畜に接近する野生鳥獣がとくに大きな問題となる。

　実際に近年，養鶏場ではイタチ，テン，ノネコ（以下ネコ）が場内に侵入していることが報告され，鶏の捕食や病原菌の運搬に対する危機意識は高まっている（山口，2015）。北海道ではカラスとアライグマからサルモネラ菌が分離され，牛へ感染し得ることが示唆された（藤井ら，2012）。カラスは高病原性鳥インフルエンザへの感染が確認されており（高病原性鳥インフルエンザ感染経路究明チーム，2004），ネズミは鳥インフルエンザウイルスの鶏舎侵入にかかわる可能性が危惧されている（金井，2012）。さらに，ネズミや野鳥が機械的に口蹄疫を伝播させる可能性も指摘されている（室賀・山本，2014）。

　野生動物の侵入を防ぎ，農場のバイオセキュリティを強化するために，防疫の啓蒙活動は精力的に行なわれている。しかし，畜産環境での野生動物の侵入や活動の実態を実際に調べまとめた報告は限られており，とくに注目すべき小型・中型の哺乳類や小型鳥類についての情報は少ない。そのため，各地域で注視すべき状況をデータにもとづいて議論することがむずかしく，また，現在の対策の有効性を評価しづらい。そこで，本稿では，肉用牛，乳牛，豚を飼育している宮崎大学付属牧場（住吉フィールドセンター）に自動撮影カメラを設置し，畜舎などの施設の内外や周囲の林内に出現する野生動物の出現パターンを解析した研究例を紹介する。

2. 野生動物の撮影方法

　2016年10月から2017年11月まで，宮崎大学附属住吉フィールドセンター（N31° 59'6"，

E131°27′40″,宮崎市)の施設(乳牛舎,肥育牛舎,繁殖牛舎,車両庫・第2車両庫(以下,倉庫とする))の内外およびセンター内の林内の合計9地点に,自動撮影カメラを1台ずつ設置し,野生動物の出現を調べた。この研究で用いた自動撮影カメラの機種はFilednote DUO, Filednote 6010(いずれも麻里布商事,山口県),OI-45(ollie,大阪府),HGC SG-007 (Shenzhen siyuan digital technology co. ltd, Shenzhen, China),SG560(Scout Guard, Australia),Ltl Acorn 5210B(OldBoys Outdoor, U.S.A.)である。

これらの自動撮影カメラは周囲の環境に比べて高い熱を発生する物体(たとえば動物や人)を感知する赤外線センサーを備えており,熱源がセンサーの感知範囲内に現われると温度変化を感知し,撮影を行なう。各地点で家畜や人が撮影されにくいような場所に自動撮影カメラを設置した(第1図)。

動物をカメラの前まで誘導するために,誘引物としてオートミール(プレミアムピュアオートミール,日本食品製造合資会社,北海道)をカメラの前に置いた。なお,用いたオートミールはエンバク100%であり,濃厚飼料に比べて野生動物の誘引効果がとくに強いとは考えにくい。週に1回カメラのバッテリーあるいは電池を交換し,2週に1回データを回収した。

撮影された画像から種が判別できるものは種名を記録した。体の一部のみの撮影や画像が不鮮明であるために種が判別できないものは,ネズミ類だと判別できたらネズミ(不明),哺乳類か鳥類か判別できた場合は哺乳類(不明)あるいは鳥類(不明),哺乳類か鳥類か区別できない場合は不明と記録した。

カメラの設置台数を増やすことを優先し,機種が異なるカメラも併用したため,すべてのカメラ間でシャッター間隔を揃えられなかった。そこで,機種間で撮影回数を調整するために,シャッター間隔が長い機種に合わせて,1分以内に同一種が複数回撮影されていても撮影回数は1回とカウントした。

また,センサーカメラは同一個体を連続的に複数回撮影してしまうため,出現頻度が高い動物ほど撮影回数と実際の個体数との差が大きくなる傾向がある。そこで,今回の解析では便宜的に同一種が2頭以上同時に撮影された場合も撮影回数は1回とカウントした。異なる種が同時に撮影された場合はそれぞれの種ごとに1回

第1図 乳牛舎(上段)と肥育牛舎(下段)での自動カメラの設置例
それぞれの畜舎の内外に1台ずつ自動撮影カメラを設置した。矢印がカメラを示す。下段右のように,センサーが家畜に反応しない場所に設置する

とカウントした。

解析対象とする動物あるいは動物群ごとに，カメラごとの撮影頻度指数（RAI：relative abundance index）（O'Brien et al., 2003）を以下の式を用いて算出し，相対的な撮影頻度の大小を比較した。

RAI＝総撮影回数／カメラ稼働日数

動作不良やバッテリー切れのためカメラが作動していなかった日のデータは欠損値とした。全動物についての解析には種が判別できなかった「不明」の場合も含めた。食肉類にはネコ，タヌキ，イタチ，テンを，ネズミ類にはクマネズミ，アカネズミ，ハツカネズミ，ネズミ（不明）を含めた。鳥類には判別できた鳥類と鳥類（不明）を含めた。畜舎内，畜舎外，倉庫内，倉庫外，林内間また季節間で動物の撮影頻度に違いがあるかを比較した。

3. 野生動物の侵入状況

（1）出現が多かった動物の種類

実験期間（延べ398日）に撮影された3万7,750回のうち，6,753回（18％）で動物が撮影された。施設内での全動物の撮影頻度指数（RAI）はすべての撮影地点で1.0以上であり（第2図），これは1日に1回以上野生動物の侵入があったことを意味する。とくに繁殖牛舎内，倉庫外で撮影頻度が高く，これはネズミ類と鳥類の出現が多いためであった。

牧場全体では哺乳類9種（ネコ，タヌキ，テン，イタチ，ノウサギ，クマネズミ，アカネズ

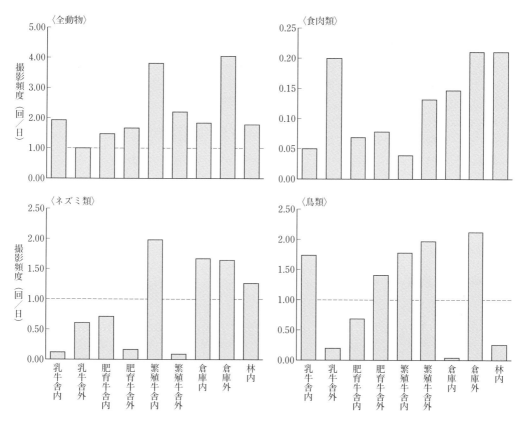

第2図　各地点で撮影された動物群ごとの撮影頻度（RAI）

撮影頻度は各地点に1台ずつ置いたカメラごとに算出し，1.00は1日当たり1回撮影されたことを示す。全動物まとめると繁殖牛舎内と倉庫外でよく撮影されていた。これは撮影頻度が高いネズミ類と鳥類の影響であると思われる

最新技術情報　酪農

ミ，ハツカネズミ，ジネズミ）と鳥類16種（留
鳥：カラス，ドバト，キジバト，スズメ，キセ
キレイ，ハクセキレイ，トラツグミ，シジュウ
カラ，ヤマガラ，ホオアカ，セッカ，渡り鳥：
シロハラ，アカハラ，ジョウビタキ，ビンズイ，
アオジ）の計25種が撮影された。

　これらのうち，とくに撮影頻度が低かったテ
ンやノウサギなどの哺乳類は倉庫内外と林内で
のみ，アカハラ，トラツグミ，ビンズイ，アオ
ジ，ヤマガラ，ホオアカ，セッカなどの鳥類は
倉庫外と林内でのみ撮影された。人の立ち入り
は畜舎がもっとも多く，続いて倉庫，林内であ
る。したがって，撮影頻度が低かった動物種は
自然環境をより利用している種であり，林内に
設置したカメラの数が少なかったことが，これ
らの種の撮影頻度が低かった一因であると思わ
れる。

　一方，渡り鳥など撮影季節が限定されていた
種も合わせると，ネコ，タヌキ，イタチ，クマ
ネズミ，ハツカネズミ，アカネズミ，カラス，
ハト類（ドバト，キジバト），スズメ，キセキ
レイ，シロハラ，ジョウビタキの13種の動物
の撮影頻度が高かった。そこで，以降の解析で
はこれらをこの牧場に出現する代表的な野生動
物として扱う。畜舎内外で撮影された動物の種
数は倉庫内外や林内とそれほど変わらず，各撮
影地点で少なくとも8種が撮影された。この牧
場は低地の市街地に位置し，比較的人里に出現
しやすい動物種がよく撮影されていた。これら
の動物は人的環境を利用しやすい性質をもつた
め，畜舎内での撮影が多かった可能性がある。

（2）哺乳類の動向

　出現の多かった13種の撮影頻度を撮影地点
ごとに比べると，まず哺乳類では，ネコ，タヌ
キ，クマネズミ，ハツカネズミは各畜舎の内外
で撮影されていた（第3図）。このうちタヌキ
を除くネコ，クマネズミ，ハツカネズミは林内
で撮影されなかった。別の調査でこれらの動物
は林内も利用することがわかっているが，より
人的環境を利用していることが窺える。

　行動範囲が広い食肉類のうち，ネコは林内，

タヌキは倉庫内以外のすべての地点で撮影され
ており，またイタチも複数の地点で撮影された
（第4図）。同じ個体が施設間を行き来している
ことが予測される。実際にネコは同じ毛並みの
個体が複数地点で撮影されたことから，同一個
体が牧場内を徘徊しているとみられる。

　タヌキ，イタチ，アカネズミなど，倉庫外や
林内などのより自然な環境でおもに活動してい
ることがあきらかな哺乳類は，やはりこれら
の地点での撮影頻度が高い傾向にある。対照的
に，ネコ，クマネズミ，ハツカネズミは施設内
での撮影が多かった（第3図）。

　しかし着目すべきは，自然環境と人的環境の
いずれか片方に出現が偏っていた動物のほとん
どが，各施設の内外で撮影されていた点である
（第3，5図）。肥育牛舎では，防鳥ネットの破
損箇所にイエネズミであるクマネズミが畜舎の
外側から頭を突っ込んでいる写真が撮影された
（第6図）。また，繁殖牛舎では，アカネズミの
侵入が撮影されたのと同じ穴から，イタチが侵
入しているようすが確認された（第7図）。さ
まざまな哺乳類が日常的に畜舎を出入りしてい
る可能性が高い。

（3）鳥類の動向

　出現の多かった鳥類のうち，カラス，スズメ，
シロハラ，ジョウビタキ，キセキレイは，各
畜舎の内外で撮影されていた（第8図）。また，
ハト類のように施設外での撮影に偏っていたも
のも含め，哺乳類と同じく，同一種や近縁種が
さまざまな施設で撮影された（第9図）。これ
らのうち，カラス，スズメ，ジョウビタキ，キ
セキレイは林内で撮影されなかった（第8図）。
スズメとジョウビタキは人的環境をよく利用す
るためであると考えられるが，カラスは実際に
は林内にもよく出現しているため，穀物をよく
食べる鳥類に比べ，えさに用いたオートミール
への反応が良くなかったのかもしれない。カラ
スの撮影頻度は過小評価になっていた可能性も
ある。

　北海道の調査でカラス類，アライグマからサ
ルモネラ菌が分離され，牛へ感染し得ることが

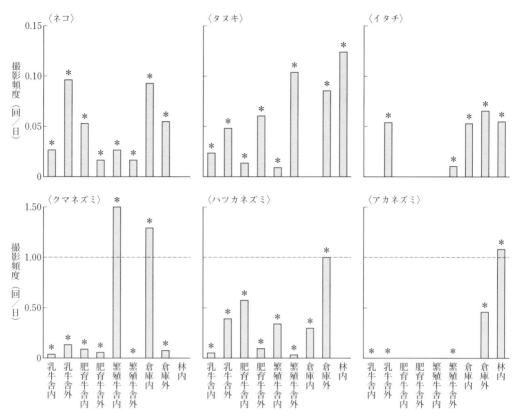

第3図 代表的な哺乳類の各地点での撮影頻度（RAI）
棒グラフの上の＊は調査期間を通じて1回以上撮影された地点を示す。これら撮影頻度が高い哺乳類のうち，タヌキ，イタチ，アカネズミは林内や倉庫外などの自然環境を，ネコ，クマネズミは施設内など人工環境をよく利用していたが，それぞれ逆の環境も利用していた

第4図 同一種の哺乳類のさまざまな地点における撮影例
上：タヌキ（①乳牛舎外，②繁殖牛舎外，③林内），下：イタチ（④繁殖牛舎外，⑤倉庫内，⑥林内）
同じ種類の哺乳類が畜舎から林内までさまざまな地点で撮影された。各動物の行動圏の広さから，同一個体が牧場内を広く利用している可能性が示唆された

最新技術情報　酪農

第5図　同一畜舎内外でのクマネズミの撮影例
左上：繁殖牛舎内，左下：繁殖牛舎外，右上：肥育牛舎内，右下：肥育牛舎外
イエネズミとされるクマネズミが同じ畜舎の内外で撮影された。畜舎内をよく利用するものの（第3図），畜舎の外も日常的に利用していると考えられる

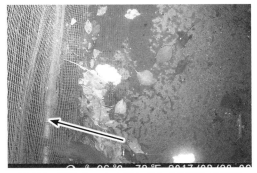

第6図　防鳥ネットの破れ目から肥育牛舎に侵入するクマネズミ
イエネズミとされるクマネズミはすべて畜舎の外でも撮影された

報告された（藤井ら，2012）。また，高病原性鳥インフルエンザの感染はカラスでも確認されている（高病原性鳥インフルエンザ感染経路究明チーム，2004）。また，カラスは他農場と行き来することから，近隣の農家への疾病伝播のリスクがきわめて高い。そのため，カラスの畜舎内への侵入を防ぐことは重要であるが，今回の研究では，とくに乳牛舎と繁殖牛舎でカラスの侵入頻度が高かった（第8，10図）。

また，渡り鳥であるシロハラやジョウビタキは畜舎内を含め牧場内で多く出現しており，国外から病原体を牧場内に運び込む可能性をもっている。そして留鳥と同じ空間を利用するため，やはり留鳥や家禽への病原体などの伝播が危惧される。畜産環境に頻繁に出現するカラス，ドバト，スズメのほかに，シロハラやジョウビタキを含めた渡り鳥にも注意を払うべきである。

野生動物の牧場への侵入とその対策

第7図　繁殖牛舎に侵入するイタチ
イタチが侵入したのと同じ穴からノネズミであるアカネズミの侵入が観察されてる

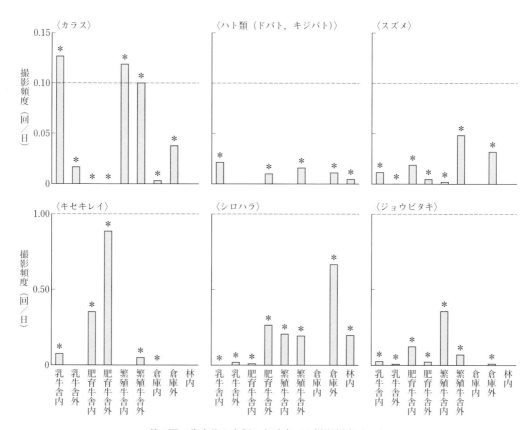

第8図　代表的な鳥類の各地点での撮影頻度（RAI）
棒グラフの上の＊は調査期間を通じて1回以上撮影された地点を示す。これら撮影頻度が高い鳥類は林内や倉庫外などの自然環境だけでなく、畜舎内外をよく利用していた。ハト類のうち、林内ではキジバトのみが撮影された

最新技術情報 酪農

第9図　同一種の鳥類（ハト類）のさまざまな地点における撮影例
左：乳牛舎内，中：繁殖牛舎外，右：肥育牛舎外
哺乳類同様，同じ種類の鳥類がさまざまな地点で撮影された。行動圏の広さから，同一個体が牧場内を広く動き回っている可能性が示唆される

第10図　繁殖牛舎内外でのカラスの撮影例
左：繁殖牛舎内，右：繁殖牛舎外
カラスが同じ畜舎の内外で撮影された。畜舎の内外を日常的に行き来していると考えられる

4. 野生動物の出現パターンの特徴

（1）動物の生息環境と移動

今回の研究を通して，本来得意な環境が自然環境である野生動物が人的環境を，反対に，本来得意な環境が人的環境である動物が自然環境を日常的に利用しており，畜舎間の移動や畜舎内外での移動がごく日常的に行なわれているようすが浮かび上がってきた（第11図）。同一個体の移動による直接的な経路だけでなく，個体間や種間で同じ地点を利用することによる間接的な経路を通じて，畜舎の外から中あるいは中から外へ物質や病原体が移動しやすい状態にあると考えられる。

とくに出現頻度が高いネズミ類に着目すると，ネズミ類は従来，イエネズミとノネズミ類に大別され，それらは人的環境と自然環境とに棲み分けているものと考えられてきた。実際にイギリスのバークシャー州の養豚場での調査では，イエネズミであるハツカネズミは畜舎内か外壁で捕獲され，ノネズミであるヨーロッパモリネズミは屋外での捕獲のみであった（Tattersall, 1999）。本研究でも，イエネズミとされるクマネズミとハツカネズミはおもに畜舎内外と倉庫内外に出現し，ノネズミであるアカネズミはおもに林内と倉庫外に出現していた。

このように，イエネズミとノネズミの棲み分けはおそらく畜産環境でも一般的に当てはまっている。しかし今回の研究では，クマネズミ，ハツカネズミ，アカネズミが同地点で撮影されており，畜舎や倉庫の外側のような環境では3種の直接的あるいは間接的な接触があると考え

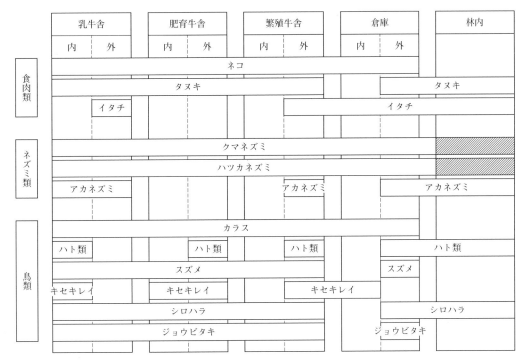

第11図　代表的な動物種の撮影地点
同じ種類の動物が同じ畜舎の内外で撮影されており，畜舎の内外を行き来していると考えられる。なお，斜線部は別の調査により林内での生息が確認されている

られる。

　わが国では畜産の近代化が進むにつれ，ネズミ対策は畜舎内のイエネズミの個体数を減らすことに絞られていったが，ほかのアジア諸国では，近年，ネズミ対策の重要性が強調されている。イエネズミとノネズミの棲み分けはどちらの環境でより生活しやすいかを意味するだけであり，想定以上にイエネズミは畜舎外，ノネズミは畜舎内で活動していると考えるべきだろう。個体数，病原体の保有，侵入頻度の高さ，家畜への接近の程度に加え，移動の制限のむずかしさという観点から，ネズミ類の施設内外の移動は注視すべき現象であると考えられる。

　前述したように，施設の内外で同じ動物種が撮影されることが多かったが，動物種によって，撮影頻度が高い畜舎が異なっていた（第3，8図）。複数の農場を調査し，一般性を確かめる必要があるが，同じ農場内の距離的にそれほど離れていない畜舎の間でも，どの動物種が優先するかが変わるようである。このような動物の出現の仕方の違いに，畜舎ごとに使っている飼料や畜舎の構造あるいは周辺環境の整備の違いが関係しているか調べることで，野生動物対策に有効な情報が得られるかもしれない。

(2) 出現動物の季節変動

　全動物，食肉類，ネズミ類，鳥類の撮影頻度を春（3～5月），夏（6～8月），秋（9～11月），冬（12～2月）の季節間で比較したところ，全動物，ネズミ類，鳥類は冬と春に多かった（第12図）。ネズミを捕食すると考えられるネコ，イタチなどの食肉類は秋に多く出現し，ネズミの出現の多い時期とはズレがあった。また，このような冬から春にかけての撮影頻度の増加は，寒さとも関係している可能性が示唆された（第13図）。

　地域や畜舎構造によって，野生動物の季節的な出現パターンが変わる可能性があるが，宮崎

最新技術情報　酪農

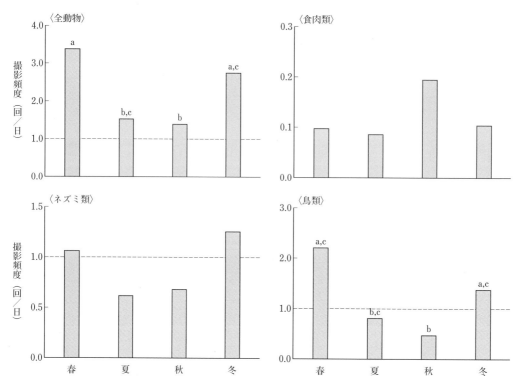

第12図　各季節に撮影された動物群ごとの撮影頻度（RAI）

季節は春（3～5月），夏（6～8月），秋（9月～11月），冬（12～2月）に分けた。全動物をまとめると，冬と春によく撮影されていた。これは撮影頻度が高いネズミ類と鳥類の影響であると思われる。棒グラフ上の異文字間には統計的な有意差がある

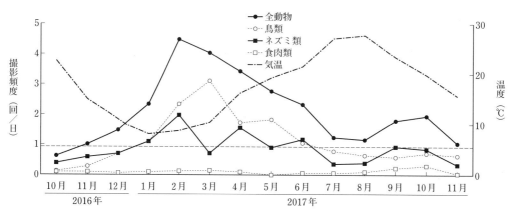

第13図　各季節に撮影された動物群ごとの撮影頻度（RAI）と気温の関係

冬と春によく撮影されていたネズミ類と鳥類は平均気温が低い時期にとくによく撮影されており，全動物としてまとめると，冬と春に撮影される動物の数が著しく多くなるといえる

市の低地では，多くの種で冬から春に出現数の増加がみられたため，防鳥ネットの補修，壁の破損部分の修復，粘着シートや殺鼠剤の設置数の増加などの防除をとくに秋から始めることで，野生動物による被害を低減できる可能性があると考えられる。

(3) 効率的な防除と今後の課題

人や家畜の有無，畜舎構造の違いによる野生動物の出現に関して検討していくことで，野生動物によるリスクを整理でき，より効率的な防除につながると考えられる。

今回の研究により，さまざまな野生動物が畜舎内外に出現するものの，種類によっては特定の畜舎に偏って出現することがあきらかとなった。自動撮影カメラを用いて，畜舎ごとによく出現する動物を特定することで，効率の良い防除ができると考えられる。たとえば，タヌキのように畜舎内より畜舎外を多く利用している種は，ネットの設置や畜舎の扉を確実に閉じるなどの侵入防止策が有効であると考えられる。ネズミ類の防除でも，畜舎内と同様に畜舎外での対策を併用すると，より効果的であると推察される。

さらに，今回の研究では調査対象外であったが，放牧地では，家畜と野生動物の直接的，間接的な接触は避けられない。先行研究により，放牧地の給水ポイントではアカシカやイノシシなどの野生動物と家畜の間接的な接触が多く，病原体への感染リスクが高い地点となっている可能性が示唆されている（Kukielka *et al.*, 2013）。本牧場でも，放牧地周辺の林内でアカネズミやハツカネズミが捕獲されており，さまざまな野生動物が目撃されている。今後放牧地での野生動物の調査についても実施する必要がある。

現在の野生動物の分布拡大は，山林における農林業などの人間活動の縮小が一因とされている。今後さらに農業の現場から「人の目」が減っていくと，野生動物対策を継続し，現在と同程度の防疫レベルを維持することはむずかしくなってしまう。これまで以上の対策を実現する

ためには，野生動物対策についても効率化を目指す必要がある。そのためには，実際に起こっている現象の客観的把握と，これまでの対策の有効性の検証が重要となる。野生動物の研究者による地域ごとの大規模解析がその一助となるであろう。

執筆　坂本信介・畔柳　聴・小林郁雄（宮崎大学）

参 考 文 献

藤井啓・尾上貞雄・佐鹿万里子・小林恒平・今井邦俊・山口英美・仙名和浩. 2012. 北海道の牛飼養農場及び周辺に生息する野生動物のサルモネラ保菌状況. 日本獣医師会雑誌. **65**, 118—121.

芳賀良一. 1995. 水田地帯におけるドブネズミ個体群の越冬による変動と北海道の農業鼠害の考察. 北海道大學農學部邦文紀要. **2**, 97—104.

外間数男・村上昭人. 1999. シロガシラによる露地野菜の被害と防止対策1. 被害の実態. 九病虫研会報. **45**, 84—87.

市川隆久. 2013. 畜舎鼠害鳥害等の対策技術検討 (2) ウィンドウレス畜舎におけるネズミ対策技術. 畜産技術. **696**, 15—20.

金井祐. 2012. 鳥インフルエンザと野生動物. 鶏病研究会報. **48**, 9—15.

高病原性鳥インフルエンザ感染経路究明チーム. 2004. 高病原性鳥インフルエンザの感染経路について. 高病原性鳥インフルエンザ感染経路究明チーム報告書. 9.

Kukielka, E., J. A. Barasona, C. E. Cowie, J. A. Drewe, C. Gortazar, I. Cotarelo and J. Vicente. 2013. Spatial and temporal interactions between livestock and wildlife in South Central Spain assessed by camera traps. Preventive veterinary medicine. **112**, 213—221.

宝賀紀彦・山本健久. 2014. 口蹄疫ウイルスの感染と伝播. 獣医疫学雑誌. **18**, 46—55.

農林水産省農村振興局. 2018. 鳥獣被害の現状と対策 (http://www.maff.go.jp/j/seisan/tyozyu/higai/attach/pdf/index-119.pdf).

O'Brien, T. G., M. F. Kinnaird and H. T. Wibisono. 2003. Crouching tigers, hidden prey: Sumatran tiger and prey populations in a tropical forest landscape. Animal Conservation. **6**, 131—139.

蔡義民. 2004. 稲発酵粗飼料の高品質調製技術. 畜

最新技術情報　酪農

産の研究. 661—669.

清水優子. 2013. 宮古島市におけるサトウキビの野
　そ被害の推移と広域防除の効果. 沖縄農業. **46**,
　21—28.

Tattersall, F. H. . 1999. House mice and wood mice
　in and around an agricultural building. Journal of
　Zoology. **249**, 469—493.

塚田英晴・竹内正彦・深澤充・清水矩宏. 2008. 野
　生哺乳類による肥育牛用濃厚飼料の盗食実態. 日
　本家畜管理学会誌・応用動物行動学会誌. **44**, 34
　—35.

塚田英晴. 2012. シカ (*Cervus nippon*) による草
　地利用と被害の実態. 日本草地学会誌. **58** (3),
　187—192.

山口剛士. 2015. ネズミ・ネコ・イタチ等が鶏舎に
　インフルエンザを持ち込む可能性に注意～ウイン
　ドウレスでもすき間から簡単に出入りしている～.
　鶏の研究. **90**, 22—26.

最新技術情報
肉　牛

「小ザシ」の画像解析と評価

(1) 小ザシの定義とは

　黒毛和種の大きな特徴に，その豊富できめ細かい脂肪交雑があげられる。黒毛和種の脂肪交雑の量やきめ細かさは，世界に類を見ない，とても貴重なものであり，今後もそれを維持，改良する必要があることは，明白である。

　脂肪交雑の判定・格付けは，（公社）日本食肉格付協会の格付員により実施されている。脂肪交雑の格付けは，1988年に改正された牛枝肉取引規格のなかで紹介されているシリコン樹脂性の牛脂肪交雑基準（ビーフ・マーブリング・スタンダード）にもとづいて行なわれている。この牛脂肪交雑基準は，ロース芯における脂肪交雑の程度を等差級数になるようNo.1～12の段階に区分し開発されたものである。しかし，当時の技術では，ひげ状の小ザシをシリコン樹脂のBMS模型に挿入することが困難であり，やむなく，小ザシの入っていない標準模型となった。

　2009年10月からは，小ザシが写っている脂肪交雑標準写真が採用され，さらに2014年3月には，小ザシを考慮した標準写真の差し替えが行なわれた（第1図）。BMSは脂肪交雑の量と形状との組合わせなどにより決定されるが，新しい標準写真の導入により，全国統一的な判定をより実施しやすいものとした。

　小ザシの概念は人によって異なり，面積が小さな脂肪交雑（第2図①）のことを想像する人もいれば，面積は大きくとも，形状が複雑で，

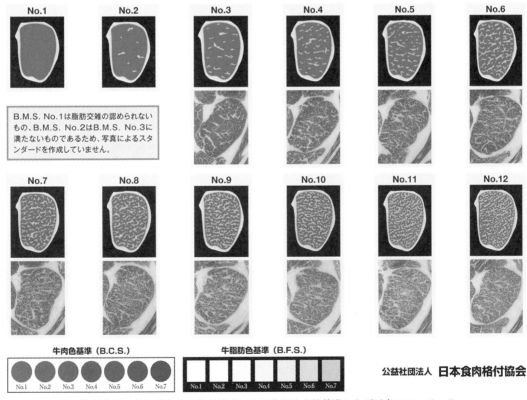

第1図　（公社）日本食肉格付協会による牛脂肪交雑基準および写真スタンダード

最新技術情報　肉牛

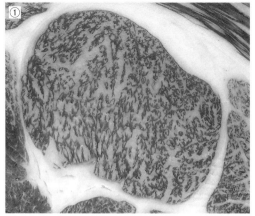
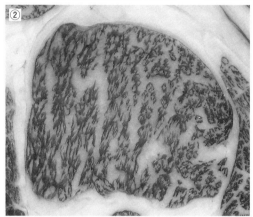
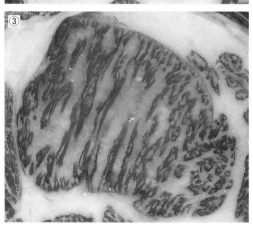

第2図　脂肪交雑形状のサンプル

周囲長の長い脂肪交雑（第2図②）のことをイメージする人もいると思われる。ただし、脂肪交雑であっても、第2図③に示すように、その周囲が単純で、かつ、1つの脂肪交雑粒子当たりの面積が大きいものは小ザシとよばれることがないことは自明であろう。

　小ザシの対義語としては、粗ザシ（または大ザシ）という言葉が適切であると考えているが、こちらに関しても、たとえば「一定面積以上の大きな脂肪交雑を粗ザシという」などといった明確な定義は存在しない。なお、格付けのさい、ロース芯周囲の筋間脂肪から入り込む大きな脂肪は、脂肪交雑として判定しないという取決めがあるが、ロース芯のなかに孤立した大きな脂肪交雑が単独または少数存在する場合、どのように判定すればよいかについて明文化された記述は見当たらない。

　改良上は非常に重要な形質であるにもかかわらず、小ザシも粗ザシもそれぞれ人のもつ主観で評価されてきた。もちろん、BMS No.の評価に含まれているといった意見もあろうが、分離して評価し、その値を改良に用いたほうが効率的であることは言うまでもない。

(2) 画像解析のための撮影装置と解析方法

　前述の概念を数値化するのにふさわしい方法としてコンピュータ画像解析法があげられる。2005年に開発されたミラー型牛枝肉撮影装置（早坂理工（株）、札幌）から得られる画像は、おおよそA3サイズの領域を4,912×7,360画素（3600万画素）の解像度で、常に一定距離・一定方向から同一の光源で撮影される。これにより、ロース芯内の小ザシを安定的かつ確実に撮影することが保障されるようになった。筆者らはこのミラー型牛枝肉撮影装置を利用して、これまで数万頭の枝肉画像を撮影すると同時に、画像解析により小ザシを評価する手法を開発し、2006年に「脂肪交雑の細かさ指数：以下、細かさ指数」を公表し（口田ら、2006）、2012年にはその改良版として「新細かさ指数」を公表した（加藤ら、2014）。

　従来法による細かさ指数は、単位面積当たりの脂肪交雑の細かい粒子の数を基準として開発したため、脂肪の量が多い枝肉のロース芯内では小ザシの入るスペースが小さく、脂肪面積割合の高い枝肉が不利となる問題点があった。新

細かさ指数はロース芯内の脂肪交雑粒子の全周囲長をロース芯面積の平方根で除した値であり，値が大きいほど脂肪交雑が細かく入っていることを表わしている。前述した脂肪交雑標準写真も脂肪面積割合と新細かさ指数の組合わせなどにより選定されており，新細かさ指数の概念は現在のBMSの格付けに大きく反映されている（口田，2015）。

筆者らは，牛肉の横断面画像よりロース芯を抽出し，その部分を筋肉と脂肪交雑とに分離し，脂肪交雑の量を「脂肪面積割合」，形状を「新細かさ指数」により評価し，さらには「脂肪面積割合」と「新細かさ指数」からなるマトリックスを作成し，牛脂肪交雑を評価する方法に関して特許を取得した（口田・金井，2017）。BMS No.の判定には脂肪交雑の量および脂肪交雑粒子の形状が関与しているとされているものの，各段階で1枚の基準写真しかなく，さまざまな様相を呈する脂肪交雑を評価するにはきわめて熟練した経験が必要であった。これを解決するために，脂肪面積割合および脂肪交雑粒子の形状を的確に数値化する画像解析手法を開発し，両者の形質からなるマトリックスを作成した結果，脂肪面積割合と新細かさ指数の組合わせなどを利用することで，適切に脂肪交雑を評価することが可能となった。

(3) 小ザシの遺伝分析とその遺伝的趨勢

北海道内で蓄積した黒毛和種の大規模データ（n＝8,422）を利用して，枝肉格付形質および小ザシを含む画像解析形質に関する遺伝的パラメータを推定した。

第1表は，脂肪交雑に関する画像解析形質の基礎統計量，分散成分および遺伝率を示したものである。最大粒子のあらさ指数およびロース芯複雑さを除く画像解析形質の遺伝率は中程度から高い値（0.33 ～ 0.79）であり，脂肪交雑の量や形状は表型値に対して遺伝的変異の割合が高く，十分に遺伝的改良ができることが示された。新細かさ指数の遺伝率は0.67と高い値を示した。

第2表には，新細かさ指数と各枝肉形質および画像解析形質との遺伝ならびに表型相関係数を示した。新細かさ指数は枝肉重量およびばらの厚さと低い正の遺伝相関（ともに0.20）があり，皮下脂肪厚と低い負の遺伝相関（－0.25）であったため，新細かさ指数を改良すると枝肉の充実度が望ましい方向へ向かうことが示された。

BMS No.との遺伝相関は0.69と高い値が得られた。BMS No.の基準となっている12段階のシリコン樹脂の模型の作製時，一つの基準として脂肪交雑粒子の周囲長を利用したことから，周囲長を取り入れた新細かさ指数はBMS No.と高い相関を示したことが示唆される。

新細かさ指数と脂肪面積割合間の遺伝相関は0.62と高い値を示したが，あらさ指数との間には－0.01とほぼ無相関であり，脂肪交雑のあらさと細かさは独立した形質であるといえる。新細かさ指数と最大粒子のあらさ指数間の遺伝相関は，－0.37と中程度の負の値を示した。最大粒子のあらさ指数はロース芯内に極端に大きな脂肪が入り込んでいる場合，高い値を示す。ロース芯内に大きな脂肪があると細かい脂肪の入

第1表　北海道産黒毛和種の脂肪交雑に関する画像解析形質の基礎統計量および遺伝的パラメータ

（加藤ら，2014）

画像解析形質	平均±SD	最小値	最大値	遺伝分散	残差分散	h^2±SE
脂肪面積割合（%）	46.0±8.3	14.9	69.5	46.00	12.07	0.79±0.05
あらさ指数（%）	16.3±5.0	1.5	49.6	13.35	8.84	0.60±0.05
最大粒子のあらさ指数（%）	4.0±2.4	0.3	42.6	0.44	5.02	0.08±0.02
細かさ指数（個／cm^2）	3.3±0.5	0.8	5.1	0.13	0.14	0.49±0.05
新細かさ指数	77±11	35	120	0.69	0.42	0.67±0.05
短径長径比	0.66±0.07	0.38	0.95	15.24	30.74	0.33±0.04
ロース芯複雑さ	1.10±0.03	1.05	1.39	1.17	8.06	0.13±0.03

最新技術情報 肉牛

第2表 新細かさ指数と枝肉格付形質および画像解析形質との間の遺伝および表型相関係数

(加藤ら，2014)

枝肉格付形質	遺伝相関	表型相関
枝肉重量	0.20	0.18
ロース芯面積	0.64	0.51
ばらの厚さ	0.20	0.16
皮下脂肪厚	−0.25	−0.15
歩留り基準値	0.59	0.46
BMS No.	0.69	0.62
BCS No.	−0.26	−0.19

画像解析形質	遺伝相関	表型相関
脂肪面積割合	0.62	0.61
あらさ指数	−0.01	−0.12
最大粒子のあらさ指数	−0.37	−0.23
細かさ指数	0.60	0.57
短径長径比	0.27	0.15
ロース芯複雑さ	0.01	0.04

る余地が小さいことが，新細かさ指数との間に負の関連性を示した原因と考えられる。

新細かさ指数とロース芯形状の形質間に関して，短径長径比との間には0.27の遺伝相関があったが，ロース芯複雑さとの間は無相関だった（0.01）。一般に，ロース芯は扁平な形状よりたわら型が好まれ，ロース芯形状は複雑でないほうが好まれる。新細かさ指数の改良を進めることで，ロース芯形状に影響を与えず，望ましいとされるたわら型へ改良ができることが示唆された。

新細かさ指数および脂肪面積割合に関して，繁殖雌牛の遺伝的趨勢を比較するために，それぞれの育種価を標準化し，繁殖雌牛の生年ごとに平均した値の推移を第3図に示した。

新細かさ指数および脂肪面積割合の平均予測育種価は1990年ころまではほぼ横ばいだが，それ以降増加傾向を示した。牛枝肉取引規格は1988年に改正され，枝肉外観による一元評価から量と質の二元評価になるとともに，脂肪交雑の評価が現在の12段階となった。また以前から脂肪交雑の改良は行なわれていたが，1991年の牛肉輸入自由化以降，輸入牛肉に対抗するために，脂肪交雑へより重点をおいた改良が行なわれるようになった。さらに1991年には，フィールド情報を活用したアニマルモデルBLUP法の導入がなされた。

このような背景から1990年以降，脂肪面積割合の育種価が急速に増加したと考えられる。繁殖雌牛に関して，新細かさ指数の標準化した平均予測育種価は，脂肪面積割合のそれと比較し緩やかな増加であった。2005年に脂肪面積割合の標準化予測育種価の平均は1.4であるのに対し，同年の新細かさ指数のそれは0.9であり，二つの形質間には高い遺伝相関があるにもかかわらず，約0.5標準偏差の差が認められた。

このことから現在の黒毛和種の改良方向は，脂肪交雑の量に関して増加方向であるが，細かさに関して増加量が緩やかとなっていることがあきらかとなった。肉質に関してBMS No.のみを用いた近年の改良は，あらい脂肪交雑粒子を増加させる可能性があり，改良にあたって留意する必要がある。

（4）小ザシが枝肉単価に及ぼす影響

小ザシの脂肪交雑は高く評価

第3図 新細かさ指数および脂肪面積割合の標準化した繁殖雌牛の平均育種価の推移

されるといわれている。そこで，われわれの研究グループ（竹尾ら，2016）は小ザシや粗ザシが黒毛和種去勢牛の枝肉単価に及ぼす影響を調査した。データは，2005年9月から2013年12月に北海道で屠畜され，セリにかけられた黒毛和種去勢牛1万2,754頭，交雑種去勢牛（黒毛和種♂×ホルスタイン種♀）4,620頭を用いた。共励会入賞牛などは除外した。分析に用いられた枝肉格付記録は，（公社）日本食肉格付協会による格付明細書に記載されたBMS No.であり，枝肉単価はセリにより決定された1kg当たりの金額である。

各品種においてBMS No.ごとに新細かさ指数の平均値を算出し，0.5標準偏差を基準に「小ザシが少ない（−）」「普通（±）」「小ザシが多い（＋）」の3段階に分類した。これを新細かさ指数レベルとし，BMSごとに新細かさ指数レベル間の枝肉単価の比較を実施した。なお，サブクラスが欠足するBMS No.8以上については黒毛和種のみ分析を行なった。

黒毛和種，交雑種の両品種で，新細かさ指数レベルが小ザシが少ない（−）から普通（±），小ザシが多い（＋）に上がると枝肉単価は高くなった（第3表）。新細かさ指数レベル間の枝肉単価の差に注目すると，小ザシが多い（＋）と小ザシが少ない（−）の枝肉単価の差は，両品種とも大きく，とくにBMS No.2において黒毛和種で約185円，BMS No.7において交雑種で約100円であった。また，前述のBMS No.以外においても，その差は大きいものであり，黒毛和種で20〜198円，交雑種で58〜128円の範囲にあった。

両品種では，小ザシが普通（±）と少ない（−）間の枝肉単価の差は，BMS No.2からNo.7において小ザシが多い（＋）と普通（±）間に比べておおむね

大きい値となっていた。このことから，肉質等級4等級以下の枝肉では小ザシが少ないものが低価格で取引され，脂肪交雑量が少ないほど小ザシが枝肉単価に与える影響が顕著であることが確認された。岡本ら（2005）は，瑕疵の存在は枝肉単価を低下させる要因の一つであり，黒毛和種における瑕疵発生による枝肉単価低下額は，シミ，ズル，シコリ，アタリ，カツジョでそれぞれ208.5円，85.8円，92.6円，40.1円および121.6円であると報告している。本研究で得られた脂肪交雑形状による枝肉単価の差は，瑕疵の発生と同程度またはそれ以上枝肉単価を左右する要因となることを示した。

（5）小ザシの程度と嗜好性や脂肪酸組成との関連性

わが国においても，和牛のおいしさの重要性が検討されるようになってきた。2010年に農林水産省により改訂された家畜改良増殖目標においては，「脂肪中に含まれるオレイン酸等の脂肪酸に加えて，肉のアミノ酸組成や締まり・

第3表 黒毛和種および交雑種去勢牛における新細かさ指数レベルによるBMSナンバーごとの枝肉単価 （竹尾ら，2016）

| | BMS No. | 新細かさ指数レベルによる枝肉単価（円/kg） | | | 新細かさ指数レベル間の枝肉単価の差 | | |
		−	±	＋	±と−	＋と±	＋と−
黒毛和種	2	1,093	1,240	1,277	147	37	184
	3	1,292	1,391	1,490	99	99	198
	4	1,455	1,536	1,604	81	68	149
	5	1,552	1,635	1,693	83	58	141
	6	1,667	1,741	1,794	74	53	127
	7	1,737	1,800	1,850	63	50	113
	8	1,848	1,895	1,947	47	52	99
	9	1,906	1,969	2,036	63	67	130
	10	2,077	2,067	2,097	−10	30	20
	11	2,157	2,255	2,215	98	−40	58
	12	2,263	2,398	2,399	135	1	136
交雑種	2	885	969	997	84	28	112
	3	992	1,055	1,120	63	65	128
	4	1,112	1,187	1,221	75	34	109
	5	1,233	1,300	1,304	67	4	71
	6	1,315	1,360	1,373	45	13	58
	7	1,324	1,397	1,422	73	25	98

注 −：新細かさレベル低，±：新細かさレベル中，＋：新細かさレベル高

きめ等，牛肉のおいしさ評価に関する科学的知見の蓄積を進め，「おいしさ」に関する新たな指標化項目や評価手法の確立，評価指標に基づくブランド化等を推進するものとする」とあり，おいしさに関する研究の重要性が示されている。

「いわゆる小ザシの和牛はおいしい」とされているが，それを示す科学的データは多くは存在しない。そのなかで，山口ら（2006）は和牛肉を用い小ザシと粗ザシの双方を用意して（第4図），官能試験を実施した。なお，双方の粗脂肪含量は，加熱前で小ザシ33.1％，粗ザシ35.7％，加熱後で小ザシ39.3％，粗ザシ42.9％とほぼ同等である。

パネラーとして，大学生50名（うち女性44名）に協力いただき，調理法として，1）しゃぶしゃぶ，2）煮汁を用いた雑炊，3）筋肉内脂肪を用いたチャーハンの3種類を用意した。その結果，しゃぶしゃぶでは7割を超える学生が小ザシを，雑炊では，6割強の学生が小ザシを好むという結果が得られた。また，チャーハンでは，ほかの2種類の調理法と異なり，7割を超える学生が粗ザシを好むという結果となった。和牛の食べ方としてふさわしい形態は，チャーハンよりはしゃぶしゃぶであることは明白であり，わずか一例の官能試験ではあるが，和牛の小ザシとおいしさとの正の関連性を示した貴重な結果である。

われわれの研究グループ（阿佐ら，2017）は小ザシと粗ザシの黒毛和種（それぞれ2頭）を選畜し，消費者型官能評価を行なった。北海道立総合研究機構畜産試験場で育成・肥育された29頭の黒毛和種のなかから，種雄牛，屠畜月齢（28か月），等級（A4）が同一で，第6～7肋骨間横断面の脂肪交雑形状に違いのある4頭を供試牛（A～D）とした官能試験を実施した。そのうち2頭は小ザシを特徴とし（AおよびD），残りの2頭（BおよびC）は粗ザシを特徴とするものを，肉眼で確認し選んだ。選畜した枝肉からサーロイン（9.1～16.5kg）を購入し，業務用ミートスライサーで1ミリ厚にし，スライス10枚に1回スライス肉の画像撮影を行なった。撮影後，背最長筋のみを直径6cmの丸型にくりぬき，真空冷凍保管した。一定量の蒸留水を入れたトールビーカー様ガラス容器をアルミ製鍋に並べ，火力は容器内水温が80℃以上に保持されるよう調節した。業務用冷蔵庫で（3℃）一晩かけて解凍したサンプル肉を容器1個につき1枚入れ，40秒加熱したあと，味付けはせず，白色トレイ1個に1枚ずつ，見た目に差違がないようていねいに盛りつけた。

検査員は学生18名とし，「AおよびB」「AおよびC」「AおよびD」「BおよびC」「BおよびD」「CおよびD」の6通りの組合わせをつくった。左のサンプルから順に試食し，右のサンプルに対する左のサンプルの評価を5段階尺度の

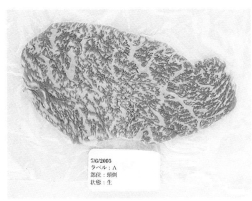 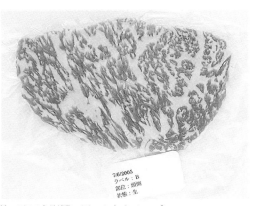

第4図　脂肪交雑の粒子形状が食味品質に及ぼす影響に用いられたサンプル
左：試料A；小ザシ，右：試料B；粗ザシ

評点法（左がまずい：−2，左がややまずい：−1，ほとんど同程度：0，左がややおいしい：+1，左がおいしい：+2）で評価し，嗜好スコアとした。

格付記録および第6〜7肋骨間横断面およびサーロイン部分の画像解析結果を第4表に，第6〜7肋骨間横断面画像を第5図に示した。粗ザシを特徴とするものとして選んだBおよびCのあらさ指数は第6〜7肋骨間横断面およびサーロイン平均値のいずれもAおよびDのあらさ指数に比べて高く，新細かさ指数はAおよびDがBおよびCに比べて高い値を示した。

嗜好スコアの尺度図を第5図に示した。嗜好スコアはAがもっとも高い値を示し，A，D，B，Cの順に好まれた。サーロインの新細かさ指数（第4表）は高い順に，D（161.1：好ましさ2位），A（156.8：好ましさ1位），B（122.8：好ましさ3位），C（132.7：好ましさ4位）であり，新細かさ指数が消費者型官能評価結果を支持していることを示唆した。

前原ら（2008）は，黒毛和種ロース芯の画像解析形質と脂肪酸組成との関連性を調査したが，そのなかで，脂肪交雑の形状とオレイン酸（C18：1）割合やモノ不飽和脂肪酸（MUFA）割合との間に有意な興味深い相関係数を見出している（第5表）。あらさ指数とMUFA割合との間には正（0.16）の，細かさ指数とMUFA割合との間には負（−0.17）の有意な相関係数が推定された。このことは，あ

第4表 食味試験に用いたサンプルの枝肉格付形質および画像解析形質
(阿佐ら，2017)

		A	B	C	D
		小ザシ	粗ザシ	粗ザシ	小ザシ
第6〜7肋骨間横断面	ロース芯面積（cm^2）	60	68	66	75
	ばらの厚さ（cm）	8.8	8.0	8.5	7.8
	皮下脂肪の厚さ（cm）	2.5	3.3	2.3	2.7
	BMS No.	7	7	6	6
	脂肪面積割合（%）	55.2	59.4	54.3	55.6
	あらさ指数（%）	16.0	28.1	22.9	18.2
	新細かさ指数	86.0	76.3	79.7	86.7
サーロイン横断面	脂肪面積割合（%）	46.1	48.1	48.5	47.9
	あらさ指数（%）	12.7	19.0	19.9	15.5
	新細かさ指数	156.8	122.8	132.7	161.1

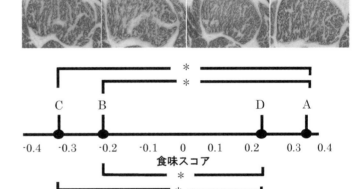

第5図 食味試験に用いた枝肉の第6〜7肋骨間横断面のロース芯および嗜好スコアの尺度図
＊：$P<0.05$
AおよびDを小ザシ，BとCを粗ザシとして選畜

第5表 黒毛和種ロース芯の画像解析形質と脂肪酸組成との相関係数
(前原ら，2008)

	脂肪面積割合（%）	細かさ指数（個/cm^2）	あらさ指数（%）	最大粒子のあらさ指数（%）
MUFA%	0.04	−0.17＊＊	0.16＊＊	0.11＊＊
C14：0	−0.02	0.04	−0.02	0.03
C14：1	0.04	−0.09＊	0.13＊＊	0.13＊＊
C16：0	0.00	0.20＊＊	−0.16＊＊	−0.13＊＊
C16：1	−0.01	−0.07	0.08	0.12＊＊
C18：0	−0.07	0.09＊	−0.14＊＊	−0.09＊
C18：1	0.04	−0.15＊＊	0.14＊＊	0.07
C18：2	−0.06	−0.16＊＊	0.07	0.09＊

注 ＊＊：$P<0.01$　＊：$P<0.05$

最新技術情報　肉牛

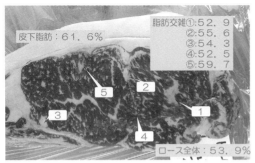

第6図　サーロイン中の脂肪交雑粒子ごとのモノ不飽和脂肪酸割合

らい脂肪交雑粒子は高いMUFA割合を，細かい脂肪交雑粒子は低いMUFA割合をもつことを示している。また，第6図には，脂肪交雑粒子ごとに分析したモノ不飽和脂肪酸（MUFA）割合を示した。皮下脂肪に近いほど，また，大きな面積を示す脂肪交雑粒子ほど，MUFA割合が高い傾向が認められた。

近年，食味性と脂肪酸組成との関連性が注目されているが，不飽和度の高い脂肪交雑は，あらい形状になりやすいことに留意し，改良などを進めていく必要があるかもしれない。

(6) 小ザシの即時解析に関する取組み

これまで述べてきたように，小ザシを評価する適切な方法として画像解析があげられる。画像解析を実施するためには高精細な枝肉横断面画像を撮影する必要がある。これまで活用してきたミラー型撮影装置は，内蔵されたデジタルカメラに挿入したSDカードに画像が保存されるものであり，また，枝肉番号の付与，ロース芯の抽出など，マニュアルによる作業を必要としていたことから，撮影から解析まで数時間から数日の期間が必要であった。

一般社団法人ミート・イメージ ジャパンでは，JRA畜産振興事業の補助を受け第7図に示すカメラを開発した。新型撮影装置（MIJ-15）は，先端に取り付けたアルミニウム製の治具が枝肉横断面に安定して密着することで，枝肉横断面に対して15度の角度から撮影を行なえるように設計した。また，撮影面の手前と奥の双方にピントが合うように撮像素子の角度を調整した。

MIJ-15を用いた枝肉撮影の流れは，まず，バーコードリーダーを用いて枝肉ラベルのバーコードをスキャンし，カメラ内蔵のシングルボードコンピュータ（SBC）が個体識別番号を画像のファイル名として結びつける。撮影すると同時に台形補正と輝度ムラ補正が行なわれ，第8図に示すロース芯を中心とした画像が保存され，Wi-Fi経由でサーバーなどに転送することができる。また，人工知能を利用した深層学習によるロース芯の自動抽出および新しい手法による正確な二値化処理（筋肉と脂肪を分離する作業）も開発され，撮影後すぐに解析結果を得ることができるようになった。

以上のように，脂肪交雑のいわゆる小ザシに関する研究は，画像解析技術が進歩することにより，近年になってようやく可能になった。こ

第7図　新型撮影装置（MIJ-15）を用いた狭い切開面に対する枝肉撮影風景

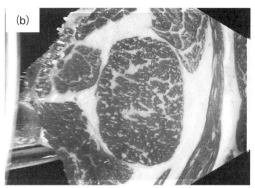

第8図 撮影画像（a）および台形補正・輝度ムラ補正後の画像（b）

れから先も，家畜生産に有用となるさまざまな知見が見出されるだろう。

執筆　口田圭吾（帯広畜産大学，（一社）ミート・イメージ ジャパン）

参 考 文 献

阿佐玲奈・岡本匡代・佐々木可奈恵・大井幹記・竹尾麻紗美・萩谷功一・口田圭吾．2017．黒毛和種の脂肪交雑形状および消費者型官能評価との関係性．日畜会報．88，139—143．

加藤啓介・前田さくら・口田圭吾．2014．黒毛和種における胸最長筋内脂肪交雑粒子の細かさに関する遺伝的パラメータの推定．日畜会報．85，21—26．

口田圭吾・大澤剛史・堀武司・小高仁重・丸山新．2006．画像解析による牛枝肉横断面の評価とその遺伝．動物遺伝育種研究．34，45—52．

口田圭吾．2015．牛肉の格付における小ザシの取扱と改良の可能性．食肉の科学．56，15—19．

口田圭吾・金井俊男．2017．食肉の脂肪交雑の評価方法．特許第6032640号．

前原正明・村澤七月・中橋良信・日高智・加藤貴之・口田圭吾．2008．北海道産黒毛和種ロース芯における脂肪酸組成と画像解析形質との関連性．日畜会報．79，507—513．

岡本圭介・大澤剛史・長谷川未央・口田圭吾・日高智・加藤貴之．2005．牛枝肉の瑕疵が枝肉価格に与える影響ならびにそれら形質に対する遺伝的影響の検討．肉用牛研究会報．78，61—66．

竹尾麻紗美・阿佐玲奈・萩谷功一・口田圭吾．2016．黒毛和種および交雑種の胸最長筋における脂肪交雑形状が枝肉単価に与える影響．日畜会報．87，253—257．

山口静子・丸山新・口田圭吾・常石英作．2006．牛肉の食味に及ぼす脂肪交雑の細かさの影響．日本食品化学工学会第53回大会講演集．2Ga3．

日本短角種もも肉の利用を促進するための加工技術

日本短角種は和牛の一品種であり，岩手県（岩泉町，久慈市，二戸市，盛岡市）が主要な生産地である。日本短角種の牛肉は，黒毛和種のものに比べて霜降り（脂肪交雑）が少ない赤身牛肉というのが特徴である。近年，和牛肉でありながら赤身牛肉を求める消費者が増えてきており，日本短角種牛肉は関東や関西などの大都市においても流通量が多くなってきている。これは，健康上の理由からだけではなく，牛肉の本来の味を楽しみたい消費者が増えてきたためであると考えられる。じつは，脂肪には食べたときにおいしさを感じさせるアミノ酸，イノシン酸，ジペプチドなどに代表される呈味成分が含まれておらず，この呈味成分は赤身の部分，つまり筋肉にしか含まれていないことがわかっている。

このようなことから人気が高くなっている日本短角種牛肉ではあるが，その需要については，体の中心にある軟らかい部位（ヒレやロース）に集中することが多い。したがって，前肢および後肢の硬い部位（もも肉など）については，精肉としての流通だけではなく，別の形態，たとえば加工品などを製造しての流通も検討していく必要があると考えられる。しかし，これまで日本短角種牛肉を原料として製造する加工品では，その製造方法についての科学的な検討は行なわれてこなかった。

そこで，今後，日本短角種牛肉の前肢および後肢の部位を原料とした加工品を製造していくにあたり，牛肉を軟化させるための「果汁への浸漬」の方法，および牛肉を原料とした生ハムを製造するための「塩漬」の方法について検討を行なった。

（1）果汁浸漬による日本短角種もも肉の軟化

①植物由来蛋白質分解酵素による食肉の軟化

食肉は熟成を行なうことによって軟化するが，熟成以外の方法で軟化させる方法（物理的軟化および化学的軟化）についても検討されている。

物理的軟化の方法には，食肉を叩くまたは伸ばすといった方法や，細かい穴をあけるといった方法があげられる。化学的軟化の方法には，酸性溶液に浸漬する方法，筋肉の中に存在する酵素の一種であるカルパインの活性を高める作用があるカルシウムを添加する方法，また植物の中に存在する蛋白質分解酵素を添加するといった方法があげられる。

植物由来蛋白質分解酵素としては，パイナップルに含まれるブロメライン，キウイフルーツに含まれるアクチニジン，パパイヤに含まれるパパイン，およびイチジクに含まれるフィシンなどが知られている。しかし，植物由来蛋白質が分解酵素を用いて日本短角種牛肉を軟化させる方法については，あきらかにされていない。そこで，植物由来蛋白質分解酵素を含む果汁の1つとしてパイナップルの果汁に着目し，パイナップル果汁への浸漬が日本短角種牛肉の品質に及ぼす影響について検討を行なった（手塚・村元，2014）。

②パイナップル果汁への浸漬時間が，日本短角種牛肉の品質に及ぼす影響

牛肉品質の分析 日本短角種去勢牛4頭（25か月齢）の，うちももの筋肉である内転筋を真空包装し，屠畜後3週間まで4℃で熟成を行なった。

1つの内転筋から，厚さ2cmかつ約60gの直方体の筋肉サンプルを11個切り出し，そのうちの5つの筋肉サンプルは真空包装し，4℃で貯蔵した（対照肉）。また，別の5つの筋肉サンプルには，筋肉サンプルと等量のパイナップル果汁を添加して真空包装し，4℃で貯蔵した（浸漬肉）。なお，パイナップル果汁は，果皮を取り除いたパイナップルをミキサーで粉砕した

201

最新技術情報　肉牛

あと，フィルターでろ過したものとした。残りの1つの筋肉サンプルについては，切開から1時間後に，表面の肉色の変化を調べるために，分光測色計を用いて，筋肉サンプル表面の明度を示すL^*値，赤色度を示すa^*値，および黄色度を示すb^*値を測定した。

浸漬の6，12，18，24，および30時間後に，対照肉および浸漬肉を真空袋から取り出し，真空袋の中のパイナップル果汁のpH，貯蔵中に漏出する肉汁の割合を示すドリップロスを測定し，サンプル表面のL^*値，a^*値，およびb^*値を測定した。

次に，筋肉サンプルをナイロン袋に入れ，筋肉サンプルの中心温度が75℃に到達するまで80℃で湯浴を行なったあと，60分間冷却した。冷却後，加熱中に漏出する肉汁の割合を示すクッキングロス，ドリップロスとクッキングロスとを合わせたトータルロスを測定し，またL^*値，a^*値，およびb^*値を測定した。

次に，すべての筋肉サンプルから，表面を含む10×8mmの直方体（表面）および表面を含まない10×8mmの直方体（内部）を切り出し，卓上型物性測定器を用いて，テクスチャーの各項目（食感の指標：最大荷重，凝集性，ガム性荷重，付着性）を測定した。

牛肉表面の食感　対照肉および浸漬肉の表面におけるテクスチャーの各項目を第1図に示す。

浸漬肉の最大荷重（筋肉を変形させるのに必要な力）は浸漬12時間まで低下し，その後，一定となった。浸漬6，12，および24時間における最大荷重は，浸漬肉が対照肉に比較して低かった。浸漬肉のガム性荷重（飲み込める状態にまで砕くのに必要な力）は浸漬12時間まで低下し，その後，一定となった。浸漬6，12，24，および30時間におけるガム性荷重は，浸

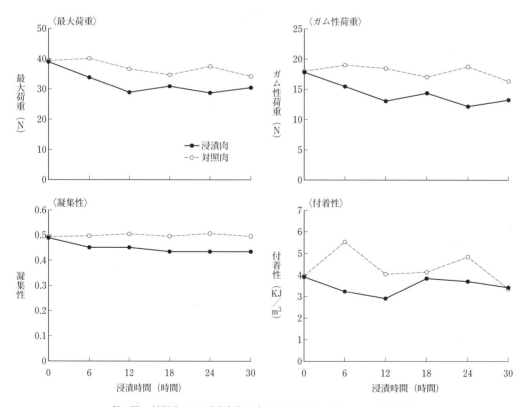

第1図　対照肉および浸漬肉の表面におけるテクスチャーの各項目

漬肉が対照肉に比較して低かった。浸漬肉の凝集性（複数回噛みしめるときの食品の復元する割合）は浸漬18時間まで低下し，その後，一定となった。浸漬6時間以降における凝集性は，浸漬肉が対照肉に比較して低かった。付着性には浸漬による影響はみられなかった。

筋肉の硬さは，筋原線維の構造および結合組織の量による影響を受けることが知られている。筋原線維および結合組織は，熟成する間に筋肉中で増加するカルシウム依存性中性蛋白質分解酵素のカルパイン，およびリソゾーム局在性酸性蛋白質分解酵素のカテプシンによって分解されるが，熟成の過程でこれらの蛋白質分解酵素だけで筋肉を十分に軟らかくすることはむずかしい。パイナップル果汁に含まれるブロメラインは，筋原線維蛋白質に比較してコラーゲンをより多く分解する。また，牛の前肢および後肢の硬い部位は，ヒレおよびリブロースに比較してコラーゲンの含量が高い。したがって，日本短角種牛肉の軟化を目的としてパイナップル果汁に浸漬させる場合，前肢および後肢の硬い部位でとくに有効であると考えられる。

筋肉をブロメライン溶液に24，48，および72時間浸漬させると，軟らかさおよび保水性の評価は浸漬24時間がもっとも高くなることが知られている。本研究では，最大荷重およびガム性荷重がともに，パイナップル果汁への浸漬12時間で低下した。したがって，最大荷重およびガム性荷重の評価から，パイナップル果汁への筋肉の浸漬は12時間以上が適していると考えられる。

しかし一方で，ブロメラインを筋肉に添加すると過軟化が生じることがあり，この場合は食感が悪くなることが知られている。本研究では，パイナップル果汁への筋肉の浸漬18時間で凝集性が低下したことから，パイナップル果汁への浸漬により過軟化が生じる要因の1つは，凝集性の低下によるものであると考えられる。

これらの結果から，パイナップル果汁に日本短角種牛肉を浸漬させて軟化させる場合，日本短角種牛肉としての特徴を残したまま軟化さ

せるためには，最大荷重およびガム性荷重が低く，かつ凝集性が維持される，浸漬12時間がもっとも適していると考えられる。

牛肉内部の食感　対照肉および浸漬肉の内部におけるテクスチャーの各項目を第2図に示す。

対照肉の最大荷重は，浸漬6時間が浸漬12時間に比較して高かった。浸漬6時間における最大荷重は，浸漬肉が対照肉に比較して低かった。浸漬6時間におけるガム性荷重は，浸漬肉が対照肉に比較して低かった。凝集性には浸漬による影響はみられなかった。

浸漬12時間における付着性（接着する物体を引き離すのに必要な力）は，浸漬肉が対照肉に比較して低かった。したがって，内部では表面とは異なり，浸漬および浸漬時間がテクスチャーの各項目に明快な影響を及ぼしていないため，パイナップル果汁は，日本短角種牛肉の内部にまでは十分に浸透しない場合があると考えられる。

ドリップの漏出　対照肉および浸漬肉のドリップの漏出を第3図に示す。

1）ドリップロス

対照肉のドリップロスは浸漬6時間で高くなり，その後，一定となった。一方，浸漬肉のドリップロスは，浸漬時間による差は認められなかった。また，浸漬6および12時間におけるドリップロスは浸漬肉が対照肉に比較して低かったが，浸漬18時間以降では対照肉と浸漬肉との間に差は認められなかった。

一般に，pHの低い溶液に筋肉を浸漬させると，貯蔵時の保水性が高まることが知られている。また，pHが5.2より低い溶液に筋肉を浸漬させると，蛋白質に結合する水分が増加することが知られている。本研究で用いたパイナップル果汁のpH（浸漬前：3.5）は浸漬12時間まで増加し，その後は4.3と一定であった。したがって，パイナップル果汁に筋肉を浸漬させると筋肉内にドリップが流入するが，その後，果汁に含まれているブロメラインによって筋原線維および結合組織の蛋白質が分解され，ドリップが再び流出してしまうと考えられる。

最新技術情報　肉牛

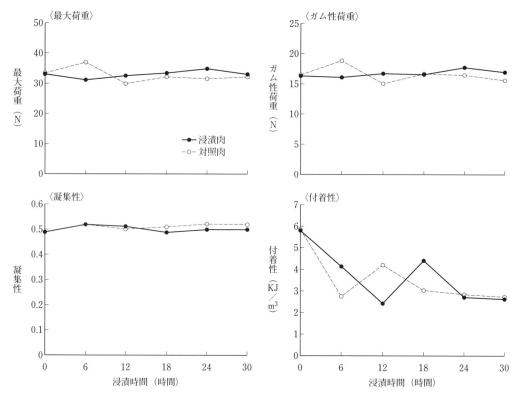

第2図　対照肉および浸漬肉の内部におけるテクスチャーの各項目

2) クッキングロス

対照肉および浸漬肉のクッキングロスを第3図に示す。得られたデータについて統計解析を行なった結果，次のようになった。

対照肉では浸漬時間によるクッキングロスの差は認められなかったが，浸漬肉のクッキングロスは浸漬6時間で高くなり，その後，一定となった。また，浸漬6時間以降におけるクッキングロスは，浸漬肉が対照肉に比較して高かった。pHの低い溶液に筋肉を浸漬させると，貯蔵時だけでなく加熱時の保水性も高まることが知られている。

一方，キウイフルーツ果汁の牛肉への注入およびブロメライン溶液への牛肉の浸漬は，加熱時の保水性を低下させること，またブロメラインの濃度を高めて浸漬時間を長くすると，クッキングロスが高くなることが知られている。したがって，蛋白質分解酵素を含む溶液への浸漬は，低pH溶液への浸漬とは異なり，保水性を低下させてしまう可能性があると考えられる。

3) トータルロス

対照肉および浸漬肉のトータルロスを第3図に示す。得られたデータについて統計解析を行なった結果，次のようになった。

対照肉では浸漬時間によるトータルロスの差は認められなかったが，浸漬肉のトータルロスは浸漬6時間で高くなり，その後，一定となった。また，浸漬6時間以降のトータルロスは，浸漬肉が対照肉に比較して高かった。したがって，パイナップル果汁への日本短角種牛肉の浸漬は，貯蔵時の保水性は高めるが，加熱時の保水性を低下させ，全体として保水性を低下させると考えられる。

肉色　加熱前および加熱後における対照肉および浸漬肉のL*値，a*値，およびb*値を，それぞれ第4図および第5図に示す。

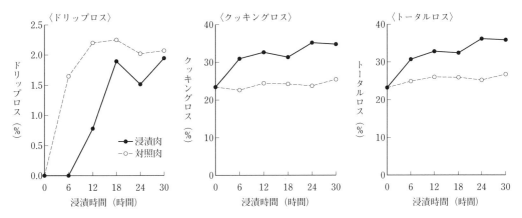

第3図　対照肉および浸漬肉のドリップロス，クッキングロス，およびトータルロス

　浸漬30時間の加熱前のL*値は，浸漬肉が対照肉に比較して高かった。加熱前の対照肉および浸漬肉のa*値は浸漬6時間で低下し，その後，一定となった。浸漬6時間以降の加熱前のa*値は浸漬肉が対照肉に比較して低かった。加熱前の対照肉および浸漬肉のb*値はともに浸漬6時間で低下し，その後，一定となった。浸漬6時間以降の加熱前のb*値は浸漬肉が対照肉に比較して低かった。

　浸漬6および12時間の加熱後の浸漬肉のL*値は対照肉のものに比較して低かった。加熱後の浸漬肉のb*値は浸漬6時間で低下し，その後，一定となった。浸漬6時間以降の加熱後のb*値は，浸漬肉が対照肉に比較して低かった。加熱後のa*値には影響がみられなかった。

　パイナップル果汁への牛肉の浸漬により色調が変化したのは，筋原線維および結合組織の蛋白質が分解したことにより，肉色素であるミオグロビンの流出および光の乱反射が起こったためであると考えられる。

　塩化ナトリウムまたは乳酸の溶液に牛肉を浸漬させるとa*値およびb*値が低下すること，またキウイフルーツ果汁を牛肉に注入するとL*値が高くなり，a*値が低下する。また，消費者は肉色としてa*値が高いものを高く評価し，a*値が14.8以下のものは受け入れにくいと判断することが知られている。本研究では，パイナップル果汁への浸漬により加熱前のa*値が23.7から約6.2まで低下したことから，浸漬肉の肉色に対する消費者の評価は低い可能性が考えられる。一方，対照肉および浸漬肉の加熱後のa*値には差が認められなかった。したがって，パイナップル果汁に日本短角種牛肉を浸漬させると肉色の評価は低くなるが，加熱することにより，浸漬させない日本短角種牛肉との違いはみられなくなると考えられる。

③牛肉内部へのパイナップル果汁の注入

　日本短角種牛肉は，パイナップル果汁の中で12時間の浸漬を行ない，そのあとで加熱することにより，食感および外観を低下させることなく軟化させられることがあきらかとなった。ところが，パイナップル果汁は牛肉の内部にまでは十分に浸透しない場合のあることもあきらかとなった。

　そこで，パイナップル果汁を牛肉の内部にまで十分に浸透させ，牛肉内部も軟化させるための方法として，パイナップル果汁を日本短角種牛肉に注入する方法について検討を行なった（村元ら，2016）。

④パイナップル果汁の注入が日本短角種牛肉の品質に及ぼす影響

　牛肉品質の分析　日本短角種去勢牛6頭（24か月齢）の，うちももの筋肉である半膜様筋を真空包装し，屠畜後3週間まで4℃で熟成を行なった。1つの半膜様筋から厚さ2cmかつ約60gの直方体の筋肉サンプルを4個切り出し，

最新技術情報　肉牛

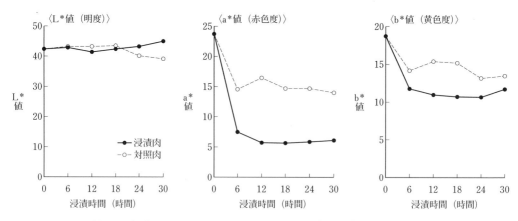

第4図　加熱前における対照肉および浸漬肉のL*値，a*値，およびb*値

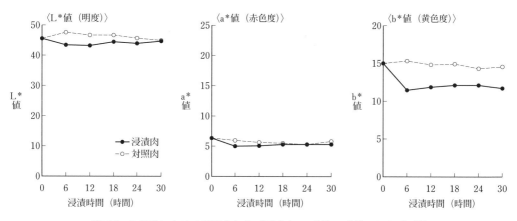

第5図　加熱後における対照肉および浸漬肉のL*値，a*値，およびb*値

無処理の対照区，注射針を刺すだけの針刺区，生理食塩水を注入する塩水区，およびパイナップル果汁を注入する果汁区の4つの試験区に分けた。

針刺区では，第6図に示したように，25Gの注射針を筋肉サンプル上面の4か所（2.5cm間隔）に1cmの深さまで垂直に刺した。また，塩水区および果汁区では，針刺区と同様に筋肉サンプルに注射針を刺し，1mlのシリンジを用いて，4か所の針刺点それぞれに0.05mlの生理食塩水およびパイナップル果汁を注入した。なお，パイナップル果汁は，果皮を取り除いたパイナップルをミキサーで粉砕したあと，フィルターでろ過したものとした。また，パイナップル果汁および生理食塩水（0.9％）は，5％の食用色素を添加して用いた。すべての筋肉サンプルを真空包装し，4℃で24時間の貯蔵を行なったあと，貯蔵中に漏出する肉汁の割合を示すドリップロスを測定した。

次に，筋肉サンプルをナイロン袋に入れ，筋肉サンプルの中心温度が75℃に到達するまで80℃で湯浴を行なったあと，60分間冷却した。冷却後，加熱中に漏出する肉汁の割合を示すクッキングロスを求めた。

次に，筋肉サンプルから，注入部分を含む筋線維と平行の10×8mmの直方体を作製し，卓上型物性測定器を用いて，テクスチャーの各項目（食感の指標：最大荷重，凝集性，付着性，

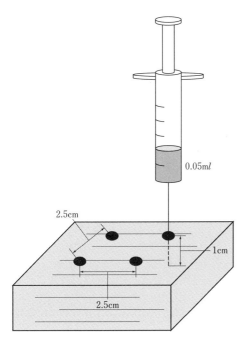

第6図 生理食塩水およびパイナップル果汁の注入

ガム性荷重)を測定した。

生理食塩水およびパイナップル果汁の注入の確認 生理食塩水およびパイナップル果汁に食用色素を加え,加熱後に注入部位を含むサンプルを切り出し,各測定を行なう前に食用色素が筋肉内部の注入部分にのみ沈着していることを確認した。したがって,各測定は生理食塩水およびパイナップル果汁が筋肉内部にのみ注入された状態で行なわれた。

食感 パイナップル果汁の注入がテクスチャーの各項目に及ぼす影響を第7図に示す。

最大荷重(筋肉を変形させるのに必要な力),ガム性荷重(飲み込める状態にまで砕くのに必要な力),および凝集性(複数回嚙みしめるときの食品の復元する割合)は,果汁区が他の試験区に比較して低かった。付着性(接着する物体を引き離すのに必要な力)に試験区間での差は認められなかった。したがって,筋肉に針を刺すことおよび生理食塩水を注入することは食

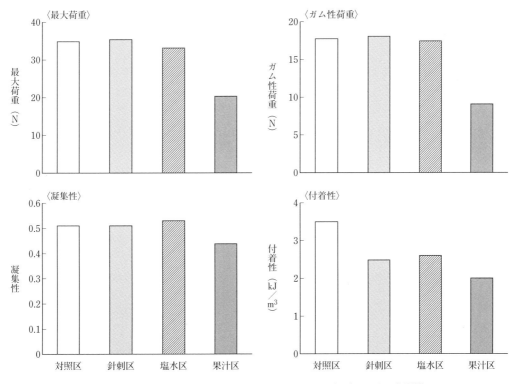

第7図 パイナップル果汁の注入がテクスチャーの各項目に及ぼす影響

最新技術情報　肉牛

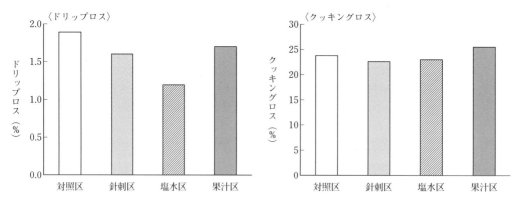

第8図　パイナップル果汁の注入がドリップロスおよびクッキングロスに及ぼす影響

感に影響を及ぼさないと考えられる。

　筋肉に水またはキウイフルーツ果汁を注入すると，水の注入は硬さの指標である剪断力価に影響を及ぼさないが，キウイフルーツ果汁の注入では，果汁中に含まれる蛋白質分解酵素の影響により剪断力価が低下することが知られている。したがって，本研究においても，パイナップル果汁の注入によりテクスチャーが影響を受けたのは，針を刺したことおよび注入液を注入したことによるものではなく，パイナップル果汁に含まれる蛋白質分解酵素であるブロメラインの作用によるものであると考えられる。また本研究では，牛肉にパイナップル果汁を注入することにより，最大荷重およびガム性荷重が，他の処理を行なったものに比較して低くなった。したがって，牛肉へのパイナップル果汁の注入は牛肉を軟化させるだけではなく，飲み込みやすさなどの食感についても向上させられると考えられる。

　本研究において，牛肉にパイナップル果汁を注入した結果，凝集性の低下がみられた。パイナップル果汁への浸漬により過軟化が生じる要因の1つは凝集性の低下によるものであると考えられる。したがって，日本短角種牛肉にパイナップル果汁を注入する場合は，浸漬させる場合と同様に，注入後の時間についても考慮する必要があると考えられる。

　ドリップの漏出　パイナップル果汁の注入が，ドリップロスおよびクッキングロスに及ぼす影響を第8図に示す。

　ドリップロスおよびクッキングロスには試験区間での差が認められなかった。したがって，針を刺すこと，生理食塩水またはパイナップル果汁を注入することは保水性に影響を及ぼさないと考えられる。

　牛肉を牛肉と等量のパイナップル果汁に浸漬させると，貯蔵時の保水性は高まるが，加熱時の保水性は低下し，全体としての保水性は低下する。また，キウイフルーツ由来の蛋白質分解酵素を含む注入液（筋肉重量に対し25％）を，注入機（針の外径4mm）により筋肉に注入すると，剪断力価を低下させることができるが，加熱時の保水性も低下させてしまうことが知られている。この研究の結果が本研究の結果と異なるのは，本研究では外径の小さい注射針（0.5mm）を用い，注入量も少量（筋肉重量に対し0.3％）であったためと考えられる。したがって，日本短角種牛肉に蛋白質分解酵素を含むパイナップル果汁を筋肉重量に対し0.3％量で注入することにより，保水性を低下させることなく軟化させられると考えられる。

　また，筋肉の食感において，硬さと多汁性，および弾力性と多汁性との間には，それぞれ負の相関があることが知られている。本研究では，パイナップル果汁の注入が保水性に影響を及ぼさなかったことから，実際に喫食した場合の多汁性についての影響はみられないと考えられる。

⑤今後の検討課題

日本短角種牛肉のパイナップル果汁への浸漬について行なった2つの研究の結果から，日本短角種牛肉は，パイナップル果汁の中で12時間の浸漬を行ない，そのあとで牛肉の中心温度が75℃に到達するまで80℃で湯浴を行なうことにより，食感および外観を低下させることなく軟化させられることがあきらかとなった。また，外径0.5mmの注射針を用い，筋肉重量に対し0.3％のパイナップル果汁を注入することにより，保水性を低下させることなく日本短角種牛肉の内部も軟化させられることがあきらかとなった。

今後は，実際に喫食したさいの評価である官能評価についても検討する必要があると考えられる。この場合，ブロメライン濃度が一定の大量のパイナップル果汁が必要となるが，パイナップルに含まれるブロメラインの活性は，パイナップルの品種，部位，および季節によって異なることが知られている。したがって，官能評価を行なう場合，パイナップル果汁ではなく，ブロメライン濃度が一定となるように，試薬から調製したブロメライン溶液を用いるのが望ましいと考えられる。このパイナップル果汁に含まれているブロメラインの濃度は0.43％であることがわかっている（高田・村元，2017）。

(2) 生ハム製造のための日本短角種もも肉の塩漬

①和牛肉で製造する発色剤無添加牛肉生ハム

一般に，生ハムは豚肉を原料として製造されている。その製造工程の一つである塩漬では，塩漬剤として食塩と発色剤が用いられている。発色剤として用いられる硝酸塩および亜硝酸塩には，発色効果だけではなく，微生物の抗菌，風味の改善，さらには腐敗や腐敗臭を抑制する効果などがある。しかし，硝酸塩は食肉中の還元菌により亜硝酸塩に変化し，また亜硝酸塩はニトロソアミンという発がん性物質を生成する。したがって，健康の面からは，食肉加工品を製造するさいに発色剤を用いることは，あまり好ましくないといえる。

第9図　セシーナ

第10図　セシーナの原木

スペイン北西部のレオン地区では，牛肉を原料としたセシーナという生ハムが製造されている（第9，10図）。セシーナの製造は，塩漬，くん煙，乾燥，および熟成の工程により行なわれ，塩漬剤として，発色剤（硝酸塩および亜硝酸塩）を含まない海塩のみが用いられている。したがって，セシーナのような発色剤無添加牛肉生ハムは，発色剤を用いないで製造された牛肉生ハムを求める消費者の需要に応えるものであると考えられる。

現在，スペインからわが国への，牛に由来する畜産物の輸出は防疫上の理由から認められていない。したがって，国内でスペイン産のセシーナのような発色剤無添加牛肉生ハムを喫食するためには，国内において製造しなくてはならない。この場合，発色剤無添加牛肉生ハムの原料として和牛肉を用いることにより，日本独自の牛肉生ハムを製造することが可能になると考

最新技術情報　肉牛

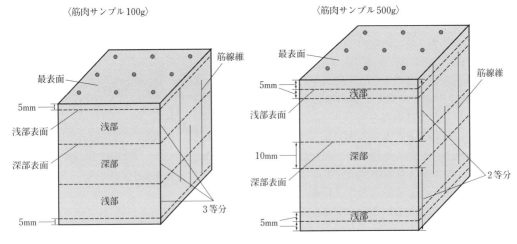

第11図　筋肉サンプルにおける各部位

えられる。しかし，和牛肉を原料として発色剤無添加牛肉生ハムを製造する場合，黒毛和種牛肉のように脂肪含量の高い牛肉が適しているのか，または日本短角種牛肉のように脂肪含量の低い牛肉が適しているのかについてはあきらかにされていない。

そこで，生ハムの製造工程においてもっとも重要な工程である塩漬を行なったあとの牛肉品質が，原料となる牛肉中の脂肪含量にどのような影響を受けるのかについて検討を行なった（細川ら，2017）。

②牛肉中の脂肪含量が塩漬後の牛肉品質に及ぼす影響

牛肉品質の分析　牛肉品質の分析は，筋肉サンプルの大きさ（重量）および塩漬の日数を，100gで3日間，100gで1日間，および500gで3日間のものについて行なった。

1）筋肉サンプル100gを3日間塩漬

黒毛和種の去勢牛5頭（29か月齢）および雌牛1頭（25か月齢），日本短角種の去勢牛3頭（25か月齢）および雌牛3頭（30か月齢）の，そとももの筋肉である半腱様筋を真空包装し，屠畜後4週間まで4℃で熟成を行なった。

熟成後，各半腱様筋の粗脂肪含量を測定した。また，熟成後の各半腱様筋から，100g（厚さ50mm）の筋肉サンプルを，上面に筋線維断面が現われるように切り出した。各筋肉サンプルの表面に，サンプル重量当たり，厚生労働省が示す製造基準にもとづき，6％の塩化ナトリウムを擦り込み，真空包装して4℃で3日間の塩漬を行なった。塩漬後，筋肉サンプルの表面を流水に30秒間接触させ，筋肉サンプルの表面に付着している塩化ナトリウムを除去し，表面に付着している水分をペーパータオルで除去した。次に，最表面から5mm内部に位置する浅部の表面（浅部表面），および上部の最表面と下部の最表面との間を3等分する面に位置する深部の表面（深部表面）を切開し，4℃で1時間の貯蔵を行ない，最表面，浅部表面，および深部表面3か所で，肉色素であるミオグロビンの酸化の程度を示すメトミオグロビン割合を測定した（第11図）。また，塩漬によって筋肉中に浸透した塩化ナトリウム含量（浸透塩化ナトリウム含量）を求めるため，塩漬前の塩化ナトリウム含量および塩漬後の浅部および深部における塩化ナトリウム含量を測定した。

2）筋肉サンプル100gを1日間塩漬

黒毛和種去勢牛3頭（32か月齢），および日本短角種の去勢牛2頭（26か月齢）と雌牛1頭（28か月齢）の半腱様筋を4℃で4週間の熟成を行なったあと，粗脂肪含量を分析した。また，各半腱様筋から前記と同様の方法で筋肉サンプ

ル（100g，厚さ50mm）を切り出し，各筋肉サンプルの表面にサンプル重量当たり6％の塩化ナトリウムを塗布し，真空包装して4℃で1日間の塩漬を行なった。

塩漬後，前記と同様に，筋肉サンプルの最表面，浅部表面，および深部表面におけるメトミオグロビン割合および浸透塩化ナトリウム含量を測定した。

3）筋肉サンプル500gを3日間塩漬

黒毛和種去勢牛3頭（29か月齢），および日本短角種の去勢牛2頭（26か月齢）と雌牛1頭（28か月齢）の半腱様筋を4℃で4週間の熟成を行なったあと，粗脂肪含量を分析した。また，各半腱様筋から前記と同様の方法で筋肉サンプル（500g，厚さ87mm）を切り出し，各筋肉サンプルの表面にサンプル重量当たり6％の塩化ナトリウムを塗布し，真空包装して4℃で3日間の塩漬を行なった。

塩漬後，前記と同様の方法で処理したあと，筋肉サンプルの最表面，浅部表面，および上部の最表面と下部の最表面から等間隔で，筋肉サンプルを分割する面（深部表面）におけるメトミオグロビン割合および浸透塩化ナトリウム含量を測定した。

塩化ナトリウムの浸透の速さ　筋肉内脂肪含量と筋肉サンプル100gを3日間塩漬したあとの，浸透塩化ナトリウム含量との関係を第12図に示す。

筋肉内脂肪含量と浅部および深部の浸透塩化ナトリウム含量との間に相関は認められなかった。したがって，100gの牛肉を3日間塩漬しても，牛肉の内部に浸透する塩化ナトリウムの含量は筋肉内脂肪含量による影響を受けないと考えられる。

筋肉内脂肪含量と筋肉サンプル100gを1日間塩漬したあとの，浸透塩化ナトリウム含量との関係を第13図に示す。筋肉内脂肪含量と浅部および深部の浸透塩化ナトリウム含量との間に相関は認められなかった。したがって，100gの牛肉を1日間塩漬しても，3日間塩漬した場合と同様に，牛肉内部に浸透する塩化ナトリウムの含量は筋肉内脂肪含量による影響を受けな

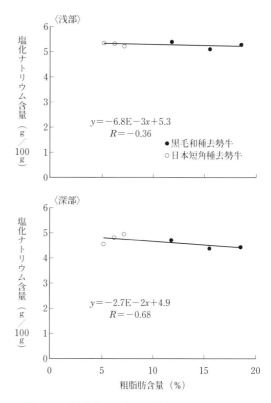

第12図　筋肉内脂肪含量と筋肉サンプル100gを3日間塩漬したあとの浸透塩化ナトリウム含量との関係

いと考えられる。

筋肉内脂肪含量と筋肉サンプル500gを3日間塩漬したあとの，浸透塩化ナトリウム含量との関係を第14図に示す。筋肉内脂肪含量と浅部の浸透塩化ナトリウム含量との間に相関は認められなかったが，深部の浸透塩化ナトリウム含量は筋肉内脂肪含量の増加に伴って減少した。したがって，500gの牛肉を3日間塩漬すると，100gの牛肉を3日間および1日間塩漬した場合とは異なり，牛肉の内部に浸透する塩化ナトリウムの含量は，筋肉内脂肪含量の増加に伴って減少すると考えられる。

牛肉中のおもな脂肪組織は，疎水基から構成される無極性脂質である。発色剤無添加牛肉生ハムの塩漬剤として用いられる塩化ナトリウムのようなイオン性の固体は，水のような有極性

最新技術情報　肉牛

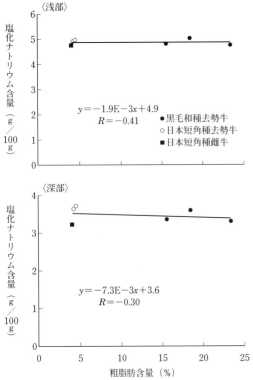

第13図　筋肉内脂肪含量と筋肉サンプル100gを1日間塩漬したあとの浸透塩化ナトリウム含量との関係

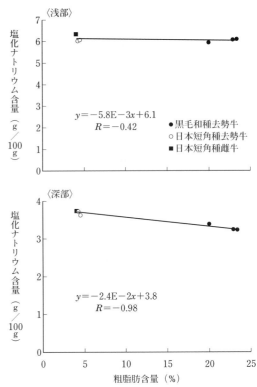

第14図　筋肉内脂肪含量と筋肉サンプル500gを3日間塩漬したあとの浸透塩化ナトリウム含量との関係

物質に対する溶解性が高い。そのため、塩漬剤を直接的に筋肉に擦り込む乾塩漬法では、筋肉の水分に塩漬剤の塩化ナトリウムが溶解することにより筋肉中に塩化ナトリウムが浸透する。しかし、牛肉中の脂肪組織のような無極性物質は、有極性物質である水に対して溶解性が低い。

本研究で、500gの牛肉を3日間塩漬すると牛肉の内部に浸透する塩化ナトリウムの含量が筋肉内脂肪含量の増加に伴って減少した。これは、筋肉内の脂肪組織が、塩漬剤中の塩化ナトリウムが筋肉内に浸透するのを阻害したためであると考えられる。また、100gの牛肉を3日間および1日間塩漬しても、牛肉の内部に浸透する塩化ナトリウムの含量が筋肉内脂肪含量による影響を受けなかった。これは、100gの牛肉に重量当たり6％の塩化ナトリウムを塗布した場合、3日間だけではなく1日間でも、筋肉内脂肪含量に関係なく塩化ナトリウムが筋肉全体に一様に浸透するのに十分な期間であったためであると考えられる。

ただし、塩漬中に浸透した塩化ナトリウムの含量は、筋肉100g当たり、浅部では3日間の浸漬で5.3gであるのに対して1日間の浸漬では4.8gであり、また深部では3日間の浸漬で4.7gであるのに対して1日間の浸漬では3.5gであることから、1日間の塩漬では、3日間の塩漬で浸透した塩化ナトリウムの含量には到達しないと考えられる。

セシーナや豚肉を原料とした生ハムの製造では、塩漬をして塩抜きを行なったあとに、2から3か月間程度、塩漬剤を肉に浸透させるため

の期間を要する。このため，豚肉を原料とした乾塩漬長期熟成生ハムでは，原料を冷凍したあとに解凍したものを乾塩漬する方法や，冷凍した原料を湿塩漬法により解凍しながら塩漬する方法など，製造期間を短縮させるための方法についての検討が行なわれている。したがって，発色剤無添加牛肉生ハムの製造に関しても，製造期間の短縮は生産効率を高めるためには重要であると考えられる。

本研究では，牛肉の内部に浸透する塩化ナトリウムの含量は，筋肉内脂肪含量の増加に伴って減少した。したがって，和牛肉を原料として発色剤無添加牛肉生ハムを製造する場合，黒毛和種牛肉のような霜降り牛肉ではなく，日本短角種牛肉のような赤身牛肉のほうが，塩漬に要する期間が短縮され，生産効率が高くなると考えられる。

塩化ナトリウムによる肉色素の酸化 筋肉内脂肪含量と筋肉サンプル100gを3日間塩漬したあとのメトミオグロビン割合との関係を第15図に示す。

筋肉内脂肪含量と最表面のメトミオグロビン割合との間に相関は認められなかったが，浅部表面および深部表面のメトミオグロビン割合は，筋肉内脂肪含量の増加に伴って減少した。したがって，100gの牛肉を3日間塩漬すると，筋肉内部におけるミオグロビンの酸化は，筋肉内脂肪含量の増加に伴って抑制されると考えられる。筋肉内脂肪含量と筋肉サンプル100gを1日間塩漬したあとのメトミオグロビン割合との関係を第16図に示す。

筋肉内脂肪含量と最表面および浅部のメトミオグロビン割合との間に有意な相関は認められなかったが，深部表面のメトミオグロビン割合は筋肉内脂肪含量の増加に伴って減少した。したがって，100gの牛肉を1日間塩漬すると，3日間塩漬した場合と同様に，牛肉内部におけるミオグロビンの酸化は，筋肉内脂肪含量の増加に伴って抑制されると考えられる。

筋肉内脂肪含量と筋肉サンプル500gを3日間塩漬したあとの，メトミオグロビン割合との関係を第17図に示す。

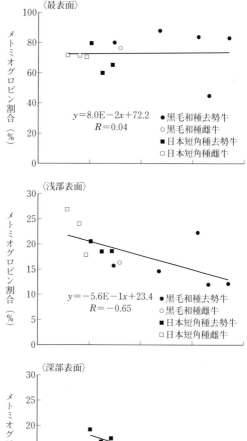

第15図 筋肉内脂肪含量と筋肉サンプル100gを3日間塩漬したあとのメトミオグロビン割合との関係

筋肉内脂肪含量とすべての表面におけるメトミオグロビン割合との間に，相関は認められなかった。したがって，500gの牛肉を3日間塩漬しても，100gの牛肉を3日間および1日間塩漬した場合とは異なり，牛肉の内部におけるミオグロビンの酸化は筋肉内脂肪含量による影響を受けないと考えられる。

最新技術情報　肉牛

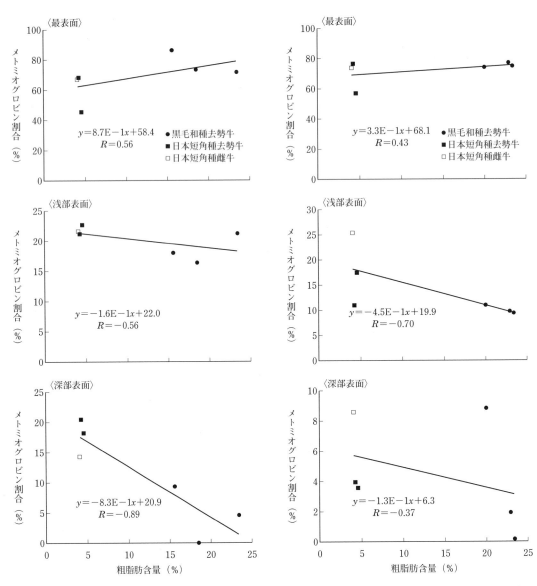

第16図　筋肉内脂肪含量と筋肉サンプル100gを1日間塩漬したあとのメトミオグロビン割合との関係

第17図　筋肉内脂肪含量と筋肉サンプル500gを3日間塩漬したあとのメトミオグロビン割合との関係

　塩化ナトリウムには酸化促進作用があり，牛挽肉のメトミオグロビン割合は，塩化ナトリウム含量の増加に伴って増加することが知られている。本研究で，100gの牛肉を3日間および1日間塩漬した場合，浅部表面における筋肉内脂肪含量とメトミオグロビン割合との関係が，塩漬日数で異なった。これは，塩漬日数が1日間の場合では3日間の塩漬で浸透する塩化ナトリウムの含量には到達しなかったため，肉色素の酸化が筋肉内脂肪含量による影響を受けなかったためであると考えられる。また，100gの牛肉を3日間および1日間塩漬した場合，牛肉の内部に浸透した塩化ナトリウムの含量は，筋肉内脂肪含量の影響を受けないものの，牛肉の内

部の肉色素の酸化は筋肉内脂肪含量の増加に伴って抑制されると考えられる。

牛肉に含まれる色素にはミオグロビンやヘモグロビンなどがあるが、その多くはミオグロビンであり、食肉中の鉄含量の70〜80％はミオグロビンに含まれる鉄で占められている。筋肉脂肪含量が低い筋肉は、脂肪含量が高い筋肉に比較して、牛肉中の鉄含量は高いことが知られている。したがって、肉色素の酸化が筋肉内脂肪含量の増加に伴って抑制されたのは、筋肉内脂肪含量が高い牛肉では相対的に筋肉組織の鉄含量が低くなることから肉色素の含量も低くなり、そのため肉色素が塩化ナトリウムによって酸化された場合でも、単位面積当たりに占める割合としては低かったためであると考えられる。

また、500gの牛肉を3日間塩漬した場合、牛肉の内部に浸透した塩化ナトリウムの含量は筋肉内脂肪含量の増加に伴って減少したものの、牛肉の内部の肉色素の酸化が筋肉内脂肪含量による影響を受けなかった。これは、牛肉の内部に浸透した塩化ナトリウム含量の減少が、牛肉の内部の肉色素の酸化に影響を及ぼす程度のものではなかったためであると考えられる。したがって、日本短角種牛肉のような赤身牛肉を原料として発色剤無添加牛肉生ハムを製造する場合、原料肉の重量や塩漬の日数によって異なるものの、今後は塩漬中の酸化を抑制する方法についても検討していく必要があると考えられる。

③塩漬で用いる塩化ナトリウムの量

国内での食肉製品の製造は、厚生労働省が示す製造基準にもとづいて行なわなければならない。そのため、非加熱食肉製品であり亜硝酸ナトリウムを使用しない発色剤無添加牛肉生ハムの場合、塩漬剤には、原料肉の重量に対して6％以上の塩化ナトリウム、塩化カリウムまたはこれらを組み合わせて用いる必要がある。

塩化ナトリウムは牛肉の保水性、結着性、および保存性の向上に貢献するが、過剰なナトリウムの摂取は高血圧の要因になることから、生ハムの生産者は高血圧の消費者の要望に応える

ため、塩漬剤に含まれる塩化ナトリウム濃度を低下させようと試みている。一方、食肉製品の塩化ナトリウム濃度の低下は、微生物を増殖させてしまうだけではなく、官能特性も低下させてしまうことが知られている。しかし、日本短角種の牛肉を塩漬する場合、塩漬で用いる塩化ナトリウムの量が牛肉品質に及ぼす影響についてはあきらかにされていない。そこで、塩漬を行なったあとの牛肉品質が、塩漬で用いた塩化ナトリウムの量によってどのような影響を受けるのかについて検討を行なった。（谷本ら、2017）。

④塩漬で用いる塩化ナトリウムの量が塩漬後の牛肉品質に及ぼす影響

牛肉品質の分析　日本短角種去勢牛8頭（25か月齢）の、そとももの筋肉である大腿二頭筋を真空包装し、屠畜後4週間まで4℃で熟成を行なった。熟成後、各大腿二頭筋の粗脂肪含量を測定した。また、熟成後の各大腿二頭筋から筋肉サンプル（100g、厚さ50mm）を、上面に筋線維断面が現われるように切り出し、4℃で1時間の貯蔵を行ない、塩漬前のサンプル表面の、肉色素であるミオグロビンの酸化の程度を示すメトミオグロビン割合および赤色度を示すa^*値を測定した。

また、熟成後の各大腿二頭筋から、筋線維と平行の10×10mmの直方体を作製し、卓上型物性測定器を用いて、塩漬前のテクスチャーの各項目（食感の指標：最大荷重、凝集性、付着性、ガム性荷重）を測定した。次に、各筋肉サンプルの表面にサンプル重量当たり2g（2g区）、4g（4g区）、および6g（6g区）の塩化ナトリウムを擦り込み、真空包装して4℃で3日間の塩漬を行なった。塩漬後、筋肉サンプルの表面を流水に30秒間接触させ、筋肉サンプルの表面に付着している塩化ナトリウムを除去し、表面に付着している水分を除去して、塩漬中に漏出する肉汁の割合を示すドリップロスを測定した。

次に、表面、表面から5mmの切開面（浅部）、および表面から25mmの切開面（深部）において、a^*値およびメトミオグロビン割合を測定した（第18図）。また、塩漬後の筋肉サンプ

最新技術情報　肉牛

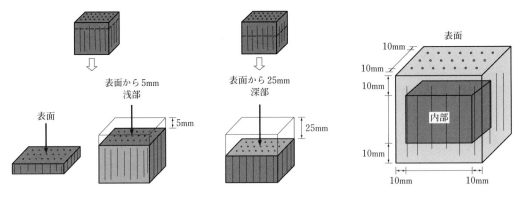

第18図　筋肉サンプルにおける各部位

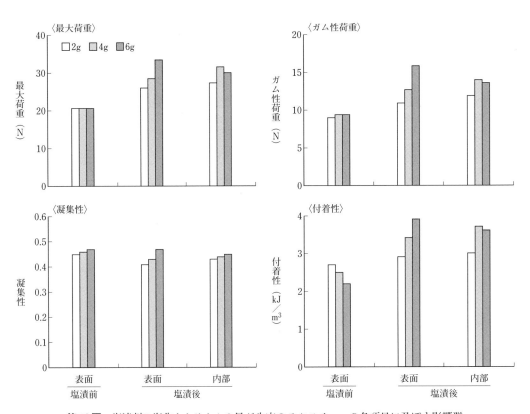

第19図　塩漬剤の塩化ナトリウムの量が牛肉のテクスチャーの各項目に及ぼす影響群

ルの表面から10mmを表面とし，また表面から10mm切り取った残りを内部とし，筋線維と平行の直方体を作製し，塩漬前と同様に塩漬後のテクスチャーを測定した（第18図）。

食感　塩漬剤の塩化ナトリウムの量が牛肉のテクスチャーの各項目に及ぼす影響を第19図に示す。

最大荷重（筋肉を変形させるのに必要な力）には試験区間での差は認められなかったが，凝集性（複数回噛みしめるときの食品の復元する割合），付着性（接着する物体を引き離すのに必要な力），およびガム性荷重（飲み込める状

216

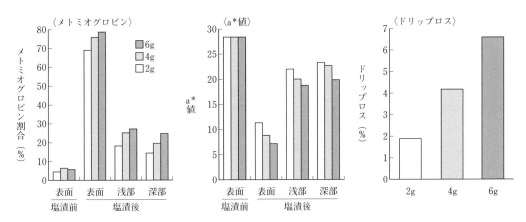

第20図　塩漬剤の塩化ナトリウムの量が牛肉のメトミオグロビン割合，a*値，およびドリップロスに及ぼす影響

態にまで砕くのに必要な力）は，塩漬後の表面では2g区が6g区に比較して低かった。4g区の最大荷重および付着性とガム性荷重は，塩漬前の表面が塩漬後の内部に比較して低く，また6g区の最大荷重，付着性，およびガム性荷重もまた，塩漬前の表面が塩漬後の表面および内部に比較して低かった。しかし2g区では，塩漬前の表面が最大荷重およびガム性荷重では，塩漬後の表面と内部に比較して低かった。

一般に，生ハムの食感は軟らかすぎず硬すぎない中間的なものが，消費者にとって好ましいことが知られている。塩化ナトリウムは蛋白質分解酵素の活性を抑制する機能を有するため，生ハムでは塩化ナトリウム含量が高くなると，最大荷重，凝集性，およびガム性荷重が高くなり，硬く乾いた食感になる。一方，塩化ナトリウム含量が低い生ハムは軟らかくべたつきがあり，好ましくないことから，実際に生ハムで問題となる食感は軟らかさおよびべたつきとなる。

本研究で，テクスチャーの各項目の値は筋肉の重量当たりの塩化ナトリウム含量に伴って高くなったことから，塩漬剤として塩化ナトリウムを用いる場合，筋肉100g当たりにおける塩漬剤の塩化ナトリウムの量を2gとすると，軟らかい食感となり，評価が低くなると考えられる。今後は，軟らかくべたつきがあると評価される食感について，官能評価により検討していく必要があると考えられる。

肉色　塩漬剤の塩化ナトリウムの量が牛肉のメトミオグロビン割合およびa*値に及ぼす影響を，第20図に示す。

メトミオグロビン割合は，すべての試験区で，塩漬後の浅部および深部が塩漬後の表面に比較して，塩漬前の表面が塩漬後の浅部に比較して，また4g区および6g区で，塩漬後の深部が塩漬後の表面に比較して，それぞれ低かった。また，メトミオグロビン割合は，塩漬後の浅部および深部で2g区が他区に比較して低く，また塩漬後の深部で6g区が他区に比較して高かった。

a*値は，塩漬後のどの部位においても，塩漬前の表面に比較して低くなった。塩漬後では，表面で4g区および6g区が2g区に比較して，浅部で6g区が2g区に比較して，また深部で6g区が他区に比較して，それぞれ低かった。またa*値は，塩漬後の2g区および6g区で，表面が浅部および深部に比較して低かった。塩漬後の4g区におけるa*値は，表面が浅部および深部に比較して，それぞれ低かった。

高い塩化ナトリウム濃度で塩漬した生ハムは脂質の酸化割合が高くなり，また牛挽肉における塩化ナトリウム濃度の増加は，メトミオグロビン割合の増加を促進させることが知られてい

る。したがって，塩漬剤として筋肉100g当たり6gの塩化ナトリウムを用いた場合に，筋肉の深部でメトミオグロビン割合が高くなり，またa*値が低くなったのは，筋肉の深部で塩化ナトリウム濃度が高くなり，ミオグロビンの酸化が促進されたためであると考えられる。したがって，塩漬剤として塩化ナトリウムを用いる場合，筋肉100g当たり6gの塩化ナトリウムで塩漬をすると酸化が進むため，好ましくないと考えられる。

一方，官能評価において赤みが弱い生ハムの評価が高いこと，また筋肉中のメトミオグロビン割合が高くなると赤色から茶色に変色することが知られている。したがって，塩漬剤として塩化ナトリウムを用いる場合，筋肉100g当たり2gとすると，明るい肉色となり，消費者には好まれないと考えられる。

ドリップの漏出　塩漬剤の塩化ナトリウムの量が牛肉のドリップロスに及ぼす影響を，第20図に示す。

ドリップロスは，2g区が他区に比較して低く，6g区が他区に比較して高かった。ドリップの中には蛋白質，ペプチド，アミノ酸，乳酸，およびビタミンB複合体などが含まれているため，ドリップの漏出は食肉の重量を減少させるだけではなく，栄養成分および呈味成分の損失となる。したがって，塩漬剤として塩化ナトリウムを用いる場合，筋肉100g当たりの塩化ナトリウムの量は，6gとすると栄養成分および呈味成分が減少するため，好ましくないと考えられる。

⑤今後の検討課題

牛肉の塩漬について行なった2つの研究の結果から，和牛肉を原料として発色剤無添加牛肉生ハムを製造する場合，黒毛和種牛肉のような霜降り牛肉ではなく，日本短角種牛肉のような脂肪が少ない赤身牛肉のほうが，塩漬に要する期間が短縮されるという点で優れていること，また消費者が求める品質のものを製造するためには，塩漬剤として用いる塩化ナトリウムの量は牛肉100g当たり4gが適していることがあきらかとなった。

しかし，厚生労働省が示す製造基準では，非加熱食肉製品であり亜硝酸ナトリウムを使用しない発色剤無添加牛肉生ハムの場合，塩漬剤には，原料肉の重量に対して6％以上の塩化ナトリウム，塩化カリウムまたはこれらを組み合わせて用いる必要がある。したがって，今後は，製造基準を満たすという観点から，塩漬剤の塩化カリウムの量が塩漬後の牛肉品質に及ぼす影響について検討を行なう必要があると考えられる。

執筆　村元隆行（岩手大学）

参 考 文 献

細川遥果・谷本智里・村元隆行. 2017. 筋肉内脂肪含量が塩漬後の牛肉のNaCl含量およびメトミオグロビン割合に及ぼす影響. 日本畜産学会報. 88, 463—472.

村元隆行・宮崎真緒・手塚咲. 2016. パイナップル果汁の注入が日本短角種牛肉のテクスチャーおよび保水性に及ぼす影響. 日本畜産学会報. 87, 389—392.

高田偲帆・村元隆行. 2017. 牛肉のテクスチャープロファイル分析によるパイナップル果汁のブロメライン濃度の推定. 日本畜産学会報. 88, 335—338.

谷本智里・細川遥果・村元隆行. 2017. 塩漬におけるNaClの量が日本短角種牛肉の理化学特性に及ぼす影響. 日本畜産学会報. 88, 473—477.

手塚咲・村元隆行. 2014. パイナップル果汁への浸漬時間が日本短角種牛肉の理化学特性に及ぼす影響. 日本畜産学会報. 85, 145—152.

最新技術情報
養　豚

北海道産未利用原料を用いた肥育豚の飼料設計

1. 国内産飼料原料を模索する養豚業界

　肥育豚において飼料費は生産費の多くを占めており，飼料原料はそのほとんどが海外からの輸入に依存している。このため，飼料価格は穀物相場や為替レート，原油価格に伴う運賃などに左右され，飼料価格の変動は養豚経営の不安定要素となっている。

　一方，2001年5月には，「食品循環資源の再生利用等の促進に関する法律（食品リサイクル法）」（平成12年法律第116号）が施行され，畜産分野においては食品残渣や規格外農産物などの未利用資源の飼料化（エコフィード）が進められており，養豚においてもエコフィード活用のための研究がこれまで数多く行なわれている（井尻ら，2007；石田ら，2004；丹羽ら，1993，2003；丹羽・中西，1995；大澤ら，2004；脇屋ら，2010；王ら，2008）。

2. 北海道は飼料原料候補が豊富

　北海道は農林水産業が盛んな地域であり，2012年度のカロリーベースの食糧自給率は200%と全国第1位である。また，これらの原料を活用した食料品製造業事業者数およびその出荷額も北海道が全国トップであり，そこから排出される農産物残渣や食品製造副産物などについては，家畜の飼料原料となり得るものも多い。しかし，これら飼料原料となり得る排出物の多くは水分含量が高いために保存性が低く，排出時期がその原料の収穫時期に左右されるものが多いといった課題を残している。

　そこで著者らは，北海道内から排出される原料を用いて，年間を通じて供給可能な養豚用乾燥飼料を設計し，この設計飼料の給与が肥育豚の発育，産肉性および脂肪組織の脂肪酸組成に及ぼす影響について検討した。

3. 肥育期飼料の設計とその栄養成分分析

　今回の設計飼料は，肥育豚のライフステージにおいて飼料摂取量が多く，給与する飼料の成分が生産される豚肉の品質に大きく影響を与えると考えられる肥育期（体重70kg～出荷まで）の飼料とした。

(1) 飼料原料

　飼料原料になるものとして，北海道の生産量が全国第1位であるジャガイモ，ダイズ，アスパラガス，小麦に注目し，これら生産物として，北海道産の規格外ジャガイモ（ジャガイモ），アスパラガスの切り下（アスパラ），またその生産物の加工品として，豆腐製造業者が廃棄とした豆腐（豆腐），製粉工場から排出された商品とならない小麦粉（小麦粉）として，これらに市販のビタミン・ミネラル製剤（ゼノミックス，日本全薬工業株式会社）を加え，飼料原料とした（第1図）。

(2) 高水分原料の風乾物処理

　これらの原料のうちジャガイモ，豆腐およびアスパラについては，原物の水分含量が高く保存性が低いため，給与前まで－30℃で冷凍保存を行なった。保存後，これらの原料に対してブロック（約15kg）を用いて重量負荷をかけ，カビなどの発生のないことを目視で確認しながら常温（最高気温25.2±3.4℃，最低気温15.0±3.9℃）で解凍した（解凍日数：ジャガイモおよび豆腐3日，アスパラ10日間）。

最新技術情報　養豚

第1図　本試験に用いた北海道産の未利用原料
左：アスパラガスの切り下，中：規格外のジャガイモ，右：廃棄された豆腐

なお，ジャガイモは表皮で覆われているため，そのままの状態では水分除去は困難と考え，乾燥しやすくするために解凍後にチョッパー（チョッパー中型，宝田工業（株））にて約5mm〜1cm角の大きさに細かく粉砕する処理を施した。

解凍後，各原料からの大量の水分排出がみられたために，原料を市販の脱水機（回転数約800rpm）で脱水し（脱水時間：ジャガイモとアスパラ10分，豆腐5分），60℃の送風乾燥機で乾燥したあとに室温で保存して，平均水分含量がジャガイモ10.3％，豆腐5.0％，アスパラ9.2％の風乾物に調製し，飼料原料とした。

(3) 各風乾物原料および肥育期設計飼料の栄養成分，飼料中リジン含量の分析

各風乾物原料および小麦粉，ビタミン・ミネラル製剤の栄養成分（水分，粗蛋白質，粗脂肪，粗灰分）を異なるロットから各5点ずつ，常法（阿部，2001）にもとづき分析し，炭水化物は100％から各成分含量の合計を差し引いて求めた。

設計飼料の乾物中の目標粗蛋白質含量を市販の肥育期飼料（トウモロコシなど穀類72％，大豆かすなどの植物性油かす類18％，コーングルテンフィードなどのそうこう類3％，その他7％，TDN：78.0％以上，粗蛋白質：15.0％以上）の乾物中粗蛋白質含量（17.2％）として，各風乾物原料の分析値を用いて配合割合を検討した。その後，この設計飼料，および対照飼料として市販肥育期飼料（市販飼料）についても風乾物原料と同様に，異なるロットから各5点ずつ栄養成分を測定するとともに各飼料中リジン含量についても同様に3点測定した。

(4) 設計飼料中脂質の脂肪酸組成の分析

ロットの異なる4点の市販飼料と設計飼料中脂質の脂肪酸組成を分析した。

(5) 各飼料成分間の差の検定

市販飼料と設計飼料間成分の有意差検定についてはSTUDENTまたはWELCHのt検定にて行なった。

4．原料の栄養成分値および設計飼料の原料配合割合と栄養成分値

処理後の各原料における乾物率および乾物中の栄養成分を第1表に，それにもとづき設計された飼料原料の配合割合を第2表に，その成分の計算値ならびに分析値を第3表に示した。なお，ビタミン・ミネラル製剤の分析値において灰分以外の成分が測定されたが，これは同製剤製造の際に使用される賦形剤として米ぬかや油かすなどを使用していることに起因するものである。

佐伯ら（2004）は，食品残渣を成分表にもと

北海道産未利用原料を用いた肥育豚の飼料設計

第1表　各原料の乾物中栄養成分（分析値）

原料名	乾物割合	一般成分割合（%）			
		粗蛋白質	粗脂肪	粗灰分	炭水化物
規格外ジャガイモ（n＝5）	89.7±0.7[2]	3.6±0.6	0.3±0.0	1.9±0.1	94.2±0.6
	(22.6±1.5)	(8.9±0.3)	(0.5±0.0)	(5.0±0.3)	(85.6±0.5)
廃棄された豆腐（n＝5）	95.0±1.1	55.9±1.5	29.8±1.0	3.6±0.1	10.7±1.8
	(23.6±2.8)	(54.2±2.1)	(29.2±1.8)	(3.9±0.0)	(12.7±1.6)
アスパラガスの切り下（n＝5）	90.8±0.2	16.1±0.5	5.6±0.2	3.9±0.2	74.3±0.7
	(6.4±0.1)	(19.0±0.4)	(2.5±0.6)	(7.8±0.2)	(70.8±0.8)
商品とならない小麦粉（n＝5）	86.6±0.2	12.7±0.3	1.0±0.1	0.7±0.1	85.7±0.2
ビタミン・ミネラル製剤[1]（n＝5）	96.1±0.1	10.0±0.7	2.2±0.2	63.8±0.7	24.0±1.3

注　1）ゼノミックス（日本全薬工業株式会社）
　　2）平均値±標準偏差
　　（　）は乾燥前原物データ

づき配合した養豚用リサイクル飼料の組成および栄養価の計算値と実測値について検討を行なった結果，抜き取り式のサンプリングによる素材の実測値をもとにしても，サンプリングエラーや日間，ロット間の変動があるため組成予測精度の向上には限界があり，必要に応じて安全率を見込んだ配合設計が必要であると報告している。

今回，筆者らは，凍結保存後に解凍・脱水処理を施し，その後に風乾したジャガイモ，豆腐，アスパラと小麦粉，ビタミン・ミネラル製剤の分析値（第1表）を用いて，ジャガイモ30.0%，豆腐16.0%，アスパラ10.0%，小麦粉43.5%，ビタミン・ミネラル製剤0.5%を配合し，市販飼料の乾物中粗蛋白質含量と同程度の飼料を設計した（第2表）。

その乾物率は計算値より分析値が若干高い値を示し，乾物中粗蛋白質，粗脂肪，粗灰分，炭

第2表　試験飼料の原料と配合割合

原料名	設計飼料における原料の配合割合（%，風乾物ベース）
規格外ジャガイモ	30.0
廃棄された豆腐	16.0
アスパラガスの切り下	10.0
商品とならない小麦粉	43.5
ビタミン・ミネラル製剤[1]	0.5

注　1）ゼノミックス（日本全薬工業株式会社）

水化物すべての栄養素において分析値は計算値とほぼ同じ値であった（第3表）。このことは，佐伯ら（2004）の使用した原料は成分原料の変動が大きな食品残渣であったのに対し，今回使用した原料は成分変動要因が比較的少ない材料であったためと考える。

一方，設計飼料と市販飼料の栄養成分を分析値で比較してみると，乾物中粗脂肪含量は市販飼料が3.0%，設計飼料が5.7%と設計飼料が有

第3表　設計飼料と市販飼料の成分

		乾物	一般成分割合（%，乾物ベース）			
			粗蛋白質	粗脂肪	粗灰分	炭水化物
設計飼料	計算値	89.3	17.2	5.8	2.2	74.8
	分析値	91.8±0.6a[1]	17.2±0.8	5.7±0.3a	2.5±0.7b	74.7±1.1
	（n＝5）		(0.82±0.02b)			
市販飼料	分析値	87.9±0.4b	17.2±0.4	3.0±0.3b	4.3±0.2a	75.5±0.8
	（n＝5）		(0.96±0.03a)			

注　1）平均値±標準偏差
　　（　）はリジン含量（n＝3）
　　設計飼料と市販飼料間異符号間に有意差あり（a，b：P＜0.01）

最新技術情報　養豚

意に高い値を（P＜0.01），逆に粗灰分含量は市販飼料が4.3％，設計飼料が2.5％と設計飼料が有意に低い値を示し（P＜0.01），リジン含量も設計飼料が0.82％と市販飼料（0.96％）より有意に低い値を示していたが（P＜0.01），粗蛋白質と炭水化物含量は両飼料ともほぼ同量であった（第3表）。

なお，今回，原料を風乾物化するまで凍結保存し，その後室温での解凍時に大量の水分排出が観察されたため，原物に対して脱水処理を施した。しかし，この際の原物からの水分除去効果やそれに伴う原料の乾燥時間に対する影響については検討していない。また，水分除去に伴う栄養成分の変化については，ジャガイモやアスパラでは水溶性の蛋白質やミネラルの流出が考えられたが，今回はその損失率などの詳しい検討は行なわなかった。今後は，高水分未利用原料を風乾物化するための前処理としての凍結解凍・脱水処理の水分除去効果や乾燥時間に対する影響，ならびに栄養成分の変化について，各原料における処理の例数を増やして詳細な検討を加える必要があると考える。

5. 設計飼料の給与試験

（1）発育および枝肉調査の方法

平均体重約76kgの三元交雑去勢豚（WLD）16頭を用い，市販飼料を給与した対照区に8頭，設計飼料を給与した試験区に8頭を配分し，各区とも2頭群飼で4群に分け体重110kgまで水と飼料は不断給餌で飼育を実施した。その後，24時間絶食させたあとに屠畜し，屠畜後24時間2℃の冷蔵庫に枝肉を保存後，右半丸により枝肉調査を実施した。また，あわせて供試豚全頭から腎臓周囲脂肪を，供試豚のうち各区4頭ずつから背脂肪付き第5～6胸椎間胸最長筋を採取し，脂肪組織の脂肪酸組成分析および脂肪の融点測定に供した。

（2）腎臓周囲脂肪と胸最長筋内脂質の脂肪酸組成の分析

腎臓周囲脂肪の脂肪酸組成の分析には，供試した豚全個体（各区8頭），胸最長筋内脂質の脂肪酸組成については各区4頭から採取した試料を用いた。

（3）背脂肪と筋肉間脂肪の融点測定

各区4頭から採取した背脂肪付き胸最長筋から採取した背脂肪（内層および外層を含む）と，胸最長筋と頸棘筋間から採取した筋肉間脂肪を用い，各脂肪組織の融点を測定した。

（4）各区間の差の検定

各区間の差の検定は各飼料成分間の差の検定と同様に行なった。

6. 給与試験成績

（1）各飼料給与による発育および枝肉成績

各区の発育成績および枝肉成績を第4表に示した。

経過日数は市販飼料を給与した対照区が32.0日，設計飼料を給与した試験区が33.8日，一日平均増体量は対照区が1,099.4g，試験区が1,051.4g，飼料要求率は対照区が3.04，試験区が2.76と，両区間に有意な差はなかった。

また，枝肉成績は，枝肉歩留りが対照区で64.4％，試験区で64.8％，屠体長は対照区で93.1cm，試験区で92.9cm，背腰長Ⅰは対照区で79.9cm，試験区で80.0cm，背腰長Ⅱは対照区が70.0cm，試験区が70.1cm，屠体幅は対照区が35.2cm，試験区が34.9cmと両区間に有意な差はみられなかった。さらに背脂肪厚についても肩で対照区が3.8cm，試験区は3.8cm，背は対照区が2.2cm，試験区が2.0cm，腰は対照区が3.4cm，試験区が3.3cmと両区間に有意な差はなかった。

これらの結果，今回設計した飼料の給与は市

販飼料給与と同等の発育および産肉性を有していることが示唆され，原料の排出時期に左右されることなく道産原料のみで豚肥育期飼料を調製することは可能であることが考えられた。

(2) 飼料中脂質と腎臓周囲脂肪および胸最長筋内脂質の脂肪酸組成

各区の給与飼料および腎臓周囲脂肪の脂肪酸組成を第5表に，胸最長筋内脂質含量とその脂肪酸組成を第6表に示した。

豚の脂肪の脂肪酸組成は，給与飼料の脂肪酸組成に影響を受けることが知られている（入江・西村，1986；高田ら，1992）。今回の設計飼料は市販飼料に比べてラウリン酸，ミリスチン酸，パルミチン酸，パルミトレイン酸の割合が有意に低く（パルミチン酸，パルミトレイン酸：$P<0.01$，ラウリン酸，ミリスチン酸：$P<0.05$），ステアリン酸，リノール酸，リノレン酸の割合が有意に高く（リノール酸，リノレン酸：$P<0.01$，ステアリン酸：$P<0.05$），設計飼料のn-6/n-3比（n-3系多価不飽和脂肪酸に対するn-6系多価不飽和脂肪酸の割合）は市販飼料に比べ有意に低い値であった（$P<0.01$）（第5表）。

これらの飼料を給与した結果，腎臓周囲脂肪の脂肪酸組成はミリスチン酸，パルミチン酸，ステアリン酸およびオレイン酸が市販飼料

第4表 北海道産未利用原料を用いた肥育用飼料給与が肥育豚の発育および枝肉形質に及ぼす影響

	対照区 (n＝4)	試験区 (n＝4)
開始体重（kg）	76.7±2.5[1]	76.3±2.6
終了体重（kg）	110.4±0.9	110.7±0.7
経過日数（日）	32.0±6.6	33.8±6.9
一日平均増体量（g）	1,099.4±262.5	1,051.4±206.7
飼料要求率	3.04±0.62	2.76±0.35
屠殺前体重（kg）	108.4±2.2	109.7±1.2
枝肉重量（kg）	69.8±2.2	71.1±1.6
枝肉歩留り（%）	64.4±1.3	64.8±1.0
屠体長（cm）	93.1±2.6	92.9±2.5
背腰長Ⅰ（cm）	79.9±2.1	80.0±2.3
背腰長Ⅱ（cm）	70.0±1.7	70.1±2.5
屠体幅（cm）	35.2±1.0	34.9±0.7
背脂肪厚（cm）		
肩	3.8±0.5	3.8±0.5
背	2.2±0.5	2.0±0.6
腰	3.4±0.6	3.3±0.8

注　1）平均値±標準偏差

を給与した対照区に比べ設計飼料を給与した試験区で有意に低い値を示し（ミリスチン酸，パルミチン酸，ステアリン酸：$P<0.01$，オレイン酸：$P<0.05$），リノール酸やリノレン酸が対照区に比べ試験区で有意に高い値を示し（$P<0.01$），n-6/n-3比も対照区に比べ試験区で有意に低い値を示した（$P<0.01$）（第5表）。また，胸最長筋内脂質含量は両区とも4.1％と差はみられなかったが（第6表），その脂肪酸組

第5表 北海道産未利用原料を用いた肥育用飼料給与が腎臓周囲脂肪の脂肪酸組成に及ぼす影響

脂肪酸（%）	飼　料		腎臓周囲脂肪	
	市販飼料 (n＝4)	設計飼料 (n＝4)	対照区 (n＝8)	試験区 (n＝8)
ラウリン酸	0.3±0.1c[2]	0.0±0.0d	—	—
ミリスチン酸	0.3±0.1c	0.0±0.0d	1.6±0.2a	1.4±0.1b
パルミチン酸	20.0±0.6a	14.9±0.3b	28.2±1.0a	25.6±0.7b
パルミトレイン酸	0.2±0.0a	0.1±0.1b	1.6±0.1	1.4±0.3
ステアリン酸	3.1±0.5d	4.4±0.4c	20.7±1.3a	16.9±0.9b
オレイン酸	27.9±2.9	21.1±0.3	37.1±1.7c	35.1±1.8d
リノール酸	42.8±2.4b	51.0±1.3a	8.1±0.9b	15.4±1.6a
リノレン酸	2.0±0.5b	7.0±0.5a	0.4±0.1b	1.7±0.2a
n-6/n-3[1]	23.5±4.2a	7.3±0.7b	23.5±2.9a	8.6±0.5b
リノール酸／ステアリン酸	15.0±4.2	11.6±1.3	0.39±0.06b	0.92±0.13a

注　主要な脂肪酸の割合を示す
　　1）n-6系多価不飽和脂肪酸／n-3系多価不飽和脂肪酸
　　2）平均値±標準偏差
　　市販飼料と設計飼料間，対照区と試験区間の異符号間に有意差あり（a，b：$P<0.01$，c，d：$P<0.05$）

最新技術情報　養豚

第6表　北海道産未利用原料を用いた肥育用飼料給与が胸最長筋内脂質含量と脂肪酸の組成に及ぼす影響

	対照区　(n＝4)	試験区　(n＝4)
筋肉内脂質含量　(%)	4.1±0.9[2)	4.1±0.9
脂肪酸組成　(%)		
ミリスチン酸	1.6±0.1	1.4±0.1
パルミチン酸	26.2±1.1	25.4±1.1
パルミトレイン酸	2.9±0.3	2.5±0.3
ステアリン酸	14.9±1.0	14.5±1.2
オレイン酸	45.4±1.7c	43.0±0.5d
リノール酸	5.8±1.3b	9.2±1.2a
リノレン酸	0.2±0.0b	0.7±0.1a
n-6/n-3[1)	28.8±3.5a	12.8±0.8b
リノール酸／ステアリン酸	0.39±0.09d	0.64±0.15c

　注　主要な脂肪酸の割合を示す
　　　1) n-6系多価不飽和脂肪酸／n-3系多価不飽和脂肪酸
　　　2) 平均値±標準偏差
　　　対照区と試験区間の異符号間に有意差あり（a, b：P＜0.01, c, d：
　　　P＜0.05）

成では，オレイン酸が対照区に比べ試験区で有意に低い値を示し（P＜0.05），リノール酸とリノレン酸が対照区に比べ試験区で有意に高い値を示しており（P＜0.01），n-6/n-3比も対照区に比べ試験区で有意に低い値を示した（P＜0.01）（第6表）。

　これらの結果から，脂肪組織の脂肪酸組成はこれまでの報告（入江・西村，1986；高田ら，1992）と同様，飼料の脂肪酸組成とほぼ連動していた。

　多価不飽和脂肪酸については，リノール酸が飽和脂肪酸より体脂肪に選択的に蓄積されること（入江，1989），リノレン酸はリノール酸よりさらに強く選択的蓄積が行なわれること（入江ら，1990），さらには，n-3系多価不飽和脂肪酸とn-6系多価不飽和脂肪酸の代謝は拮抗することが報告されている（石田ら，1995）。

　一方，豚（入江ら，1990）や鶏ひな（An et al.，1995）では飼料中のn-3系多価不飽和脂肪酸が増加すると動物体内に蓄積される脂肪酸のうちおもに減少するのはリノール酸である可能性を指摘している。また，著者らが豚にエゴマ種実添加飼料を給与した研究（山田ら，2001）では，エゴマ種実添加飼料は脂質含量が市販飼料の約1.3倍で，飼料中リノール酸含量は市販

飼料に比べて低い値であったものの，エゴマ種実添加飼料給与区の腎臓周囲脂肪中リノール酸比率は逆に対照区に比べ有意に高い値を示した。よって豚体脂肪の脂肪酸組成に影響を与える要因としては，給与飼料中の脂肪酸組成に加え，飼料中脂質含量も関係している可能性が窺える結果を得ている。今回の設計飼料は市販飼料に比べ脂質含量が約1.9倍と高く，リノール酸およびリノレン酸比率も高かった。また，これら飼料を給与した豚の腎臓周囲脂肪および筋肉内脂質の脂肪酸組成についてもリノール酸およびリノレン酸とともに対照区に比べ試験区で有意に高い値を示し，選択的蓄積や拮抗代謝の影響によるリノール酸およびリノレン酸の関係は認められなかった。よって今回の結果では腎臓周囲脂肪中および筋肉内脂質中リノール酸およびリノレン酸の割合は，選択的蓄積や拮抗代謝の影響より飼料中脂質含量やその脂肪酸組成の影響が大きかったことが推察されるが，この点については今後の検討が必要であると考える。

　また，河野（1996）はリノール酸／ステアリン酸比（C18：2/C18：0比）を触感による脂肪の硬軟判定傾向の一要因として，腎臓周囲脂肪のC18：2/C18：0比が0.46以下を「硬脂」，0.54～0.65を「硬脂と普通脂の判断がむずかしい範囲」，0.65～0.72を「普通脂と中間脂の判断がむずかしい範囲」，0.72～0.95を「中間脂」，0.95～1.15を「中間脂と軟脂の判断がむずかしい範囲」，1.15以上を「軟脂」と判断基準を設け，腎臓周囲脂肪では0.54以下の豚を生産することが脂肪の評価で枝肉の格付けが落ちない一つの基準であると報告している。今回の結果において腎臓周囲脂肪および筋肉内脂質の両組織でC18：2/C18：0比が対照区に比べ試験区で有意に高い値を示し（腎臓周囲脂肪：P＜0.01, 筋肉内脂質：P＜0.05），今回設計

北海道産未利用原料を用いた肥育豚の飼料設計

した飼料を豚に給与すると，その脂肪は市販肥育期飼料給与豚に比べ軟らかくなる可能性が示唆された。今回のC18：2/C18：0値は，河野（1996）の基準の「中間脂」に当たり，軟脂豚として「格落ちしない基準」としての0.54を上回る値ではあったものの枝肉格付けにおいては「軟脂豚」で格落ちした豚はなかった。よって今回設計した飼料を給与しても，豚枝肉格付け上，「軟脂」の発現の可能性は少ないと考える。

一方，消費者は近年，健康に寄与する食品への関心が高くなっているという背景のもと，生活習慣病予防に関係があるとされているn-3系多価不飽和脂肪酸（橋本ら，1988；山田・水野，1996；米倉・佐藤，1989）含量が高いアマニ油脂肪酸カルシウム（石田ら，1995）や魚油（入江ら，1990），エゴマ種実（山田ら，2001），エゴマ粕（山田ら，2005）を豚飼料に添加してn-3系多価不飽和脂肪酸含量の高い豚肉を生産する技術の開発が進んでいる。道産未利用資源を活用した設計飼料を給与した今回の結果においても，市販肥育期飼料を給与した豚に比べ，腎臓周囲脂肪および筋肉内脂質のn-6/n-3比が有意に低い値を示し（P＜0.01），結果としてn-3系多価不飽和脂肪酸が高い値を示した。このことから，未利用資源を活用して付加価値のある豚肉生産の可能性も示唆された。

(3) 筋肉間脂肪および背脂肪の融点

各区における筋肉間脂肪および背脂肪の融点を第7表に示した。

丹羽ら（1995）は，食品製造副産物として豆腐粕サイレージ給与による肥育豚の発育および体脂肪に及ぼす影響を検討した結果，豆腐粕サイレージ給与により脂肪の融点が低くなり，その脂肪酸組成としてはリノール酸およびリノレン酸の割合が有意に高くなることを報告している。

今回設計した飼料の給与により脂肪の融点は筋肉間脂肪で33.8℃，背脂肪で33.5℃と市販肥育期飼料を給与した対照区（筋肉間脂肪40.8℃，背脂肪41.0℃）に比べ筋肉間脂肪および背脂肪ともに有意に低い値を示した（P＜0.01）。

第7表　北海道産未利用原料を用いた肥育用飼料給与が背脂肪と筋肉間脂肪の融点に及ぼす影響

		対照区 (n＝4)	試験区 (n＝4)
融点（℃）	筋肉間脂肪	40.8±0.8a[1]	33.8±1.5b
	背脂肪	41.0±1.1a	33.5±0.5b

注　1）平均値±標準偏差
　　　対照区と試験区間の異符号間に有意差あり（a, b：P＜0.01）

今回の腎臓周囲脂肪および筋肉内脂質の脂肪酸組成の結果では，前述したとおりリノール酸やリノレン酸といった多価不飽和脂肪酸の割合が対照区に比べ試験区で有意に高く，丹羽・中西（1995）と同様な結果を示した。

以上の結果から，今回設計した飼料を肥育豚へ給与すると，市販飼料を給与した場合に比べ腎臓周囲脂肪の脂肪酸組成に差がみられるものの，発育および産肉性には差がみられなかったことから，北海道産の規格外ジャガイモ，商品にならない小麦粉，廃棄される豆腐およびアスパラガスの切り下を原料とする養豚用飼料の給与は脂肪が軟らかくなるという特徴は出るものの，肥育豚の発育および産肉性に問題なく利用可能であることが確認できた。

今後は実用レベルでの原料調達方法や効率的飼料調製方法について検討すべきと考える。

執筆　山田未知（酪農学園大学）

参 考 文 献

阿部亮. 2001. 一般成分（6成分），新編動物栄養試験法（石橋晃監修）. 第1版. 455—466.

An, B. K., K. Tanaka and S. Ohtani. 1995. Effects of various n-3/n-6 fatty acid ratios in diet on lipid metabolism in growing chicks. Anim, Sci. Technol. (Jan). **66** (10)，830—840.

橋本篤司・片桐雅博・鳥居新平・奥山治美. 1988. ラット好中球のロイコトリエン類産生に及ぼす食餌のα-リノレン酸/リノール酸バランスの影響. アレルギー. **37** (3)，157—165.

井尻哲・中山阿紀・中野公隆・山内慎也・角川幸治・土屋義信. 2007. 食品製造副産物を主原料と

最新技術情報　養豚

した肥育豚用発酵リキッド飼料の調製と給与成績. 日豚会誌. **44**（2），31—39.

入江正和・西村someone彦. 1986. 豚の脂肪の性状に及ぼす残飯給与と屠殺月齢，蓄積部位の影響. 日畜会報. **57**, 642—648.

入江正和. 1989. 豚脂肪の理化学的性状に及ぼす諸要因－特に軟脂豚との関連とその制御－2－. 畜産の研究. **43**（8），942—946.

入江正和・崎元道男・藤谷泰裕・町田登. 1990. エイコサペンタエン酸，ドコサヘキサエン酸を含む魚油を給与した豚の脂肪における脂肪酸組成の変化と理化学的性状. 日畜会報. **61**（9），771—779.

石田光晴・松本力・伊藤清香・井上達志・鈴木啓一・清水ゆう子. 2004. 食品残渣物の飼料添加が豚肉脂質性状に及ぼす影響. 日豚会誌. **41**（1），11—20.

石田修三・早澤宏紀・清水隆司・玉城政信・相井孝允. 1995. アマニ油脂肪酸Caの給与が豚の血液，臓器および筋肉脂質のn-3系脂肪酸含量に与える影響. 日畜会報. **66**（10），889—897.

河野興一郎. 1996. 畜産物の消費・流通に関する研究－豚脂質の向上に関する試験－. 平成7年度東京畜試年報. 8—9.

丹羽美次・中西五十・栗田隆之. 1993. 食品製造副産物の肥育豚への利用性に関する研究. 1. 豆腐粕サイレージ調製について. 日豚会誌 **30**（2），128—134.

丹羽美次・中西五十. 1995. 食品製造副産物の肥育豚における利用性に関する研究. 2. 豆腐粕サイレージ給与による発育および体脂肪に及ぼす影響. 日豚会誌. **32**（1），1—7.

丹羽美次・矢後啓司・音成洋司・坂上泉・大澤貴之・佐伯真魚・奈良誠・稗田哲也・高須茜美・堀与志美・阿部亮. 2003. 都市厨房発酵乾燥製品の調製法と養豚飼料としての栄養価. 日豚会誌. **40**（1），1—7.

大澤貴之・亀井勝浩・丹羽美次・金　一・川島知

之・佐伯真魚・堀与志美・矢後啓司・阪上泉・音成洋司・阿部亮. 2004. 食品循環資源の利用による高品質肉豚肥育. 日豚会誌. **41**（4），207—216.

佐伯真魚・川島知之・大澤貴之・阪上泉・音成洋司・高橋俊浩・丹羽美次・望月辰起・山本心平・渡邊敬一・矢後啓司・青木稔・堀与志美・高田良三・山崎信・永西修・阿部亮. 2004. 食品残さを成分表に基づき配合した養豚用リサイクル飼料の組成および栄養価の設計値と実測値の比較. 日豚会誌. **41**（4），217—227.

高田良三・設楽修・齋藤守・森　淳. 1992. 中鎖脂肪給与が肥育豚の発育，消化率，背脂肪および脂肪酸組成に及ぼす影響. 日豚会誌. **29**（1），32—40.

脇屋裕一郎・大曲秀明・安田みどり・宮崎秀雄・明石真幸・河原弘文・下平秀丸. 2010. 佐賀県における豆腐粕，大麦焼酎粕および秋芽茶を活用した肉豚生産技術. 日豚会誌. **47**（4），198—208.

王雲飛・鈴木貢・福山欣晃・佐伯真魚・丹羽美次・阿部亮. 2008. 食品廃棄物の高温発酵乾燥飼料給与による肉豚肥育が発育成績に及ぼす影響. 日豚会誌. **45**（3），164—172.

山田幸二・水野時子. 1996. ラットの血漿コレステロールと血漿遊離アミノ酸におよぼす摂取脂肪の影響. 家政誌. **47**（11），1079—1084.

山田未知・網中潤・山田幸二. 2001. 豚の脂肪組織と筋肉における脂肪酸組成に及ぼすエゴマ種実の影響. 日豚会誌. **38**（1），25—30.

山田未知・添元輝・関口志真・網中潤・山田幸二・武藤健司. 2005. 肥育豚へのエゴマ粕給与が発育性，産肉性および脂肪組織と筋肉の脂肪酸組成に及ぼす影響. 日豚会誌. **42**（2），45—53.

米倉郁美・佐藤章夫. 1989. Sprague-Dawleyラットにおける7,12-dimethylbenz [a] anthracene誘発乳癌に対するエゴマ油および魚油の効果. 医学のあゆみ. **150**（3），233—234.

肥育豚へのエコフィード給与における砂糖やチョコレートによる脂肪質改善技術

1. エコフィードによる豚の肥育と肉質向上

肥育豚用の飼料として食品加工副産物をエコフィードとして活用する技術は，うまく用いれば飼料コストの低減や豚肉の高品質化により，農家所得の向上に貢献できる（入江，2007a；2007b；2008；2009a；2009b）。

エコフィードの活用により農家の所得を向上させるには，「豚の発育を阻害しない」「肉質に悪影響がない」ことが第一に求められる。さらに次の段階として，「肉質の向上」が目標となる。エコフィードによって肉質の向上を目指す場合，脂肪質と脂肪交雑の向上は重要なポイントである（第1図）。

エコフィードにはさまざまな種類があるが，炭水化物や脂質を多く含む原料が肥育豚用の飼料に用いられることが多い。そのうち，砂糖，デンプンなどの炭水化物を多く含むエコフィードは飼料中の可消化エネルギーを向上させると同時に，後述するように豚脂の品質の向上も期待できる（入江，2009a）。

2. 豚肉の肉質と豚脂の脂肪酸組成

（1）給与飼料と軟脂の発生

豚肉の肉質において，脂肪質は重要な要素の一つである。良い脂肪質とは，外観と食味に優れる脂肪であるといえる。具体的には，色が白色で，しっとりとした光沢があり，適度な硬さの（軟らかすぎず，硬すぎない）脂肪で，なおかつ，食べた場合の食味に優れるものである。

豚脂の脂肪酸組成は脂肪質を判定するうえで重要な指標の一つである。脂肪酸には「飽和脂肪酸」「一価不飽和脂肪酸」「多価不飽和脂肪酸」があり，これらの含有割合（脂肪酸組成）により，豚脂の融点（脂の融けやすさの指標で，脂が融けはじめる温度）は影響を受ける。

たとえば，低品質な豚肉の一つに，脂が軟らかすぎる軟脂があげられる。軟脂は，豚脂に多価不飽和脂肪酸割合が多すぎる場合に発生す

第1図　実際に養豚農家で用いられているアミノ酸バランス法を適用したエコフィード（左，粒度が適切で，豚の嗜好性もよい）と，このエコフィードにより生産され，スーパーマーケットで販売されている脂肪交雑に富む霜降り豚肉（右，通常のLWD三元交雑種）

最新技術情報　養豚

る。脂肪の融点は脂肪酸によって異なり、たとえば飽和脂肪酸であるステアリン酸（C18：0）の融点は69.6℃、一価不飽和脂肪酸のオレイン酸（C18：1）の融点は13.4℃、多価不飽和脂肪酸のリノール酸（C18：2）の融点は-5℃であり、多価不飽和脂肪酸がもっとも低い（Wood et al., 2003）。このため、豚脂に多価不飽和脂肪酸割合が多く、飽和脂肪酸割合が少ないと、一般的に豚脂は融点が低下し、軟らかくなる。

多価不飽和脂肪酸は飼料として摂取することによってのみ豚脂に蓄積するため、多価不飽和脂肪酸の多い飼料を摂取すると、軟脂を引き起こす原因となる。多価不飽和脂肪酸はサラダ油や白絞油などの揚げ物用の植物油や魚油などに多く含まれる。たとえば、エコフィード原料として用いられることも多い「即席中華めん」「即席カップめん」の規格外品のなかで、油で揚げているもの（ノンフライめん以外）（第2図）は脂質を16％から19％程度含み、油揚げ豆腐、凍り豆腐は脂質を30％以上含んでおり（文部科学省、2010）、多価不飽和脂肪酸の多い油脂を多く含むため、多給すると軟脂を引き起こすことがある。また、魚の内臓や頭などは多くの多価不飽和脂肪酸を含み、多給すると同様に軟脂を引き起こすことがある。

多価不飽和脂肪酸は酸化しやすく、多価不飽和脂肪酸の多い軟脂豚は、保存中に酸化により脂肪や肉が変色しやすくなったり、調理中に豚肉が酸化し、風味の悪化を招く場合もある。また軟脂ではなくとも、多価不飽和脂肪酸の多い豚肉は、風味の点で劣ることが知られている（Wood et al., 2003；2008）。さらに、軟脂豚はスライスしにくく、スライスしパック詰めしても、融けた脂により外観が劣る。

(2) 炭水化物から合成される脂肪酸

一方、炭水化物（たとえば、パン類、ケーキ類（第3図）、めん、うどん、ごはん（第4図）など）を肥育豚に多給すると、体内で脂肪酸が合成され脂肪として蓄積される。この場合、炭水化物から合成される脂肪酸は飽和脂肪酸で、さらに、飽和脂肪酸から不飽和化酵素により、一価不飽和脂肪酸がつくられる。したがって、炭水化物の多給により、皮下脂肪や筋肉内脂肪に増える脂肪酸は飽和脂肪酸と一価不飽和脂肪酸であり、多価不飽和脂肪酸は増えないため軟脂になりにくい。

ただし、炭水化物と考えられる食品でも菓子

第2図　油揚げ即席めん
水分含量が少なく保存性がよいため養豚農家で用いられることが多い。しかし、粗脂肪を15％以上含むものが多い。また、味付け後の即席めんは塩分も多いため、豚に給与する場合は十分に水分を給与する必要がある

第3図　ケーキ類
ケーキ類は飼料に一定量配合すると飼料のぱさつきを抑えることができ、豚の嗜好性もよい。ケーキ類は種類により、脂質の含量が大きく異なり、バターなどの硬い脂肪の多いものは多給しても軟脂になりにくいが、クリームを多く含むものや、揚げドーナツを多給すると軟脂傾向になる場合がある

肥育豚へのエコフィード給与における砂糖やチョコレートによる脂質改善技術

第4図　ゆでうどん（左）とごはん（右）
ゆでうどんやごはんなども，まとまった量が廃棄されやすいエコフィード原料である。これらは水分含量が多いため，収集後，すぐにビニール袋に入れ密閉しないと腐敗する。できれば，排出元で密閉保存をしてもらうほうがよい。また，夏場は収集後，保存せずに飼料化する必要がある

パン，ドーナツ，調理ずみパスタ，焼きそばのめんなどは脂質の含量が多く，多価不飽和脂肪酸を多く含む場合があり，注意が必要である。

（3）優れた豚脂とは

多価不飽和脂肪酸割合が多い，軟らかすぎる豚脂は低品質であるが，硬すぎる豚脂にも問題がある。たとえば，養豚の現場では，軟脂予防のためにカポック類が飼料添加して用いられる場合がある。カポックを給与すると飽和脂肪酸から一価不飽和脂肪酸への変換が阻害されるため，豚脂中に飽和脂肪酸が増え，豚脂の融点は上昇し，硬くなる。しかし，カポックが効きすぎると豚脂が硬くなりすぎ，枝肉の表面（皮下脂肪）は粗く白い粉を吹いたような外観を呈し，スライスしてパック詰めしても豚肉に光沢がなく，食べてもおいしくないとされている。

われわれは，カポック類を飼料添加し，豚肉の食味に及ぼす影響を分析型官能評価によって調べたところ，カポック給与により豚肉のオフフレーバー（獣臭，酸化臭，雄臭などの異臭）が高くなり，嗜好型官能評価により「総合的な脂の好み」が低下することを報告した（Maeda et al., 2017）。

以上をまとめると，優れた豚の脂肪とは，白色でしっとりとした外観を呈し，多価不飽和脂肪酸割合が少なく，適度な軟らかさの（硬すぎない＝一価不飽和脂肪酸を適度に含む）豚脂が優れているといえる。

3. 飼料のエネルギー源としてのチョコレート

脂質を多く含む飼料原料の活用は飼料中の可消化エネルギーを効率的に向上させるメリットがある。しかし，多価不飽和脂肪酸を多給すると軟脂などの豚肉の品質低下を引き起こすため，肥育豚用飼料の粗脂肪含量は5～7％以下にすることが望ましいとされている（農研機構畜産研究部門，2010）。

しかし，規格外品がエコフィードの原料となるチョコレート（第5図）は脂質の含量は多いものの，その構成成分は多価不飽和脂肪酸を少量しか含まないため，豚に給与しても軟脂を引き起こしにくい（芦原ら，2011；Maeda et al., 2014）。

4. 砂糖とチョコレートによるカロリーアップ

豚の筋肉内脂肪含量が増加すると豚肉の軟らかさやジューシーさが向上することから，豚肉の食味に良い影響を与えることが多い。このため，筋肉内脂肪含量が多く，脂肪交雑に富んだ

最新技術情報　養豚

第5図　チョコレート
チョコレートにはさまざまな形状のものがある。チョコレート製造工場から廃棄されるものは，固形のチョコレートが多いが，ケーキ製造工場から廃棄されるものには，半固形や液状のチョコレートも含まれる場合がある。一定量を飼料に配合すると飼料のぱさつきを抑制し，豚の嗜好性も良い。夏場の高温時はチョコレートが融けるため，保管する場合は冷蔵が必要となる

さまざまなブランド豚肉がつくられている。

豚の筋肉内脂肪含量を高めるには遺伝的な改良と，飼料をコントロールする方法を組み合わせることが望ましい。近年ではLWD種の止め雄のデュロック種のなかでも，脂肪交雑の多いデュロック種の系統が注目を集めている。一方，豚の筋肉内脂肪含量を給与飼料のコントロールにより高める方法として，さまざまな方法が提唱された。とくに近年，入江の方法はエコフィードにより脂肪交雑に富む豚肉を，豚の発育や枝肉形質に悪影響なく作出できるため，実用的で農家に広まった（入江，2007a；2007b）。さらに高橋ら（2013b）は，肥育後期にパン主体の飼料中の粗蛋白質含量を高め，リジン／蛋白質比を低下させる方法（以下，アミノ酸バランス法）と，油脂の多い飼料を利用してエネルギーを高める方法（以下，カロリーアップ法）を開発し，豚の発育に悪影響なく筋肉内脂肪を高めることに成功した。筋肉内脂肪とは筋肉組織のなかにある脂肪で，脂肪交雑やサシの基準として筋肉内脂肪含量が用いられる。

次にわれわれは（Maeda et al., 2014），とくにパンを用いなくても飼料中の粗蛋白質含量を16％程度に高め，リジン含量を0.58％程度の充足させた飼料条件とすることによって，発育や枝肉成績に悪影響なく筋肉内脂肪含量を高められることをあきらかにした（前田，2015）。

現在，このアミノ酸バランス法とカロリーアップ法は広く普及しつつあるが，アミノ酸バランス法をとった高蛋白質飼料において，糖質または油脂の多い飼料によるカロリーアップが，発育や肉質にどれくらい影響するのか，またそれらの効果にエネルギー源による違いが出るのかは興味深いところであり，実用的な意義もある。

そこで，エコフィードを活用して高品質な豚肉を生産するため，高蛋白質の飼料条件下において，飼料中のカロリーアップを砂糖添加による炭水化物増加，チョコレート添加による脂質増加で行なった場合，豚の生産性と肉質にどのような影響を及ぼすかを調べた（前田ら，2017）。

5．試験の方法

(1) 飼料と供試豚

飼料は，対照区と，炭水化物または脂質でカロリーを高めた試験2区，計3種類を調製し，すべてアミノ酸バランス法に用いる高蛋白質条件を適用し，粗蛋白質を日本飼養標準（農業・食品産業技術総合研究機構，2013）の基準より高い16.3％，リジンを計算値で飼養標準よりやや高い0.74％とした（第1表）。

豚の筋肉内脂肪含量を増やし，脂肪交雑を向上させるアミノ酸バランス法のポイントは，試料中の粗蛋白質含量を16％から20％程度に高め，リジン含量を0.6％程度とすることである。可消化エネルギーと粗脂肪含量は，対照区が4.2Mcal/kgと4.8％，砂糖添加により可消化エネルギーを高めた砂糖区が4.6Mcal/kgと4.3％，チョコレート添加により可消化エネルギーを高めたチョコ区が4.6Mcal/kgと6.4％とした。したがって，可消化エネルギーは対照区＜砂糖区＝チョコ区となり，飼料中の粗脂肪含量

は砂糖区＜対照区＜チョコ区となった。なお，飼料成分の計算にあたっては農研機構畜産研究部門（2010）の「豚用エコフィード設計プログラム」を用いた。

なお，工場から産出された廃棄チョコレートは，レンガ大のものから粒状のものまで形状はさまざまであり，ふすまと混合後，粉砕機で粉砕し飼料に用いた。チョコレートを粉砕する場合，チョコレートのみを粉砕しようとすると，熱でチョコレートが融けてしまうため，ふすまや他の菓子類などと混合後，粉砕するのがよい。また，大きすぎる（レンガ大以上の）チョコレートは粉砕機でも粉砕できないため，ハンマーなどである程度砕いたあと，粉砕機に投入する必要がある。

試験には，和歌山県畜産試験場で生産したデュロック種18頭（体重68.8±9.8kg）を用い，腹と平均体重ができるだけ同じになるよう各区6頭（去勢雄3頭，雌3頭）ずつに分けた。豚は，10m²の豚房に6頭ずつ入れ群飼した。飼料は不断給与，給水は自由飲水とし，各区の体重は週一回測定し，試験終了の体重がおおむね118kgとなるまで飼育し，と畜した。日増体量は，試験開始時と試験終了時の体重から求めた。

（2）枝肉評価

豚は食肉処理場でと畜解体し，枝肉の重量，背脂肪厚，歩留りを測定し，その後5日間2℃で冷蔵保存した。枝肉重量，背脂肪厚は日本食肉格付協会の計測値を用いた。右側枝肉の5－6胸椎間で胸最長筋部分を切開し，第6胸椎から後方20cmのロース部分を皮下脂肪が付着したまま採取した。採取したロース肉は真空パックし，冷凍後，肉質評価に用いた。

（3）肉質評価

肉の外観評価として，胸最長筋の肉色，筋間脂肪量，皮下脂肪内層色，胸最長筋と皮下脂肪内層のL*a*b*値を測定した（胸最長筋はロースの芯の赤身にあたる筋肉，筋間脂肪は筋肉組織と筋肉組織の間にできる脂肪）。

肉色，脂肪色はそれぞれ，6段階（1＝とても淡い；6＝とても濃い）の畜試式豚肉色標準模型（ポークカラースタンダード：PCS），4段階（1＝とても白い；4＝とても着色している），ならびに畜試式豚脂肪色標準模型（ポークファットスタンダード：PFS）を用いて判定した。筋間脂肪は筋間脂肪スコア（NPPC，1976）による5段階（1＝とても少ない；5＝とても多い）で評価した。L*a*b*値は色差計を用いて測定した。

肉を解凍後，胸最長筋の一般組成（水分，粗脂肪，粗蛋白質，灰分），調理損失，剪断力価，脂肪酸組成と皮下脂肪内層（ロース肉などに付いている脂肪）の脂肪酸組成，融点を測定した。

6. 飼料への砂糖とチョコレート添加の影響

（1）生産性と枝肉形質

生産性と枝肉形質に及ぼす影響を第2表に示した。日増体量には有意な影響を認めなかったが，平均値は対照区＜砂糖区＜チョコ区となった。この日増体量の傾向は，飼料のエネルギーを高めると日増体量が増加するという他の報

第1表　試験飼料の構成と栄養成分値

		対照区	砂糖区	チョコ区
配合割合（%）	食パンくず乾燥品	50.85	86.81	78.64
	ふすま	47.23		9.06
	大豆かす	0.23	3.68	5.16
	コーングルテンミール，60% CP		2.07	
	砂糖		4.60	
	チョコレート			4.70
	第二リン酸カルシウム		2.25	1.67
	炭酸カルシウム	1.24		0.26
	塩酸リジン	0.25	0.39	0.31
	ビタミン・ミネラルプレミックス	0.20	0.20	0.20
栄養成分計算値（乾物当たりの量）	可消化エネルギー（Mcal/kg）	4.2	4.6	4.6
	粗蛋白質（%）	16.3	16.3	16.3
	粗脂肪（%）	4.8	4.3	6.4
	リジン（%）	0.74	0.74	0.74

最新技術情報　養豚

第2表　砂糖またはチョコレート添加による可消化エネルギーの増加が豚の生産性と枝肉形質に及ぼす影響

	飼料処理			標準誤差	P-値
	対照区	砂糖区	チョコ区		
開始時体重　(kg)	68.8	68.7	68.8	4.02	1.00
出荷時体重　(kg)	117.5	119.0	119.5	1.58	0.71
肥育期間　(日)	57.2	54.8	50.2	3.24	0.69
日増体量　(kg)	0.87	0.94	1.05	0.06	0.14
枝肉重量　(kg)	76.1	79.9	79.9	1.04	0.05
枝肉歩留り　(%)	64.7[a]	67.1[b]	66.8[b]	0.48	<0.01
背脂肪厚　(cm)	2.7	3.1	2.9	0.29	0.67

注　対照区 n=6，砂糖区 n=6，チョコ区 n=6
　　[a]・[b]：異符号間に有意な差あり（P<0.05）

告と一致している。また，日増体量はチョコレートの添加により，もっとも高い平均値を示した。

枝肉重量は対照区に比べ，砂糖区とチョコ区でやや重い傾向を認めた（P=0.05）。枝肉歩留りは対照区より砂糖区とチョコ区がやや高い値を示した（P<0.01）。背脂肪厚は，対照区より添加区，とくに砂糖区で平均値が高くなったが，有意な影響にはならなかった。

油脂の飼料添加により可消化エネルギーを増加させた場合，背脂肪厚や枝肉重量が増加した

とする報告や，給与飼料のエネルギーを高めると背脂肪厚が厚くなり，枝肉重量が増加したとする報告もある。さらに，可消化エネルギーの増加によって背脂肪厚と枝肉歩留りが増加したとする報告もある。したがって，枝肉重量と背脂肪厚が対照区に比べ，砂糖区とチョコ区でやや増加する傾向を認めたことは，飼料中のエネルギーの増加が影響している可能性が高いと考えられる。

また，出荷体重をできるだけ揃えるようにしたものの，枝肉歩留りが添加両区でやや向上したのは，枝肉重量と背脂肪厚の増加傾向が影響している可能性が高い。

(2) 肉　質

胸最長筋の肉質や皮下内層脂肪の質に及ぼす飼料の影響を第3表に示した。肉色には有意な影響を認めなかったが，全般的に豚肉の平均的な肉色である3を下まわる結果となった。これ

第3表　砂糖またはチョコレート添加による可消化エネルギーの増加が豚肉の肉質に及ぼす影響

		飼料処理			標準誤差	P-値
		対照区	砂糖区	チョコ区		
胸最長筋	ポークカラースタンダード（肉色）	2.7	2.5	2.5	0.26	0.88
	筋間脂肪スコア	1.3	1.3	1.7	0.29	0.67
	筋肉（L*値）	56.1[a]	60.5[b]	55.8[a]	1.18	0.01
	筋肉（a*値）	5.1	5.4	6.1	0.36	0.17
	筋肉（b*値）	17.2[a]	17.2a	19.5[b]	0.31	<0.01
	pH	5.67	5.57	5.63	0.03	0.18
	調理損失（%）	16.8[a]	20.7[b]	19.8[b]	0.80	0.01
	剪断力価（N）	13.6	14.3	15.7	2.43	0.83
	粗脂肪含量（%）	7.1	7.5	7.5	0.69	0.90
	水分含量（%）	69.2	69.5	69.3	0.51	0.92
	粗蛋白質（%）	22.8	22.2	22.2	0.36	0.47
	粗灰分（%）	1.25	1.36	1.28	0.05	0.24
皮下内層脂肪	脂肪色スコア	1.8	1.7	2.3	0.20	0.08
	脂肪色（L*値）	81.8[b]	81.7[b]	80.8[a]	0.22	<0.01
	脂肪色（a*値）	0.6[a]	1.0[b]	0.6[a]	0.09	<0.01
	脂肪色（b*値）	10.7	10.8	11.5	0.27	0.14
	融点（℃）	39.5	37.3	36.0	1.11	0.11

注　対照区 n=6，砂糖区 n=6，チョコ区 n=6
　　[a]・[b]：異符号間に有意な差あり（P<0.05）

234

はおもに脂肪交雑が入ったことによると考えられる。

筋間脂肪には有意な影響を認めず、いずれの区も低い値を示した。筋間脂肪はカットによって除去できない不要な脂肪であるが、高蛋白質のエコフィードを活用して、筋肉内脂肪含量が7％以上となっても筋間脂肪が過剰になるなどの問題は発生しないことを意味し、このことは実際にわれわれが指導した農家由来の豚肉流通実態と一致している。胸最長筋のL*値では、砂糖区が対照区やチョコ区よりやや高くなった。L*値は明るさ、白さを示す色の指標である。したがって、砂糖の給与は豚肉色をより淡くする可能性があることを示している。一般的に豚肉は赤色の強い肉色より、淡いピンク色の肉色が消費者に好まれる。

一方、砂糖の給与により、筋肉中のグリコーゲン濃度が高まり、と畜後、それらが乳酸へ分解するとともにpHが低下し、軽度のPSE（ピー・エス・イー）症状によって、L*値が上昇する可能性も考えられる。PSEとは、肉の色が淡く（pale）、やわらかく（soft）、水っぽい（exudative）状態の豚肉を示し、"むれ肉""ふけ肉"などともよばれる。PSEの豚肉はスライスしてパック詰めしても、ドリップが多く外観が劣り、食べてもおいしくないため低品質であるとされている。

筋肉内脂肪含量はすべての区で平均値が7％以上となり、有意ではないが、対照区（7.1％）に比べてカロリーアップ両区で同じやや高い値（7.5％）を示した（第6図）。筋肉内脂肪は肉眼によって脂肪交雑として評価されるものであり、平均7％という値は、脂肪交雑を特徴とする銘柄豚（TOKYO-Xやしもふりレッドで5％程度）と比べても、高い値である。もともとデュロック種は脂肪交雑に優れることを特徴とするものの、いずれの区も筋肉内脂肪含量は高く、高蛋白質飼料でも脂肪交雑に富む霜降り豚肉が十分生産可能であることが示された。そのうえで、砂糖あるいはチョコレートによるカロリーアップによる筋肉内脂肪含量の増加効果は本条件下では明確ではなかった。

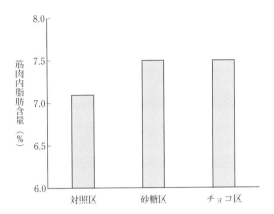

第6図 各区の筋肉内脂肪含量
すべての試験区で筋肉内脂肪含量は7％以上となり、良好な値を示した

調理損失は対照区に比べ砂糖区やチョコ区で多くなった。しかし、豚肉のpH、剪断力価、粗脂肪含量、水分含量、粗蛋白質含量、粗灰分には飼料の有意な影響を認めなかった。ただ有意な影響ではないものの、胸最長筋のpHは対照区より砂糖区とチョコ区の平均値はやや低くなった。

両添加区の調理損失の増加は、胸最長筋のpHや筋肉内脂肪含量が影響している可能性がある。調理損失は豚肉におけるpHの低下や筋肉内脂肪含量の増加にともなうことも報告されている。また、豚を出荷前に8時間程度絶食させると、絶食させない場合に比べ胸最長筋のpHが上昇し、調理損失が低くなったとする報告もある。これらのことから、カロリーアップ、とくに砂糖多給は、筋肉中のグリコーゲン蓄積を通じて、と畜後の乳酸含量の急速な上昇によってpHを低下させ、軽度のPSE症状によって調理損失を増加させた可能性もある。

このPSE対策として、実際の肥育豚の出荷時には出荷前の数時間、絶食が行なわれる。また、出荷時に豚を暴れさせたりすると、筋肉に乳酸が溜まりPSE状態となることもあるため、出荷時の肥育豚の取扱いには注意が必要である。

皮下内層脂肪において、肉眼による脂肪色評価では、飼料による有意な影響は認めなかった

（P＝0.08）。したがって，砂糖やチョコレートの飼料添加による脂肪色への影響は小さいと考えられる。

（3）脂肪酸組成

脂肪酸組成に及ぼす影響を第4表に示した。皮下内層脂肪の脂肪酸組成では細かな変化があり，対照区に比べ添加両区で飽和脂肪酸割合が減少し，逆に一価不飽和脂肪酸割合が増加した（第7図）。多価不飽和脂肪酸割合は対照区に比べ添加両区で低くなるか，低い傾向にあった（第8図）。筋肉内脂肪では飽和脂肪酸への有意な影響は認められず，対照区に比べ添加両区で，一価不飽和脂肪酸含量が増加する傾向にあり，多価不飽和脂肪酸含量が減少または減少する傾向にあった。以上のように，脂肪蓄積部位によって若干の違いはみられるものの，同じような反応を示した。

豚における脂肪酸の代謝として，一価不飽和脂肪酸は飼料油脂に由来したり，体内で合成されたりするが，一価不飽和脂肪酸に富む飼料を多給してもあまり増えず，一価不飽和脂肪酸は体内で炭水化物などから生合成されるものが多いとされる（入江，1989b；Wood et al.,2008）。一方，飼料由来の多価不飽和脂肪酸は豚の脂肪組織に選択的に蓄積されやすいことが知られている（入江，1989a；入江・藤谷，1989；Wood et al., 2008）。つまり，本試験において砂糖やチョコレートの添加による可消化エネルギーの増加は，一価不飽和脂肪酸を生合成により増加させ，その結果として，相対的に多価不飽和脂肪酸を低下させたと考えられる。

また，高橋ら（2013a），前田ら（2014）は炭水化物であるパンを主体とした飼料を給与し，筋肉内脂肪や皮下内層脂肪において一価不飽和脂肪酸の増加を報告している。

このように，エコフィードを用いる場合，炭水化物であるパン，ごはん，めん，デンプン類，

第4表 砂糖またはチョコレート添加による可消化エネルギーの増加が豚肉の脂肪酸組成に及ぼす影響

		飼料処理			標準誤差	P-値
		対照区	砂糖区	チョコ区		
皮下内層脂肪	C14：0	1.54	1.56	1.38	0.06	0.1
	C14：1	0.12	0.08	0.07	0.01	0.05
	C16：0	28.36[b]	26.60[ab]	26.44[a]	0.41	0.03
	C16：1	1.93	2.38	2.16	0.14	0.16
	C18：0	17.60	16.36	16.45	0.49	0.17
	C18：1	40.39[a]	44.62[b]	46.16[b]	0.66	＜0.01
	C18：2	9.93[b]	8.35[ab]	7.29[a]	0.44	＜0.01
	C18：3	0.12[b]	0.05[a]	0.06[ab]	0.02	0.02
	飽和脂肪酸	47.50[b]	44.53[a]	44.27[a]	0.79	0.02
	一価不飽和脂肪酸	42.44[a]	47.08[b]	48.38[b]	0.76	＜0.01
	多価不飽和脂肪酸	10.06[b]	8.40[ab]	7.35[a]	0.43	＜0.01
筋肉内脂肪	C14：0	1.90	1.54	1.51	0.13	0.09
	C14：1	0.56	0.35	0.32	0.11	0.29
	C16：0	26.35	26.73	26.92	0.33	0.48
	C16：1	4.61	4.49	4.30	0.25	0.68
	C18：0	13.63	13.38	13.29	0.41	0.83
	C18：1	46.77	49.11	48.74	0.67	0.06
	C18：2	5.32[b]	4.11[a]	4.36[ab]	0.30	0.03
	C18：3	0.85[b]	0.29[a]	0.57[ab]	0.11	0.01
	飽和脂肪酸	41.89	41.65	41.72	0.68	0.97
	一価不飽和脂肪酸	51.94	53.95	53.36	0.59	0.08
	多価不飽和脂肪酸	6.17[b]	4.40[a]	4.92[ab]	0.39	0.02

注 対照区n＝6，砂糖区n＝6，チョコ区n＝6
　　[a]・[b]：異符号間に有意な差あり（P＜0.05）

砂糖類などを用いることが，一価不飽和脂肪酸割合を増やすために有効であると考えられる。

一般的に油脂添加は軟脂を発生させやすいが，チョコレートはその問題を起こしにくいと考えられる。芦原ら（2011），Maeda et al. (2014) の報告でもチョコレートを飼料添加した結果，皮下脂肪中の多価不飽和脂肪酸の増加は認められなかった。また，豚肉において多価不飽和脂肪酸が多いと風味が低下するという報告が多くあり（Wood et al., 2003；Wood et al., 2008），一方で一価不飽和脂肪酸が多いと風味がよくなるという報告がある（Cameron et al., 2000；Madeira et al., 2013）。しかし，一価不飽和脂肪酸と豚肉の食味についてはあきらかではない点が多く，今後，さらに調査する必要がある。

以上の結果から，高蛋白質飼料における砂糖やチョコレート添加によるカロリーアップは日増体量をやや増し，背脂肪厚を厚くする傾向があるが，筋肉内脂肪を高めないとしても，筋肉内脂肪や皮下脂肪の一価不飽和脂肪酸割合を増し，多価不飽和脂肪酸割合を増加させないことから脂質改善効果が期待できると考えられた。

7. 自家産の豚肉の肉質を向上させる

脂肪質に優れた豚肉を生産するためには，農場から出荷した豚肉を食肉市場のせり売り前の冷蔵庫や，食肉卸会社の冷蔵庫でチェックし，エコフィードの改良に反映させる必要がある。これには，食肉市場の職員，枝肉の格付員，買参人などに出荷した豚肉の評価を聞き，情報を収集する努力が必要である。また，肉質，脂肪質に優れる他の農家の枝肉と自家産の枝肉を比較し，脂質の向上に努めることが大切である。さらに，可能であれば使用しているエコフィードの成分分析も実施し，専門家に意見を聞き積極的に技術を取り入れていただきたい。

基本的なことであるが，エコフィードの配合割合などは細かく記録に残し，給与しているエコフィードと豚肉の品質の関係を常にチェック

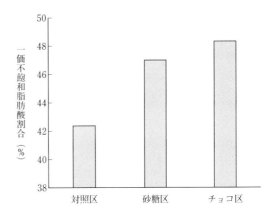

第7図　皮下脂肪の一価不飽和脂肪酸割合
砂糖やチョコレートの飼料添加により一価不飽和脂肪酸割合は増加

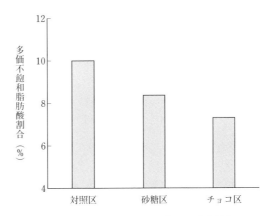

第8図　皮下脂肪の多価不飽和脂肪酸割合
砂糖やチョコレートの飼料添加により多価不飽和脂肪酸割合は減少

し，肉質の向上に役立てることが望ましい。エコフィードは，「これを給与すればよい肉質の豚肉ができる」という原料はなく，給与するエコフィードの栄養バランスが重要である。また，極端に多給すると豚肉の品質を低下させる原料もある。さらに，エコフィードの原料には安定的に入手できるものもあれば，不定期にしか入手できないものや，季節的に入手できるものもある。これらをうまく組み合わせ，脂質を含めた豚肉質の向上に取り組み続けていただきたい。

執筆　前田恵助（和歌山県畜産試験場）

参 考 文 献

芦原茜・大森英之・小橋有里・田島清・佐々木啓介・本山三知代・川島知之. 2011. 発酵リキッド飼料へのチョコレート添加が肥育豚の発育および肉質に及ぼす影響. 日豚会誌. **48**, 47—57.

Cameron, N. D., M. Enser, G. R. Nute, F. M. Wittington, J. C. Penman, A. C. Fisken, A. M. Perry and J. D. Wood. 2000. Genotype with nutrition interaction on fatty acid composition of intramuscular fat and the relationship with flavour of pig meat. Meat Sci.. **55**, 187—195.

入江正和. 1989a. 豚脂肪の理化学的性状に及ぼす諸要因（2）―特に軟脂豚との関連とその制御―. 畜産の研究. **43**, 942—946.

入江正和. 1989b. 豚脂肪の理化学的性状に及ぼす諸要因（3）―特に軟脂豚との関連とその制御―. 畜産の研究. **43**, 1049—1055.

入江正和. 2007a. エコフィード給与と豚肉の品質. 食肉の科学. **48**, 175—186.

入江正和. 2007b. 食品残さ給与豚の肉質と高品質化. 畜産の研究. **61**, 124—128.

入江正和. 2008. 飼料学（46）. 畜産の研究. **62**, 403—406.

入江正和. 2009a. 総説 エコフィードの製造・利用技術と展望. 日本暖地畜産学会報. **52**, 1—9.

入江正和. 2009b. 総説 エコフィードの現状と可能性について. 日草九支報. **38**, 4—8.

入江正和・藤谷泰裕. 1989. 豚の脂肪組織と筋内脂肪の理化学的性状に及ぼす大豆油添加と添加時期の影響. 日本養豚学会誌. **26**, 255—260.

Madeira, MS, P. Costa, C. M. Alfaia, P. A. Lopes, R. J. B. Bessa, J. P. C. Lemos and J. A. M. Prates. 2013. The increased intramuscular fat promoted by dietary lysine restriction in lean but not in fatty pig genotypes improves pork sensory attributes. J. Anim. Sci.. **91**, 3177—3187.

前田恵助. 2015. 飼料中リジン/蛋白質比による肥育豚の脂肪交雑向上技術. 最新農業技術畜産. vol.8, 145—155. 農山漁村文化協会. 東京.

前田恵助・山本史華・諏佐尚哉・高橋俊浩・豊吉正成・入江正和. 2014. イノ豚（デュロック×ニホ

ンイノシシ）の肉質と生産性に対する低リジン含量のパン主体飼料給与と性の影響. 日豚会誌. **51**, 1—12.

前田恵助・山中浩輔・入江正和. 2017. 高タンパク質飼料への砂糖またはチョコレート添加が豚の発育と肉質に及ぼす影響. 日豚会誌. **54**, 11—20.

Maeda, K., F. Yamamoto, M. Toyoshi and M. Irie. 2014. Effects of dietary lysine/protein ratio and fat levels on growth performance and meat quality of finishing pigs. Anim. Sci. J.. **85**, 427—434.

Maeda, K., K. Kohira, H. Kubota, K. Yamanaka, K. Saito and M. Irie. 2017. Effect of dietary kapok oil supplementation on growth performance, carcass traits, meat quality and sensory traits of pork in finishing-pigs. Anim. Sci. J.. **88**, 1066—1074.

文部科学省科学技術・学術審議会資源調査分科会. 2010. 日本食品標準成分表2010. 全国官報販売協同組合. 東京.

農業・食品産業技術総合研究機構. 2013. 日本飼養標準・豚（2013年版）. 中央畜産会. 東京.

高橋俊浩・西山倫・堀之内正次郎・岩切正芳・入江正和. 2013b. ブタの発育, 枝肉成績, 肉質に及ぼすパン主体エコフィードの粗脂肪含量とリジン/タンパク質比の影響. 日本畜産学会報. **84**, 361—368.

高橋俊浩・大仲望・堀之内正次郎・岩切正芳・入江正和. 2013a. パン主体エコフィード中のタンパク質含量とリジン含量が肥育豚の発育および肉質に及ぼす影響. 日本畜産学会報. **84**, 59—66.

農研機構畜産研究部門. 2010. [homepage on the internet]. Ecofeed_ver2. xls. （豚用エコフィード設計プログラム）. [cited 8 May 2018] Available form URL: https://www.naro.affrc.go.jp/nilgs-neo/contents/program/ecofeed/index.html.

Wood, J. D., R. I. Richardson, A. V. Nute, A. V. Fisher, M. M. Campo, E. Kasapidou, P. R. Sheard and M. Enser. 2003. Effect of fatty acids on meat quality: a review. Meat Sci.. **66**, 21—32.

Wood, J. D., M. Enser, A. V. Fisher, G. R. Nute, P. R. Sheard, R. I. Richardson, S. I. Hughes and F. M. Whittington. 2008. Fat deposition, fatty acid composition and meat quality: A review. Meat Sci.. **78**, 343—358.

最新農業技術　畜産 vol.11

特集　乳牛改良で長命連産

2018年11月5日　第1刷発行

編者　農山漁村文化協会

発 行 所　一般社団法人　農山漁村文化協会
郵便番号　107-8668　東京都港区赤坂7丁目6-1
電話　03(3585)1142 (営業)　03(3585)1147 (編集)
FAX　03(3585)3668　　　振替　00120-3-144478

ISBN978-4-540-18056-9
＜検印廃止＞
© 2018
Printed in Japan

印刷／藤原印刷
製本／根本製本
定価はカバーに表示

> 『農業技術大系』がご自宅のパソコンで見られる
> インターネット経由で、必要な情報をすばやく検索・閲覧
> # 農文協の会員制データベース 『ルーラル電子図書館』
> http://lib.ruralnet.or.jp/

ルーラル電子図書館は、インターネット経由でご利用いただく有料・会員制のデータベースサービスです。パソコンを使って、農文協の出版物などのデジタルデータをすばやく検索し、閲覧することができます。

●豊富な収録データ
　―農と食の総合情報センター―

農文協の大事典シリーズ『農業技術大系』、『原色病害虫診断防除編』、『食品加工総覧』がすべて収録されています。さらに、『月刊　現代農業』『日本の食生活全集』などの「食と農」をテーマにした農文協の出版物も多数収録。その他、農作物の病気・害虫の写真データや農薬情報など様々なデータをまとめて検索・閲覧でき、実用性の高い"食と農の総合情報センター"として、実際の農業経営や研究・調査など幅広くご活用いただけます。

●充実の検索機能
　―高速のフリーワード全文検索―

収録データの全文検索ができるので、必要な情報が簡単に探し出せます。その他、見出しや執筆者での検索、AND検索 OR検索、検索結果の並べ替え、オプション検索も可能です。検索結果にはページ縮小画像も表示されるので、目当ての記事もすぐに見つけられます。

●ご利用について

・記事検索と記事概要の閲覧は、どなたでも無料で利用できますが、データの本体を閲覧、利用するためには会員お申込みが必要です。会員お申込みいただくと、ユーザーＩＤ・パスワードが郵送され、記事の閲覧ができるようになります。

・料金　25,920円／年

・利用期間　1年間

※複数人数での利用をご希望の場合は、別途「グループ会員」をご案内いたします。詳細は下記までご相談下さい。

●ルーラル電子図書館に関するお問い合わせは、農文協　電子普及グループまで

電話０３－３５８５－１１６２　FAX　０３－３５８９－１３８７

専用メールアドレス　lib@mail.ruralnet.or.jp